Maîtres d'ouvrages, maîtres d'œuvre et entreprises

De nouveaux enjeux pour les pratiques de projet

Maîtres d'ouvrages, maîtres d'œuvre et entreprises

De nouveaux enjeux pour les pratiques de projet

Sous la direction de Jean-Jacques TERRIN

EYROLLES

ÉDITIONS EYROLLES
61, bd Saint-Germain
75240 Paris Cedex 05
www.editions-eyrolles.com

REMERCIEMENTS

Cet ouvrage a été réalisé sous la direction scientifique de Jean-Jacques Terrin, avec l'étroite collaboration de Robert Prost, Sihem Ben Mahmoud-Jouini et Stéphane Hanrot. Ont également participé à cet ouvrage Philippe Alluin, François Ausseur, Olivier Chadouin, Jean-Michel Dossier, Éric Duraffour, Niklaus Kohler, Michel Huet, Claude Maisonnier, Vincent-Stanislas Melacca, Olivier Piron, Dominique Queffelec et Quang-Dang Tran.

Qu'ils soient tous remerciés pour leurs contributions, l'ardeur avec laquelle ils ont participé à nos débats et leurs connaissances qui ont permis d'enrichir ces derniers.

L'ouvrage est issu du programme *Pratiques de projet et ingénieries* financé par le Plan urbanisme construction architecture (PUCA) dans le cadre de *Programmer concevoir* dont la responsable est Danièle Valabrègue. Sa publication a été assurée avec le concours du PUCA.

Trois ouvrages, publiés dans la collection Recherches du PUCA, présentent ce programme de recherches de façon complète :

- *Projets architecturaux et urbains, mutation des savoirs dans la phase amont*, sous la direction de Robert Prost, 2003.
- *Enjeux pour l'ingénierie de maîtrise d'œuvre*, sous la direction de Stéphane Hanrot, 2003.
- *Co-conception et savoirs d'interaction*, sous la direction de Sihem Ben Mahmoud-Jouini, 2003.

Sommaire

LES AUTEURS

Philippe Alluin est architecte et ingénieur, il enseigne à l'École d'architecture de Paris-Val-de-Seine. Il a réalisé plusieurs études et missions relevant des implications techniques et économiques de l'architecture, à la demande du ministère de l'Équipement, du PUCA ou d'industriels du bâtiment. L'agence d'architecture Alluin & Mauduit réalise de nombreux projets, souvent novateurs et remarqués.

François Ausseur – SMABTP – fondation Excellence, juriste, a exercé différentes fonctions de gestion, souscription et management au sein de la SMABTP. Il est aujourd'hui en charge de la fondation Excellence, qui a pour objectif la promotion de la qualité et la diminution des risques dans la construction. Elle encourage notamment le respect des règles de l'art. Il est également membre du comité bâtiment de l'AFAQ.

Sihem Ben Mahmoud-Jouini est maître de conférence à l'université Paris XI et chercheur au CRG de l'École polytechnique et au PESOR-Faculté Jean Monnet. Ses travaux portent sur la gestion de projet, l'organisation des processus de conception et le management stratégique de l'innovation. Elle a publié *Co-conception et savoirs d'interaction*, Éditions du PUCA, Paris, juin 2003 et *La synthèse des travaux du GREMAP (Groupe de réflexion sur le management de projet)* en collaboration avec Christophe Midler, Éditions du PCA, décembre 1996. Elle a également écrit plusieurs chapitres de l'ouvrage *Faire de la recherche en gestion de projet*, dirigé par G. Garel, V. Giard et C. Midler, Éditions Vuibert, octobre 2004.

Olivier Chadoin, sociologue, est enseignant à l'École d'architecture et de paysage de Bordeaux et à l'université de Limoges, membre du réseau RAMAU. Il travaille sur la ville et les métiers qui font la ville. Il a, entre autres, publié *La ville des individus – Sociologie, urbanisme et architecture, propos croisés*, L'Harmattan, 2004, *Activités d'architectes en Europe, nouvelles pratiques*, (Dir.) avec Thérèse Evette, Éditions de la Villette, 2004, et *Du politique à l'œuvre, systèmes et acteurs des grands projets urbains et architecturaux*, avec Patrice Godier et Guy Tapie, Éditions de l'Aube, 2000.

Jean-Michel Dossier, urbaniste en chef de l'État, est chargé de mission ingénierie bâtiment et travaux publics à la Direction générale de l'Industrie des technologies de l'Information et des Postes, au ministère de l'Économie des Finances et de l'Industrie. Après un court exercice libéral, il a été en charge de résorption d'habitat insalubre, puis de qualité de l'habitat à la

Direction de la Construction au ministère de l'Équipement, de la qualité architecturale des hôpitaux au ministère de la Santé. Il a conduit les travaux de la préfecture de police de Paris et de la brigade de sapeurs pompiers de Paris et a été chef de projet et maître d'ouvrage délégué au ministère de la Justice.

Éric Duraffour, né en 1963, est actuellement magistrat de l'ordre judiciaire après avoir exercé des fonctions de juriste d'entreprise et enseigné à l'École d'architecture de Saint-Étienne et à l'Institut de la construction et de l'habitation (ICH) du Conservatoire national des Arts et Métiers de Lyon. Il a écrit cette étude lorsqu'il enseignait à l'École d'architecture.

Stéphane Hanrot, né en 1956, est architecte DPLG, docteur en sciences et HDR en architecture. Il enseigne comme professeur titulaire à l'École d'architecture de Marseille Luminy, en charge des cours de théorie de l'architecture et du projet architectural. Il a enseigné dans des écoles étrangères : ENAU (Tunisie), Newcastle (Australie), Budapest (Hongrie). Il a mené plusieurs recherches sur les méthodes de projet et l'informatique pour le Plan construction et architecture, et sur l'épistémologie de la recherche architecturale. Très proche du milieu professionnel, il participe à des projets opérationnels par souci d'entretenir des passerelles actives entre recherche et pratique.

Michel Huet, docteur en droit, avocat, est professeur à l'École d'architecture de Versailles, vice-président de l'Association française du Droit de la Construction et de la Commission Immobilière de l'Union internationale des avocats, auteur de nombreux articles et ouvrages sur l'architecture et l'urbain saisis par le droit et les jeux d'acteurs, notamment dans la relation maîtrise d'ouvrage publique et maîtrise d'œuvre privée, conseil desdits acteurs pour la mise en œuvre et le suivi d'opérations complexes.

Niklaus Kohler est architecte diplômé EPFL-SIA, Dr.ès.sc.techn. professeur à l'IFIB, Institut für Industrielle Bauproduktion, université de Karlsruhe. Né en 1941 à Zurich, il a fait des études d'architecture aux États-Unis et en Suisse. Diplômé en 1969 à l'École polytechnique fédérale de Lausanne (EPFL), puis assistant responsable R&D dans une entreprise de construction métallique et façades, il devient, dès 1978, chercheur et chargé de cours au département des matériaux puis au département de physique de l'EPFL. En 1993, il est professeur et directeur de l'Institut pour la production industrielle de bâtiments à l'université de Karlsruhe. Domaines de recherches : analyse de cycle de vie, coopération distribuée, bases de données temporelles spatiales.

Claude Maisonnier, ingénieur des Ponts et Chaussées, exerce le métier d'ingénierie du bâtiment depuis 1985. Son parcours l'a amené à travailler plus particulièrement sur des projets d'équipements culturels tels que le musée du Louvre, le palais des congrès de Paris, la Fondation pour l'art contemporain dans l'Île Seguin, mais aussi sur des projets tertiaires comme la tour CBX à La Défense. Il est directeur général adjoint de Setec Bâtiment.

Vincent-Stanislas Melacca – SMABTP – Direction technique marketing, juriste-urbaniste. Il a exercé en profession libérale, a enseigné à l'École nationale d'économie appliquée et à l'École d'architecture et d'urbanisme de DAKAR (Sénégal). Depuis plusieurs années, il a rejoint le secteur de l'assurance construction, pour y exercer des fonctions d'études, de souscription et de management. Il est actuellement en charge de la veille métiers et de la gestion des connaissances. Il est membre du comité travaux électriques de l'AFAQ et vice-président du groupement d'intérêt scientifique MRGenCi.

Olivier Piron, inspecteur général des transports et des travaux publics, secrétaire permanent du Plan construction architecture, puis du Plan urbanisme construction architecture de 1994 à 2004.

Robert Prost est titulaire d'une HDR Institut français d'urbanisme, université Paris VIII, d'un Ph.D. (Planification urbaine), université de Montréal, Canada (1972), d'un diplôme d'architecte et d'ingénieur. Il est actuellement professeur à l'École d'architecture Paris-Malaquais, directeur de recherche au laboratoire Théories des mutations urbaines, TMU/IFU UMR 7543 (CITE), CNRS, École doctorale Ville et environnement, directeur scientifique de la plate-forme d'observation des projets et stratégies urbaines dans les grandes villes françaises, GIP EPAU.

Dominique Queffelec, née en 1949 à Paris. Après des études scientifiques, elle découvre le monde du bâtiment et fait des études d'ingénierie au CNAM (Techniques industrielles de l'architecture, DEST-1979). Elle est cofondatrice et présidente de ARCORA, ingénierie spécialisée dans les ouvrages de structures métalliques et enveloppes.

Jean-Jacques Terrin, architecte, est actuellement professeur à l'école d'architecture de Versailles, membre du laboratoire Théorie des mutations urbaines et membre du conseil scientifique du réseau RAMAU. De 1996 à 1999, il a dirigé le programme de recherche *Programmer concevoir* pour le Plan urbanisme construction architecture. À partir de 1999, il a créé et dirigé un département d'ingénierie urbaine à l'université de technologie de Compiègne. Il participe à des programmes de recherche et a publié plusieurs ouvrages sur l'évolution des ingénieries et des pratiques de projets architecturaux et urbains.

Quang-Dang Tran, directeur adjoint de l'Agence de maîtrise d'ouvrage des travaux du ministère de la Justice. Ingénieur des Ponts et Chaussées et architecte DPLG. Après une première expérience professionnelle à l'ADP, Aéroports de Paris, il a été responsable d'un service d'urbanisme à la DRE Île-de-France, en charge du schéma directeur régional. Il a été conseiller technique du ministre de l'Éducation Nationale pour les constructions universitaires, notamment Jussieu et le lancement de l'Université Paris VII à Paris Rive Gauche. Actuellement directeur adjoint de l'AMOTMJ, il assure également les fonctions de directeur des opérations à l'Établissement public du Palais de justice de Paris.

AVANT-PROPOS

Un naturaliste qui n'aurait jamais étudié l'éléphant qu'au microscope
croirait-il connaître suffisamment cet animal ?
Henri Poincaré

Cet ouvrage est l'aboutissement d'une action de recherche originale, menée grâce au concours du *Plan urbanisme construction architecture* (PUCA). Celle-ci a permis de mobiliser et de coordonner, pendant plusieurs années, de nombreux chercheurs et des représentants des milieux professionnels de différentes disciplines intervenant sur des projets architecturaux et urbains. Cette action a été initiée en 1997 par plusieurs études exploratoires centrant leurs réflexions sur certains facteurs d'évolution des pratiques de projet et de leurs acteurs [1]. Les conclusions de ces études ont été synthétisées en 1998 à l'occasion de trois séminaires regroupant professionnels, chercheurs et représentants du PUCA, du ministère de la Culture et du ministère de l'Équipement. En juin 1998, le compte-rendu de ces conclusions a débouché sur le lancement par le PUCA d'une action spécifique intitulée *Pratiques de projet et ingénieries*. L'objectif assigné à cette action était d'identifier les ingénieries qui agissent sur les pratiques de projet architectural et urbain et d'en étudier les phénomènes d'évolution. Les résultats de ces travaux doivent beaucoup à d'autres initiatives du PUCA auxquelles il sera souvent fait référence dans le présent ouvrage, notamment les travaux menés sous la direction de Michel Bonnet dans le cadre d'Euro-Conception [2] et du programme intitulé *Les Maîtrises d'ouvrage et l'élaboration de la commande* [3], ceux du Gremap, groupe de réflexion sur le management de projet dont les rapporteurs étaient Christophe Midler et Sihem Ben Mahmoud-Jouini [4], ainsi que les travaux entrepris dans le cadre de RAMAU, *Réseau activités et métiers de l'architecture et de l'urbanisme* [5].

---

1. Les résultats de ces travaux ont été publiés en 1998 par le PUCA dans une série d'ouvrages intitulés :
Ambiances et outils conceptuels pour l'architecture, Pascal Amphoux, EPF Lausanne, 1998.
L'architecte et les nouvelles technologies de l'information et de la communication, Brigitte Dauguet, EA Versailles.
Ingénieries de conception et ingénieries de production, Philippe Alluin, architecte.
Conception, qualité, gestion de projet, Jean-Jacques Terrin, architecte, université de technologie de Compiègne.
2. Les résultats de ces travaux ont été publiés par le PUCA dans une série d'ouvrages intitulés : *La conception en Europe* (2 volumes, 1998) et *L'élaboration des projets architecturaux et urbains en Europe* (4 volumes, 1997, 1998, 2000).
3. Les résultats de ces travaux ont été publiés par le PUCA dans une série d'ouvrages intitulés : *La commande de l'architecture et la ville* (2 volumes, 2001).
4. *L'Ingénierie concourante dans le bâtiment*, synthèse des travaux du Gremap, PCA, 1996.
5. Les travaux du réseau Ramau ont fait l'objet de trois cahiers publiés aux éditions de la Villette (2000, 2001, 2004) ; un quatrième est actuellement en préparation.

Initialement, ce travail de recherche s'énonçait à partir de thématiques construites autour des trois axes de recherche suivants : les ingénieries de programmation, les ingénieries de conception et les ingénieries de réalisation. Cette formulation *séquentielle* permettait de réfléchir aux expertises mises en jeu dans l'ensemble des pratiques de projet. Plutôt que de découper les ingénieries reliées aux pratiques de projet par les types d'acteurs qui les portent (la maîtrise d'ouvrage ou la maîtrise d'œuvre, par exemple) ou encore par les types d'enjeux impliqués (le foncier, le spatial, le financier, l'urbanistique ou le management de projet, par exemple), l'action de recherche s'est structurée à partir d'une distinction sur trois grands moments de la vie des projets. Trois équipes ont été retenues.

Les trois champs ainsi définis ont été confiés à trois responsables scientifiques.

1. *Les expertises de la phase amont des projets architecturaux et urbains* a été mis sous la responsabilité de Robert Prost, professeur à l'École d'architecture Paris-Malaquais qui, au-delà d'un approfondissement de la notion de programmation, devait explorer les savoirs et les savoir-faire intervenant dans la phase amont des projets en identifiant les expertises propres à cette phase, celles qui s'exportent sur d'autres phases du projet et celles qui permettent une saisie globale du projet.

2. *L'ingénierie de maîtrise d'œuvre, les nouvelles technologies et la signification du projet*, sous la responsabilité de Stéphane Hanrot, professeur à l'École d'architecture de Marseille-Luminy qui devait aborder la problématique et l'instrumentation de la maîtrise d'œuvre au travers de deux questions qui se posent aux acteurs du projet de maîtrise d'œuvre. Comment ces acteurs sont-ils coordonnés dans les tâches de projet et comment procèdent-ils à l'intégration des différents points de vue intéressant le projet ?

3. *Les interactions entre conception architecturale et conception de la production*, sous la responsabilité de Sihem Ben Mahmoud-Jouini, maître de conférence à l'université Paris-Sud, et chercheur au PESOR et au CRG École polytechnique, dont l'objectif était d'étudier les mutations dans les pratiques de maîtrise d'œuvre et les conditions qui favorisent l'interaction entre ces pratiques et la conception de la production. Quels effets ont ces mutations sur le déroulement du projet, les outils de conception, les mouvements de remontée de la production à la conception du produit ou la descente de la conception du produit à la production ?

Leur travail a été animé par Danièle Valabrègue, responsable de programme au PUCA, et par Jean-Jacques Terrin, responsable scientifique de cette action. Le secrétariat scientifique du programme a été assuré par Catherine Devaux. En 2001 et 2002, trois séminaires organisés grâce au CSTB ont permis aux nombreux chercheurs associés [6] à ces réflexions d'exposer les résultats de leurs travaux et d'explorer ensemble des études de cas significatives. Ces séminaires ont favorisé les regards croisés des participants sur l'évolution des pratiques et l'identification de facteurs essentiels de cette évolution. Trois ouvrages, publiés en 2003 par le PUCA [7], et un colloque, le 19 novembre 2003 à l'École d'architecture de Paris Malaquais ont fait état des résultats de ce processus de recherche.

Le présent livre constitue une synthèse destinée à informer les milieux professionnels et ceux de l'enseignement et de la recherche de ces travaux foisonnants qui présentent des points de vue complémentaires, parfois convergents et contradictoires, sur des mutations professionnelles dont il est parfois difficile de saisir tous les enjeux et dont bien des options restent en devenir.

C'est pourquoi ces contributions se divisent en trois chapitres bien distincts :
— un bilan global qui occupe la première partie ;

---

6. La liste des équipes de chercheurs engagées dans cette action se trouve à la page 197.
7. *Projets architecturaux et urbains, mutation des savoirs dans la phase amont*, sous la direction de Robert Prost ; *Enjeux pour l'ingénierie de maîtrise d'œuvre*, sous la direction de Stéphane Hanrot ; *Co-conception et savoirs d'interaction* sous la direction de Sihem Ben Mahmoud-Jouini, tous trois parus en 2003.

– une synthèse des recherches menées par les trois équipes de chercheurs qui ont exploré les champs évoqués précédemment ;
– les témoignages de professionnels et d'experts de plusieurs disciplines qui ont suivi l'ensemble de nos travaux et apportent leurs points de vue sur les réflexions que nous avons menées.

Nous avons réparti ces témoignages en trois groupes qui évoquent tour à tour : les évolutions du système d'acteurs vues par des acteurs en situation opérationnelle ; les évolutions des pratiques de projet analysées par des experts qui ont apporté leurs regards de spécialiste sur les résultats de nos travaux ; les évolutions des technologies enfin car, comme l'affirmait Robert Prost lors d'un de nos séminaires : _Les instruments sont dépendants des logiques d'action._

Du fait de son absence voulue de conclusion, cette restitution se présente comme une contribution collective destinée à alimenter le débat, qui est loin d'être clos, sur les changements que subissent actuellement les professions du bâtiment et de la ville, plutôt que comme une somme qui se voudrait définitive.

Jean-Jacques Terrin

Pratiques de projet et ingénieries : nouveaux enjeux

Ingénieries, enjeux et stratégies

JEAN-JACQUES TERRIN

Le titre *Pratiques de projet et ingénieries*, que nous avons adopté d'entrée de jeu pour désigner la démarche prospective à l'origine de cette publication, ne se voulait pas provocateur. Il a pourtant été interprété par certains de nos interlocuteurs comme une volonté de faire un amalgame entre les différents métiers de la conception, avec en arrière-plan, l'éternel et récurrent antagonisme qui subsiste encore en France entre ingénieurs et architectes. En réalité, en regroupant sous ce seul vocable d'*ingénierie* l'ensemble des acteurs qui apportaient leur contribution à l'élaboration de projets architecturaux et urbains, notre propos se situait ailleurs. Nous sommes partis du principe que la notion d'ingénierie regroupait *une grande diversité de savoirs, de compétences, de fonctions et de situations professionnelles*. L'origine latine du mot *ingenium* la définit comme *une disposition naturelle de l'esprit, du génie, de l'invention* [1]. Il y a dans la pratique de l'ingénierie, comme la promesse d'une nécessaire transversalité. Ainsi, pour le Larousse, l'ingénierie est l'étude globale d'un projet sous tous ses aspects techniques, économiques, financiers, monétaires et sociaux, nécessitant par conséquent un travail de synthèse coordonnant les travaux de plusieurs équipes de spécialistes. Par extension, le terme est désormais couramment employé pour définir les disciplines et les spécialités en question : on parle d'ingénierie financière, par exemple. Parallèlement, le terme d'ingénierie est aussi employé pour désigner des activités peu différenciées, pas vraiment spécifiées, qui se développent au sein d'un projet, à la charnière de différentes disciplines, de différentes activités, de deux étapes de travail. On parle ainsi des ingénieries de la médiation. Antoine Picon, dans l'article *Profession d'ingénieur* du catalogue de l'exposition *L'art de l'ingénieur*, renforce cette caractéristique d'indétermination en proposant une définition dont la référence implicite à Robert Musil retire toute connotation péjorative : « Omniprésent en même temps qu'incertain quant à sa nature profonde, l'ingénieur est un peu l'*homme sans qualité* du monde technologique moderne [2] ».

---

1. *Dictionnaire historique de la langue française*, Le Robert, Paris, 1992
2. *L'Art de l'ingénieur*, Éditions Le Moniteur, 2000

Le terme d'*ingénierie*, d'origine anglo-saxonne, apparaît en France dans les textes régissant la conception grâce au décret définissant les missions d'ingénierie et d'architecture. Ce document date de 1973. En rapprochant l'architecture d'autres prestations intellectuelles regroupées sous le nom d'*ingénierie*, il se donnait comme objectif de moderniser les processus de réalisation et de contribuer *à la disparition prochaine de deux espèces également critiquables : celles des maîtres d'ouvrage capricieux et celle des maîtres d'œuvre irresponsables.* En tentant de faire de ces deux acteurs prétendument volages un couple vertueux, l'administration a considérablement renforcé l'axe qui les unit, offrant une perspective de collaboration privilégiée spécifiquement française. Comme l'explique François Lautier, *ce qui est nouveau dans ces textes, ainsi que dans les débats qui les accompagnent, c'est l'insistance croissante sur la part du maître d'ouvrage dans la conception de l'ouvrage. Longtemps éclipsé, il revient au premier plan. De nouveau se recompose le couple maître d'œuvre-maître d'ouvrage, et leur association se banalise...*[3]

Deux définitions plus récentes ont également guidé nos choix. Celle du BIPE[4] qui précise que l'ingénierie est *tout ou partie des activités, essentiellement intellectuelles ayant pour objet d'optimiser l'investissement quelle qu'en soit sa nature, dans ses choix, ses processus techniques de réalisation et sa gestion.* Et celle que Paul Vivinis[5] propose dans le cadre du sixième plan : *... dans le bâtiment, la fonction ingénierie correspond aux études techniques touchant à la programmation et à la conception de l'ouvrage, ainsi qu'à sa réalisation et à sa gestion ; également aux tâches d'organisation et de contrôle du processus nécessaire pour assurer la conformité de la réalisation.* Nous avons surtout retenu de ces deux dernières définitions l'accent qu'elles mettent sur les processus ainsi que sur la prise en compte de tâches situées en amont et en aval des missions de maîtrise d'œuvre traditionnelle.

C'est ainsi que le terme d'ingénierie s'est imposé à nous pour désigner l'ensemble des intelligences qui interagissent sur le projet tout au long de son élaboration. Cette définition nous a permis d'inclure l'ensemble des acteurs qui, s'appuyant sur des savoirs et des savoir-faire qui leur sont propres ou qu'ils partagent, participent à l'élaboration de projets architecturaux ou urbains. Nous élargissions ainsi le cadre de la conception, au-delà de ses limites traditionnelles et des missions habituellement attachées à la maîtrise d'œuvre, incluant des tâches situées en amont et en aval de celle-ci et dont l'importance pour le projet nous paraissait indéniable. Nous pouvons alors identifier plus globalement les changements qui intervenaient et analyser les conditions d'émergence de nouvelles pratiques : observer les enjeux qu'elles représentent, les stratégies sur lesquelles elles se fondent ; déceler les difficultés qu'elles rencontrent pour se développer et pérenniser leurs activités ainsi que les conflits qu'elles engendrent. Il s'agissait pour nous de vérifier et d'approfondir les observations parfois contradictoires qui avaient été soulevées par les groupes de travail que nous avions réunis autour de recherches et d'expérimentations récentes. Ces observations tournaient toutes autour d'une question centrale : l'évolution des pratiques de projet et des relations entre les protagonistes de sa fabrication. Plus précisément, nous avons analysé un certain nombre de situations afin de regrouper des logiques qui, le plus souvent sont confrontées au sein des projets : logiques culturelles d'acteurs aux démarches et aux intérêts contradictoires, tiraillements entre responsabilités individuelles et co-responsabilités face aux risques collectifs encourus, logiques temporelles tout au long d'un processus – qui débute avec la formulation d'une demande et ne s'achève qu'avec l'obsolescence de l'ouvrage –, itérations entre les processus de création d'un objet quel qu'il

---

3. François Lautier, « La situation française : manifestation et éclipses de la figure du maître d'ouvrage », *L'élaboration des projets architecturaux et urbains en Europe, volume 4 : Les maîtrises d'ouvrage en Europe, évolutions et tendances*, PUCA, Euro-conception, 2000
4. *Les Enjeux européens de la maîtrise d'œuvre*, PCA, 1993
5. Extrait du sixième plan, dans *Les Enjeux européens de la maîtrise d'œuvre*, PCA, 1993

soit, *cet extraordinaire laboratoire du flou* qu'évoque Robert Prost[6], et les logiques déterministes qui président à la réalisation de ce même objet.

Ces contradictions nous ont amenés à nous interroger sur la double vocation de l'espace, qu'il soit architectural ou urbain : d'une part il tire son sens de sa capacité à accueillir des usages humains, d'autre part, il constitue un système technologique, un mode de production, qui répond à des messages économiques et sociaux très élaborés. Cette dualité et les tentatives de certains professionnels d'en réduire les écarts – parfois au détriment du respect de certaines règles administratives trop contraignantes – ont été au cœur de nos observations et de nos débats. Nous n'avons pas oublié la petite phrase de Tadao Ando qui explique que pour lui, *l'architecture est au cœur du conflit entre le concret et l'abstrait*. Nous avons aussi considéré, avec Michel Callon, que la création architecturale *n'était pas assignable à quelques individus* mais qu'elle était *un processus collectif et itératif de mise en relation et d'intégration de points de vue*. Nous en avons déduit qu'à la lumière de ces questionnements, s'imposait l'adoption d'approches plus transversales et de regards plus croisés pour retrouver ce qu'Alexandre Tzonis a intitulé *une intelligence de la forme*, inséparable selon nous d'une intelligence des processus. Alors que *le paradigme de l'architecte* – vanté par Eberhardt Rechtin[7] (et cité par Stéphane Hanrot) qui écrit *architecting is both an art and a science, both synthesis and analysis, induction and deduction, conceptualisation and certification* – attire de plus en plus de chercheurs scientifiques et d'ingénieurs de nombreuses disciplines, il n'est pas certain que les maîtres d'ouvrage, pas plus que les architectes, les urbanistes ou les ingénieurs des bureaux d'études et des entreprises de construction, aient pris toute la dimension et la complexité des transformations à l'œuvre dans la fabrication des projets dont ils ont la responsabilité. Pourtant, il n'y a guère de doute que *les ingénieries transforment la trajectoire des projets*, comme disait Robert Prost lors d'un séminaire de chercheurs organisé par le PUCA.

Le temps d'un bilan

Une grande diversité de savoirs

Rappelons quelques chiffres qui font état de la parcellisation et du cloisonnement de la matière grise dans le secteur de la conception architecturale comme dans celui de l'urbanisme. En 1998, il existait en France environ 26 000 architectes[8]. Plus des deux tiers d'entre eux ont une activité de maîtrise d'œuvre, dont le mode d'exercice est libéral pour 84 % de ces derniers. La taille de leurs structures est généralement très limitée[9]. Le chiffre d'affaire total de leur profession – 22 400 MF en 1998 – représente un chiffre d'affaire moyen par agence d'environ 15 000 €[10]. Ces architectes sont pour la plupart formés et organisés pour répondre à des missions de maîtrise d'œuvre relativement traditionnelles et bien identifiées. Face à eux, se déploie un ensemble hétérogène que Philippe Alluin, dans l'excellent document qu'il a réalisé en 1998 pour le PUCA[11], différencie en deux groupes bien distincts : *les ingénieries de conception* et *les ingénieries de production*.

6. Robert Prost, « Genèse des projets urbains : la difficile réduction de l'incertitude », *L'architecture des systèmes urbains*, sous la direction de F. Seitz et J.J. Terrin, UTC Compiègne, L'Harmattan, 2003
7. Eberhardt Rechtin et Mark W. Maier, *The Art of System Architecting*, CRC Press, 1997, dans lequel on peut lire : *architecting is a continuing day-to-day learning process.*
8. On pourra utilement se référer au rapport de Florence Contenay : *Les Architectes et la crise : pour une stratégie du renouvellement*, réalisé en 1998 pour la Direction de l'architecture et du patrimoine du ministère de la Culture.
9. 60 % d'entre eux n'ont pas de salariés, 88 % ont moins de quatre salariés, 14,8 % exercent en société.
10. Moyenne un peu théorique dans la mesure où une grande disparité existe entre les activités réelles de ces architectes.
11. Philippe Alluin, *Ingénieries de conception, ingénieries de production*, Plan Urbanisme Construction Architecture, 1998

On peut en rappeler ici rapidement la typologie car elle a éclairé nos travaux ainsi que l'analyse des opérations que nous avons observées. La première catégorie comprend les bureaux d'études *tous corps d'état*, les bureaux d'études spécialisées, les économistes du bâtiment et les maîtres d'œuvre d'exécution. En collaboration avec les architectes, ceux-ci participent aux missions de maîtrise d'œuvre pour la conception et l'exécution d'un ouvrage. En 1998, ces bureaux d'études regroupaient 140 000 salariés dans près de 25 000 entreprises et faisaient plus de 21 milliards d'euros de chiffre d'affaires [12]. Parmi celles-ci, 9 000 (41 %) n'ont pas de salariés ; environ 8 000 emploient moins de 50 salariés et représentent 45 % de chiffre d'affaires global : ce sont le plus souvent des BET spécialisés ou de proximité. 326 regroupent plus de 50 personnes : elles constituent généralement des structures polyvalentes réalisant des études pour l'industrie, le bâtiment, les infrastructures, etc. [13]

Des ingénieries de conception sont également à l'œuvre dans les maîtrises d'ouvrage. Il peut s'agir :

- de maîtrises d'ouvrage spécialisées dans la réalisation de *produits* spécifiques, tels que le promoteur d'ensembles résidentiels Georges V ou les sociétés d'ingénierie hôtelière ;
- de maîtrises d'ouvrage élaborant des ouvrages qui leur sont propres, telles que Renault lorsque ses bureaux d'études participent à la conception du Technocentre de Guyancourt, la SNCF lorsqu'elle réalise des gares, ou Aéroports de Paris lorsqu'il conçoit des aéroports ;
- d'ensembliers comme les pavillonneurs ou les promoteurs qui réalisent et commercialisent des bureaux en blanc ;
- de maîtrises d'ouvrage qui, ayant créé des structures de service destinées à leur propre production, les proposent à d'autres opérateurs ; ainsi la SCIC AMO ou la Générale de Projets qui proposent une assistance à maîtrise d'ouvrage et des prestations diverses, notamment de *Facility management*, aux sociétés du groupe CDC mais aussi à des opérateurs extérieurs au groupe.

Les ingénieries de production se situent surtout, quant à elles, au sein ou autour des entreprises générales. Celles-ci ont cependant tendance à se désengager du bâtiment ; leurs bureaux d'études ont été fortement allégés [14] depuis quelques années. On les trouve également dans certaines entreprises de corps d'états techniques, chez les industriels qui produisent des systèmes (Placo-Acôme), des composants (Lapeyre), des produits (Saint Gobain), des matériaux (les bureaux d'étude de la filière bois), des entreprises d'assemblage (assemblage et pose de façades complètes, par exemple).

Une fragmentation de l'intelligence

Les études de cas que nous avons analysées dans le cadre de notre démarche nous ont permis de soulever plusieurs contradictions qui expliquent la situation d'éclatement de l'ingénierie architecturale et urbaine et les difficultés de ses membres à en sortir.

La première concerne la pluralité des acteurs professionnels que nous venons de décrire, à laquelle s'oppose pourtant une persistante volonté des pouvoirs publics à unifier les responsabilités de la maîtrise d'œuvre. Celle-ci est clairement évoquée dans les textes : l'article 7 de la loi MOP spécifie qu'un groupement de personnes de droit privé doit permettre d'apporter *une réponse architecturale, technique et économique au programme du maître d'ouvrage*. Éric Duraffour précise (voir p. 132) cette notion : *le groupement c'est l'institution de la solidarité des concepteurs au profit du maître d'ouvrage*. Cette solidarité est fortement appelée de ses vœux par la maîtrise d'ouvrage. *On assiste à une redéfinition des rôles autour de la figure du client* disait Jacotte Bobroff lors de nos séminaires. *Les clients souhaitent que tous les acteurs travaillent de façon cohérente* lui répondait Michel Platzer. Le partenariat

---

12. Sources Insee 1998, *Contrat d'études prospectives, les professions de la maîtrise d'œuvre*, Elisabeth Courdurier, Guy Tapie, 2002
13. Jean-Michel Dossier, *Les enjeux de l'ingénierie en Europe*, Cahiers Ramau, 2000, Actes des rencontres *Organisations et compétences de la conception et de la maîtrise d'ouvrage en Europe*
14. Jean-Michel Dossier, op. cit.

public-privé va dans le même sens, mais bien plus loin puisqu'il *permet à la puissance publique de passer un contrat global de partenariat avec un consortium privé pour le financement, la conception, la réalisation et la gestion (pendant plusieurs dizaines d'années) d'un bâtiment public* [15]. Une notion qui réduit l'importance stratégique – et donc la responsabilisation – des deux membres du couple maître d'ouvrage-maître d'œuvre au profit d'un autre couple composé de l'entreprise et du gestionnaire.

Cette recherche d'unicité transparaît aussi dans les stratégies d'intégration que tentent de mettre en œuvre certains groupes privés, souvent sur des projets à vocation très spécifique – l'hôtellerie par exemple –, et fréquemment sur des projets à l'étranger. Elle est la règle sur un nombre grandissant de programmes dans de nombreux pays, avec la constitution d'équipes dont le *leadership* est le plus souvent assuré par des grandes entreprises épaulées par des groupes financiers. Cette contradiction entre fragmentation d'une part et recherche de convergence de l'autre offre un éclairage singulier au débat récurrent qui s'est engagé depuis plusieurs années sur l'introduction de méthodes d'ingénierie concourante, *concurrent engineering* dans le bâtiment. Cette démarche, couramment adoptée depuis plusieurs années dans de nombreux secteurs industriels, met l'accent sur l'importance qui devrait être accordée, dès les premières étapes d'un projet, à la coopération entre les nombreuses compétences en jeu.

Rappelons-en les fondements clairement définis par C. Midler et V. Giard : *concevoir de façon systématique, intégrée et simultanée les produits et les processus qui leur sont rattachés, y compris les requêtes et besoins des usagers* [16]. Il s'agit donc de rechercher, au sein d'un même projet, une convergence de tâches qui sont généralement réalisées par des acteurs aux logiques fondamentalement différentes. Nous nous souvenons des travaux du Gremap qui, dans son ouvrage de synthèse, proposait cinq variables pour explorer des projets de bâtiment : *un projet qui se déploie de la formulation du besoin au démarrage de l'exploitation du nouveau bâtiment, est une combinaison de cinq dimensions différentes mais fortement interdépendantes : le foncier, l'usage, l'objet bâtiment, le procédé d'exécution et le financement* [17]. Tiraillé entre ses logiques conceptuelles et fonctionnelles, et ses exigences économiques et technologiques, le monde du bâtiment subit encore d'innombrables blocages méthodologiques et administratifs. Les réticences dites culturelles, les difficultés organisationnelles, sans parler des défenses corporatistes, opposent leurs inerties à des processus de changement qui semblent encore utopiques. La réalité du bâtiment reste celle d'un secteur éclaté, fragmenté, corporatiste, soumis à des antagonismes historiques. Il est pourtant nécessaire de méditer sur les réflexions de C. Midler lorsqu'il se penche sur les spécificités du monde du bâtiment par rapport à différents secteurs dont il a analysé les capacités d'évolution. *Il faut voir la compréhension, relativement récente, de la nature profonde de l'activité de conception et d'innovation, que je résumerai ici en trois points :*

– *prise en compte du caractère composite de l'innovation, assemblage de rationalités, de compétences et de critères variés ;*

– *prise en compte de la singularité du problème et de la question, face à des raisonnements métier qui, par nature, reposent sur des standards de méthodes et de solutions ;*

– *prise en compte de la temporalité de la conception, spécifique car elle associe irréversibilité et apprentissage* [18].

Nous laissons à Sihem Ben Mahmoud-Jouini et Jean-Michel Dossier le soin de poursuivre cette réflexion dans les articles qu'ils nous proposent aux pages 49 et 159.

15. Jean Carassus, *De l'ouvrage au service*, 2004

16. Vincent Giard & Christophe Midler, *Pilotages de projet et entreprises, diversités et convergences*, Economica, 1993

17. *L'ingénierie concourante dans le Bâtiment*, Synthèse des travaux du Gremap, Groupe de réflexion sur le management de projet, PCA, 1996

18. C. Midler, « Nouvelles dynamiques de la conception dans différents secteurs industriels : quels enseignements pour le Bâtiment ? », *L'Élaboration des projets architecturaux et urbains*, volume 3 : *Les pratiques de l'architecture, comparaisons européennes et grands enjeux*, PUCA, Euroconception, 1998

« L'effet saumon »

Nous sommes unanimes sur le fait que la qualité d'une opération d'architecture ou d'urbanisme dépend de la mobilisation et de la compétence d'acteurs issus de différentes disciplines. Les projets étudiés nous ont montré qu'aucun acteur n'est plus qualifié pour aborder seul un processus global de conception. De plus, ce processus ne peut être réduit à une étape du projet. Nous avons constaté, dans de nombreux cas, qu'un double flux de savoirs et de savoir-faire circulait au sein de la conception : des expertises situées traditionnellement en aval du projet remontent vers l'amont tandis que d'autres, plus proches de la maîtrise d'ouvrage, prolongent leurs missions vers l'aval. Nous avons intitulé *effet saumon* ce double glissement. Cette métaphore a rencontré un certain succès auprès de nos interlocuteurs car elle illustrait bien la vocation de ces déplacements : dans un sens, la maîtrise d'ouvrage cherche à prolonger son intervention pour mieux assurer le suivi de la réalisation de son projet ; de leur côté, les ingénieries des entreprises et des industriels tentent de mettre leur savoir-faire au service d'un projet dont elles héritent généralement trop tard, pour le meilleur et, trop souvent, disent-elles, pour le pire. Entre ces deux flux, la maîtrise d'œuvre dresse fréquemment des barrages pour limiter les effets de ces stratégies de glissement et maintenir une part de son autonomie. Cet *effet saumon* est encore accentué par la maîtrise d'ouvrage lorsqu'elle exprime deux de ses principaux soucis :

– mettre l'usage et la gestion de l'ouvrage au centre du projet, c'est-à-dire améliorer les capacités d'adaptabilité des solutions proposées, faciliter leur maintenance ultérieure, leurs transformations éventuelles et, parfois, prendre en compte l'ensemble de leur cycle de vie ;

– mieux mesurer et réduire les risques qu'elle prend aux plans financier, technique, environnemental, etc.

Ce raisonnement est développé par Vincent Melacca et François Ausseur, assureurs représentant le SNBTP, qui écrivent dans leur article : *l'acte de création (le maître d'ouvrage est créateur de risque), l'acte de conception (exercé par la maîtrise d'œuvre mais aussi parfois par la maîtrise d'ouvrage et l'entreprise) sont aujourd'hui confrontés au cycle de vie d'un produit.* À ce double point de vue, il faudrait ajouter le nécessaire retour sur investissement que le maître d'ouvrage est en droit d'attendre de son projet. La maîtrise d'ouvrage fait appel à une expertise spécialisée pour répondre à ces questions auxquelles la maîtrise d'œuvre traditionnelle n'apporte pas forcément de réponse, soit parce qu'elle n'en a pas les compétences, soit parce que la maîtrise d'ouvrage ne lui en donne ni les moyens, ni le temps. On lira ci-après (voir p. 33) l'analyse de ces *expertises amont* dans l'article que propose Robert Prost. Celles-ci remontent souvent de l'aval car c'est dans le contrôle, l'exécution et l'évaluation que se situaient jusqu'à présent l'essentiel de leurs tâches : ingénieries environnementales et expertises financières, spécialistes des simulations physiques et ambiantales, gestionnaires techniques et prestataires de services, mettent de plus en plus couramment leurs compétences au service de la maîtrise d'ouvrage pour la couvrir des risques qu'elle encourt ou l'informer des prescriptions nécessaires au bon fonctionnement du futur ouvrage.

Sihem Ben Mahmoud-Jouini propose, à la page 65, une analyse détaillée de ces situations. Elle y étudie notamment les activités des architectes Dubosc et Landowski et leur collaboration avec les ingénieries de la filière métallique ainsi que le développement d'une expertise projet chez l'industriel VM Zinc appelée à collaborer avec la maîtrise d'œuvre pour optimiser la mise en œuvre de ses produits. Néanmoins, cet effet a ses limites :

– administratives, car ni la loi MOP ni le code des marchés publics, pourtant mis à jour en 2003, n'en facilitent la fluidité ;

– professionnelles, car l'asymétrie des parties et la divergence des points de vue ne favorisent pas le rapprochement des acteurs.

Un environnement qui évolue

Les facteurs de l'évolution

Il devient courant d'évoquer en tous lieux les principaux facteurs du changement qui transforment nos sociétés depuis plusieurs décennies. Parmi ceux qui ont été évoqués dans nos groupes de réflexion, citons pêle-mêle : la réorganisation mondialisée de l'industrie et la concentration du capital, la restructuration ou la destruction des structures de travail par l'automatisation des tâches, la montée en puissance du rôle politique de la société civile, le développement exponentiel de la population urbaine, les changements radicaux de la sphère familiale et privée, le vieillissement de la population dans les pays occidentaux, la globalisation des techniques de communication et de gestion des connaissances [19]. Nous ne réalisons pas toujours à quel point ces phénomènes se sont intégrés à une vitesse stupéfiante dans notre vie courante, privée, sociale et professionnelle. Parmi ces facteurs d'évolution, nous en avons retenu plusieurs qui sont intimement liés et qui ont selon nous une incidence plus importante et immédiate sur les ingénieries observées.

Le premier facteur découle directement de la globalisation des modes de production industrielle et des circuits de distribution. Il n'est pourtant pas si loin le temps où Viollet-le-Duc préconisait, avant de concevoir un projet, la visite des carrières, voire des cimetières, et des forêts qui se trouvaient à proximité de son site d'implantation pour vérifier la qualité des matériaux locaux. Nous pourrions raconter l'histoire de l'architecture du XXᵉ siècle à travers les innovations techniques qui l'ont accompagnée et en ont assuré progressivement l'universalité : l'indépendance de la façade par rapport à la structure, le développement des techniques d'étanchéité permettant de généraliser la *cinquième façade* prônée par Le Corbusier, l'industrialisation, du développement des premiers catalogues jusqu'à la mise en ligne de banques de données de produits... Nous parcourrions la période de préfabrication qui a sévi après-guerre – dont le principal composant industriel fut sans doute le silicone qui permettait de corriger les erreurs de fabrication et les tolérances de pose –, puis la banalisation de l'industrialisation, partagée entre la généralisation du parpaing local et celle de composants de plus en plus représentatifs d'un high-tech global, parfois mariés contre nature, parfois pour le meilleur et souvent pour le pire. Aujourd'hui, la production industrielle a transformé la construction d'un ouvrage en un immense kit d'assemblage tributaire d'une distribution pratiquement mondialisée. Nous analysons ainsi les actuelles hausses du coût de l'acier et d'autres matières premières, subies dans le monde entier et provoquées par la surchauffe de la construction en Chine. Nous pourrions aussi critiquer l'absurde gestion hexagonale de la filière solaire qui n'arrive pas à faire décoller le marché en France tandis que certains de nos voisins ont établi pour cette même filière une stratégie de développement mondialisée.

Ces nouveaux circuits de production et de distribution nécessitent la mise en œuvre de nouvelles stratégies de capitalisation des connaissances. Olivier Chadoin, dans sa contribution (voir p. 103), fait parler Dominique Queffelec de l'intéressante expérience développée par le bureau d'études Arcora, spécialisé dans la conception de structures métallo-textiles, qu'elle dirige. Ce dernier a mis en œuvre une stratégie innovante pour assurer la gestion transdisciplinaire des connaissances liée à cette activité de pointe.

Le deuxième facteur d'évolution concerne l'accès aux nouvelles technologies, celles qui régissent l'information et la communication des professionnels. Antoine Picon, lors d'un des groupes de travail initial que nous avions organisés, disait de façon imagée : *Nous sommes en train de passer du modèle de la cathédrale gothique à celui du hamburger Mac Donald*, évoquant à la fois les spécificités de

---

19. Jorge Wilhem, *The Leonardo Alternative*, Forum des cultures, Barcelone 2004

l'organisation par couches de l'informatique de conception assistée et le cloisonnement des informations qui en résulte. Nous aurons l'occasion d'évoquer plus loin ces difficultés avec J.-M. Dossier qu'on citera néanmoins ici pour signaler son indignation à propos de l'usage actuel des nouvelles technologies du fait que, *d'un acteur à l'autre, il n'y a aucune fluidité*. Il affirme que *ce défaut handicape toute la filière du bâtiment*.

Le troisième facteur d'évolution important concerne l'introduction de méthodes de management. L'accumulation des risques, notamment économiques, sociaux, politiques et environnementaux que courent les maîtres d'ouvrage, à l'échelle d'un simple ouvrage ou de l'ensemble de leur patrimoine, leur impose de mettre en place des outils qui les aident à prendre leurs décisions, de s'entourer d'experts qui relaient, généralement dans l'urgence, leur absence de perspectives et leur difficulté à anticiper.

Sihem Ben Mahmoud-Jouini, citant Christophe Midler [20], note que dans le monde industriel, les processus de conception et de développement de nouveaux produits sont de plus en plus collectifs. *L'évolution des organisations*, écrit-elle, *se fait simultanément selon deux tendances : une tendance de spécialisation et de concentrations sur quelques métiers, et une tendance d'ouverture à des coopérations étroites entre différents spécialistes intervenant dans les processus de conception* [21]. Coordonner ces compétences, les introduire dans les processus de projet ne peut pas se faire sans adopter des méthodes de management appropriées. Ces démarches sont progressivement adoptées par certains acteurs qui en découvrent les vertus mais aussi leur pouvoir. Car gérer le projet, c'est aussi s'accorder une parcelle de domination supplémentaire sur les décisions.

Globalisation de l'offre industrielle et de ses services, développement coordonné des NTIC, mise en œuvre de méthodes et d'outils de gestion de projet, ces trois facteurs sont intimement liés. Ils ont d'indéniables conséquences sur les projets architecturaux et urbains ainsi que sur les ingénieries qui les pratiquent. Reste sans doute à les assimiler et à les intégrer dans des processus dont la diversité et l'encadrement administratif et législatif ne facilitent pas l'évolution. Stéphane Hanrot le confirme dans les résultats de l'enquête qu'il a menée avec son équipe de chercheurs : *en termes juridiques, rien n'oblige aujourd'hui tel ou tel acteur à assumer contractuellement un rôle d'intégration, sinon, dans le cadre de la loi MOP, les attentes fixées dans la définition des éléments de mission* [22].

C'est encore à C. Midler que l'on doit l'observation suivante : *Les processus de conception dans le monde industriel ont développé considérablement les modalités de confrontation entre les différentes composantes du système client et de leurs porte-parole. Les concepts les plus forts ne peuvent arriver jusqu'au produit sans être âprement frottés aux jugements de prescripteurs différents de ceux de leurs créateurs, ce qui, pour poursuivre la métaphore, ne manque pas d'arrondir certains angles. Dans l'architecture, il semble que plusieurs mécanismes permettent d'éluder cette mise à l'épreuve de la confrontation fine, que ce soit le processus décisionnel des concours, la référence à l'œuvre artistique, à la signature du créateur… Disjonction qui se retrouve « sur le terrain » entre une segmentation nette d'un marché de bâtiments-œuvres et un marché de bâtiments-services qui ne se ressemblent pas et ne suivent pas les mêmes dynamiques historiques* [23].

20. Christophe Midler, *Les partenariats inter-entreprises en conception : Pourquoi ? Comment ?* Rapport pour l'ANRT, 2000
21. Sihem Ben Mahmoud-Jouini, *Co-conception et savoirs d'interaction*, PUCA, 2003
22. Stéphane Hanrot, *Enjeux pour l'ingénierie de maîtrise d'œuvre*, PUCA 2003
23. Christophe Midler, « Nouvelles dynamiques de la conception dans différents secteurs industriels : quels enseignements pour le bâtiment ? », *L'Élaboration des projets architecturaux et urbains*, volume 3 : Les pratiques de l'architecture, comparaisons européennes et grands enjeux, PUCA, Euroconception, 1998

Redéploiement des ingénieries

Ces évolutions révèlent de nouveaux partenariats, introduisent de nouvelles compétences auprès de la maîtrise d'ouvrage et de la maîtrise d'œuvre. De nouveaux partages de missions apparaissent qui ne recouvrent pas forcément les anciennes frontières entre métiers et offrent des groupements d'un nouveau type. *En amont de la conception, autour de la faisabilité et du montage d'opérations, des experts proposent,* comme l'écrit Robert Prost [24], *une grande diversité de savoirs et de savoir-faire, qui ne permettent pas de limiter les expertises à des disciplines établies. Que l'on pense à l'écologie, au développement durable, aux ambiances architecturales et urbaines, à la sécurité, à la réflexion sur les espaces publics ou encore aux lieux de la mobilité.* En aval, ils s'intéressent à l'ouvrage comme lieu de production et de services, et donc à sa maintenance, sa transformation, son recyclage… C'est encore R. Prost qui l'affirmait lors de nos débats : *les ingénieries de gestion sont de plus en plus liées aux ingénieries du couple programmation/conception.*

Les nouveaux marchés imposent aussi de nouvelles façons de faire. Depuis 1990, la réhabilitation s'est progressivement affirmée par rapport à la construction neuve. Un nouvel intérêt est porté sur un patrimoine surabondant, composé de friches industrielles, militaires, ferroviaires, considérées jusqu'ici comme les délaissés de la société post-industrielle. En 1998, 52 % du montant des travaux des chantiers de bâtiment concernaient l'entretien [25]. Pour répondre à cette demande, des ingénieries dédiées à la réhabilitation ont fait leur apparition et assurent la démolition, la reconstruction, la reconversion, la gestion et la transformation de ce patrimoine à la fois architectural et urbain, sa remise aux normes ou sa dépollution. Encouragés par la loi SRU, des professionnels du renouvellement urbain voient aussi le jour autour des grands ensembles et des infrastructures urbaines, de la sécurité urbaine et de l'intermodalité, etc. Robert Prost détaille plus loin les conséquences que ces redéploiements ont sur les dynamiques de maîtrise d'ouvrage et de maîtrise d'œuvre.

L'importance acquise par le second œuvre par rapport au gros œuvre constitue une autre caractéristique majeure de l'évolution du bâtiment qui met au cœur de la conception de nouvelles compétences : l'expertise thermique et énergétique, la conception et la maîtrise des ambiances, la surveillance, l'accessibilité, le traitement des déchets, la gestion technique… La gestion des services liés à un bâtiment s'accroît en conséquence : *les frontières entre immobilier et moyens s'estompent* [26]. Qui est le client de ces nouveaux services ? Est-ce la maîtrise d'ouvrage traditionnelle, telle qu'elle est définie par la loi MOP, les gestionnaires du futur ouvrage ou ses usagers ? Une nouvelle fonction fait depuis peu son apparition, celle de *maître d'usage,* émerge qui ne fait pas l'unanimité car cet acteur, souvent pragmatique et imprégné du bon sens de l'utilisateur final, met en brèche certaines solutions innovantes qui lui sont proposées, les jugeant inappropriées selon son expérience.

Les auteurs du CEP [27] font état de quatre groupes de fonctions qui émergent de façon transversale entre les activités de la maîtrise d'œuvre (et de la maîtrise d'ouvrage pourrait-on ajouter) :
– les compétences autour de la préparation de la conception : l'aide à la décision, l'assistance à maîtrise d'ouvrage, la programmation ;
– les expertises liées au chantier : la coordination, l'organisation, la circulation des documents, le suivi, le contrôle ;
– la gestion et la maintenance : la gestion patrimoniale, la gestion technique, la transformation et le recyclage, la connaissance et l'entretien des matériaux…

24. Robert Prost, *Projets architecturaux et urbains, mutation des savoirs dans la phase amont,* PUCA, 2003
25. *Contrat d'études prospectives, les professionnels de la maîtrise d'œuvre,* Elisabeth Courdurier, Grain et Guy Tapie, EA Bordeaux, 2002
26. *Contrat d'études prospectives,* op. cit.
27. *Contrat d'études prospectives,* op. cit.

- le management : la coordination des études, les méthodes et procédures, la gestion économique, la synthèse.

Toujours selon les auteurs de ce rapport, ces activités ont en commun :
- de ne pas pouvoir être revendiquées par un des acteurs traditionnels, ce qui implique une modification possible des frontières entre ces acteurs, généralement au détriment de l'un d'entre eux ;
- de pouvoir être réalisées par des acteurs traditionnels s'ils font évoluer leurs pratiques et s'ils modifient leur formation initiale et continue en conséquence ;
- de pouvoir générer de nouvelles structures, donc de faciliter une tendance à l'externalisation ;
- de nécessiter de nouvelles stratégies qui passent par des alliances, de nouveaux partenariats, ou au moins par une acceptation commune d'intégration d'activités ou de connaissances partagées.

De plus, elles provoquent une tendance à la spécialisation, à la constitution de niches et d'expertises plus ou moins pointues. L'exemple des études HQE est significatif pour illustrer cette observation. Amorcées par une décision du maître d'ouvrage concernant son niveau d'exigence environnementale, inséparables de la conception, puis des choix d'exécution, elles peuvent être proposées indifféremment par des agences d'architectes, des thermiciens ou des bureaux d'études généralistes. Elles engendrent des missions de conseils, d'assistance à maîtrise d'ouvrage, de maîtrise d'œuvre, en cotraitance ou sous-traitance, qui sont à intégrer d'une façon ou d'une autre dans l'économie générale du projet. Des questionnements intéressants ont vu le jour lors de nos débats sur la décharge de responsabilités que la maîtrise d'ouvrage, comme la maîtrise d'œuvre, opère en direction de ces experts. Plusieurs auteurs abordent ce problème dans les articles de notre ouvrage.

Travailler simultanément à différentes échelles

Malgré la multiplicité et la diversité des pratiques observées, nous avons constaté, sous des formes variées, un même effort pour faire converger les différentes composantes de l'ingénierie sur le projet. À cela, nous avons noté plusieurs raisons. L'importance acquise par les phases amont du projet, celles du projet avant le projet, constitue une occasion de collaboration facilitée par nombre de maîtres d'ouvrage. La prise en compte accrue de l'usage et des conditions de transformation ultérieure de l'ouvrage lors de sa définition initiale oblige maîtrise d'ouvrage et maîtrise d'œuvre à mieux prendre en compte les savoir-faire correspondants. L'étape de faisabilité du projet n'est pas identifiée comme un important moment de convergence dans les missions traditionnelles de la maîtrise d'œuvre. Elle constitue pourtant une première synthèse qui fait appel à de nombreuses compétences. L'entrecroisement en amont d'un même projet et de différents types d'interventions amène les professionnels à rapprocher des points de vue qui souvent s'ignoraient. Ainsi, l'intégration des problématiques environnementales s'impose à plusieurs échelles du projet à celles des produits (écobilans, traitement des déchets), de l'édifice (démarche HQE), du territoire (pollution, recyclage, énergie, mobilité) et du paysage (impacts des infrastructures et des réseaux). Les projets n'ont plus d'échelle, ou plutôt ils en possèdent une infinité : l'informatique, la vidéo nous ont habitués à sauter sans difficulté de l'échelle du territoire, voire de l'échelle planétaire, à celle de l'élément, du composant, du système fonctionnel ou technique, et donc de l'utilisateur, en passant par les diverses étapes intermédiaires de l'agglomération, du quartier et de l'édifice. *Think global, act local* est devenu le leitmotiv des nouvelles générations de concepteurs.

L'importance que prend la notion de patrimoine, non seulement au sens culturel mais aussi au sens de bien collectif, qu'il s'agisse de celui d'une entreprise, d'une collectivité locale ou d'une copropriété, accentue la nécessité de prendre en compte toutes ces échelles, quelle que soit l'importance de l'intervention ou de la transformation envisagée. Cette dynamique intellectuelle pose un certain nombre de difficultés. Celles-ci sont dues à la complexité accrue du parcours itératif aux différentes échelles évoquées précédemment. Elles sont aussi induites par la multiplication des interfaces entre des compétences qui maîtrisent correctement un angle de vue donné mais ont les plus grandes difficultés à coordonner leurs regards avec ceux de leurs partenaires. L'intégration des points de vue qu'évoque plus loin Stéphane Hanrot (voir p. 49) pose encore d'innombrables problèmes méthodologiques, techniques, humains. À ce titre, l'expérience d'Europan, qui propose des situations urbaines et architecturales en décrivant plusieurs périmètres d'intervention sur le même site, constitue un exercice extrêmement formateur, tant pour les jeunes architectes qui y participent que pour les maîtres d'ouvrage qui s'engagent dans cette procédure.

Des doutes s'installent

Les limites de la loi MOP

Les dispositifs de la loi sur la maîtrise d'ouvrage publique et ceux du code des marchés publics sont actuellement questionnés à la lumière de ces évolutions. La logique séquentielle qui constitue la trame de ces textes jalonne les phases de la conception puis de la réalisation d'un ouvrage, créant un déficit de communication : faisabilité, conception, réalisation répondent à des logiques d'acteurs différents qui ne facilitent ni l'itération entre ces étapes, ni la collaboration entre ces acteurs. Il est significatif de constater par exemple comment les maîtres d'ouvrage, les maîtres d'œuvre et les entreprises sont amenés à utiliser des méthodes différentes pour évaluer le coût d'un même bâtiment. Pourtant, comme l'écrit Olivier Piron, _les pouvoirs publics ont le devoir de favoriser la coopération dans le respect des spécificités des différents métiers pour réaliser des bâtiments dont la maintenance et la gestion auront été pensées au préalable et globalement_ [28]. Les arguments du débat en faveur d'une plus grande ouverture sont nombreux. Pour faciliter cette coopération, il serait nécessaire de faciliter l'intervention d'ingénieries actuellement déployées beaucoup trop tard, souvent par manque de moyens accordés aux études préalables. On peut de nouveau prendre l'exemple de la conception d'ouvrages s'inscrivant dans une démarche de haute qualité environnementale (HQE). Dans les conditions actuelles, l'intervention sérieuse d'une expertise HQE, lors de la programmation et des premières esquisses, est improbable. Si elle a lieu, celle-ci reste extrêmement superficielle. Lorsque l'expert intervient, c'est-à-dire lorsqu'il est rémunéré pour le faire, le projet est généralement trop avancé pour que son conseil soit facilement tolérable, tant par le projet que par son auteur. De même, une collaboration plus approfondie avec les ingénieries situées en aval du projet est difficile à envisager dans le cadre législatif actuel. Celle-ci permettrait pourtant de faire des synthèses plus correctes et plus intelligentes, intégrant à la conception architecturale des données actualisées, cohérentes, voire novatrices, liées à de nouveaux matériaux, à de nouveaux processus de construction ou de chantier, à des impératifs de gestion ou d'usage, à des nécessités de flexibilité ou d'adaptabilité, etc. Nous avons la conviction, à l'issue de nos débats, que trois périodes essentielles de la vie d'un projet étaient plus particulièrement inadaptées dans les procédures existantes pour faciliter cette collaboration entre les acteurs du projet.

La première de ces périodes est celle qui précède le moment de la conception architecturale proprement dite. _La notion de programme sous sa forme actuelle n'est peut-être pas pertinente_, disait Michel Platzer lors de nos séminaires. On se souvient des critiques que Michel Conan [29] faisait en 1989 sur la programmation fonctionnelle, _encore plus mutilante que fausse_. Rejetant _un processus linéaire qui fait_

---

28. Olivier Piron, _Processus de construction et droit public_, mars 2003, Éditions Le Moniteur, 23 mai 2003
29. Michel Conan, _Méthode de conception pragmatique en architecture_, PCA, 1989

découler les considérations techniques et économiques des considérations fonctionnelles, il présentait les avantages d'une programmation générative fondée sur *un processus itératif entre projet, programme architectural et programme d'usage courant*. Aujourd'hui, nous pensons que c'est sur l'ensemble du processus de projet que cette itération est à développer. Certes, les études de définition constituent dans une certaine mesure une réponse à la première de ces lacunes. Mais comme l'écrit Yves Dessouant [30], ces procédures présentent un certain nombre d'effets pervers :

- la déresponsabilisation des maîtres d'ouvrage qui voient dans ces études à la fois un ersatz au programme et une nouvelle forme de concours ;
- la paupérisation des professionnels par un retour au système de non-indemnisation ;
- la confusion entre les compétences de programmation et de maîtrise d'œuvre.

La deuxième période se situe avant la signature des marchés d'entreprises. On a beaucoup décrié les difficultés liées à cette phase importante de la conception, un moment majeur de négociation et de rapprochement des points de vue amont et aval. L'essentiel des critiques des procédures actuelles se concentre sur cette phase et la plupart des propositions de nouveaux partenariats ont pour principal enjeu d'en faciliter les modalités. *Phase d'anticipation et de résolution ou phase de médiation et de gestion de conflits ?* s'interroge Sihem Ben Mahmoud-Jouini dans les réflexions qu'elle nous livre sur la mission de synthèse d'exécution. Question à laquelle Philippe Alluin répond indirectement en affirmant *qu'un important travail reste à faire sur l'organisation contractuelle correspondante : interfaces entre missions, conventions de groupement, règles de travail entre acteurs, etc.*

La troisième période est celle qui assure le passage du bâtiment à sa vie active, le transfert à son usager. Celle-ci est censée être couverte par le dossier d'intervention ultérieure sur l'ouvrage (DIUO), un document qui doit suivre l'immeuble durant toute son existence et dont la constitution devrait être entreprise tout au long de l'élaboration du projet. Nous nous sommes interrogés sur les conditions de cette constitution progressive et sur l'interaction des savoirs qu'elle implique. On lira (p. 65) les observations de Sihem Ben Mahmoud-Jouini qui analyse différentes pratiques de coconception. De plus, il faut poser la question du support numérique à proposer au futur utilisateur et de la compatibilité (parfois difficile à trouver) entre les logiciels utilisés par les différents acteurs, indispensable pour en assurer la synthèse. Les articles de Stéphane Hanrot et Jean-Michel Dossier éclairent ces questions.

Les problématiques transversales exigées par la prise en compte du développement durable ne peuvent qu'accentuer l'importance de ces trois périodes de la conception d'un projet, obligeant ses auteurs à mieux prendre en compte des contraintes situées hors du champ temporel de leur intervention traditionnelle. Il découle de nos observations, que ces étapes de synthèse constituent l'indéniable faiblesse des dispositifs juridiques et méthodologiques qui encadrent actuellement les pratiques de projet. Claude Maisonnier et Sihem Ben Mahmoud-Jouini s'en expliquent aux pages 65 et 115. Les textes qui encadrent les pratiques de projet, en exigeant la séparation claire entre les acteurs du projet pendant ces périodes de synthèse posent réellement un problème de compétence et d'autorité. *Qui va faire la synthèse ? Quel est l'acteur en état de compétence suffisante pour le faire ? Le véritable pouvoir est là !* s'écriait Philippe Alluin lors d'un de nos séminaires. Peut-être pourrait-on lui proposer de modifier les termes de sa question et s'interroger sur l'identité des acteurs de la synthèse plutôt que d'en rechercher un seul ; ceci impliquerait de reconnaître que les stratégies d'alliance peuvent être multiples pour assumer ces tâches.

---

30. Yves Dessuant, *Les marchés de définition : fausse bonne idée pour les architectes ou vraie catastrophe pour la maîtres d'ouvrage ?*, Lettre de l'IPAA, mars 1998

La montée en puissance de nouveaux modes de partenariats

Le désengagement des pouvoirs publics et le transfert de risques qu'ils opèrent vers le secteur privé, qu'il s'agisse des risques d'investissement, commercial ou d'exploitation, le développement de la (dé)régulation européenne, la multiplicité et la diversité des initiatives locales, constituent pour la maîtrise d'ouvrage un accroissement de ses responsabilités et une politisation de son rôle. Il ne faut pas oublier que dans la plupart des situations, le maître d'ouvrage ne correspond pas à ce personnage compétent et omniscient que définit la loi MOP ! *Plus de responsabilités que de maîtrise* écrit Olivier Piron lorsqu'il évoque le rôle attribué au maître d'ouvrage par la loi MOP. *Le problème n'est plus dans l'intervention elle-même mais dans la nature de la réponse à un besoin immobilier d'un acteur qui ne sait pas comment intervenir* disait encore Michel Platzer. Pour se défendre de cet accroissement d'exposition aux risques, la maîtrise d'ouvrage tente à son tour d'accroître la responsabilisation de ses partenaires et de ses fournisseurs. L'expertise devient une forme d'externalisation des responsabilités. Face à cette demande, les professionnels, toutes disciplines confondues, doivent opérer des choix stratégiques. Ils peuvent choisir l'intégration ou la sous-traitance en favorisant le renforcement d'entreprises pouvant assurer des *leaderships*. Ils peuvent aussi adopter l'externalisation avec des partenariats plus ou moins fidélisés, des alliances plus pérennes ou des réseaux de proximité. Dans les deux cas, l'asymétrie des partenariats fait apparaître l'appétit des grandes structures et la vulnérabilité des petites. Ces tentatives ne sont pas le seul fait de l'entreprise. *Tout comme les majors ont essayé d'étendre leurs activités dans diverses phases du cycle, la maîtrise d'ouvrage est conduite elle-même à réfléchir sur ces différentes phases* commentait J. Bobroff lors de nos groupes de travail. Et si la maîtrise d'œuvre se trouve en situation de faiblesse dans cet affrontement, ce n'est pas uniquement du fait de la taille de ses structures. *Si l'entreprise cherche à s'impliquer en amont, c'est parce que l'ingénierie française a un niveau faible* répond Philippe Alluin.

Ces solutions sont controversées en France mais relativement fréquentes dans d'autres pays européens et on les pratique couramment sur des projets à l'exportation. C'est au Royaume-Uni qu'il faut chercher les premières expériences de nouveaux partenariats. Le *partnering* britannique peut prendre deux formes distinctes : le *single partnering* principalement justifié par la réduction des coûts induits par une résolution anticipée des conflits, et le *multiproject partenering* qui permet de capitaliser sur le long terme des relations clients-fournisseurs. Ces expériences sont à l'origine des PFI (Private Finance Initiative). Graham Winch et Martin Symes [31] en ont décrit la genèse et précisé les enjeux : *Alors que les PFI avaient pour objectif initial de financer des infrastructures publiques sans augmenter la dette publique, on observe une tentative délibérée pour modifier l'organisation des entreprises sélectionnées dans ce cadre contractuel afin que les risques liés à la construction et à l'exploitation soient assumés par le même concessionnaire. On évitait ainsi de faire porter les risques de l'exploitation sur le client final.*

Les signes du profond changement, que sous-tendent ces nouvelles procédures, sont pourtant explicites. Nous assistons à la montée en puissance de la gestion des services liés à un ouvrage. Le *Facilities management* qui se développe est *une approche intégrée pour maintenir, améliorer et adapter les bâtiments d'une organisation afin de créer un environnement qui soutient fortement les objectifs essentiels de cette organisation* [32]. Les maîtres d'ouvrage ont tendance à intégrer de plus en plus fréquemment dans leur programme, des exigences de gestion et d'usage du futur ouvrage, et à anticiper son fonctionnement et son adaptabilité. Ces évolutions vont dans le sens d'une plus forte implication des compétences aval, celles des entreprises et des gestionnaires. Dans ce contexte, la concession est sans doute un

---

31. Graham Winch et Martin Symes, « Les mutations dans l'histoire du bâtiment britannique : partenering, financement privé et renouvellement urbain », Cahier Ramau n° 3, *Activités d'architectes en Europe, nouvelles pratiques*, Éditions de la Villette, 2004
32. Définition de P. Barrett, rapportée par Jean Carassus dans *De l'ouvrage au service*, 2004

dispositif qui rassure la maîtrise d'ouvrage en comprenant *non seulement la construction mais aussi, d'une part le financement et la conception de l'ouvrage, et d'autre part la gestion du service lié à l'ouvrage* [33]. Michel Macary, un des architectes du stade de France qui a été réalisé selon ce processus, observe que ce dialogue à trois (maître d'ouvrage gestionnaire, architecte et entrepreneur) est beaucoup plus intéressant que le rapport architecte-entrepreneur général dans le cadre d'un contrat conception construction.

Pourtant, les critiques sont sévères. Graham Winch relève dans les procédures britanniques de PFI une contradiction entre la recherche d'une meilleure rentabilité exprimée par la maîtrise d'ouvrage et la réduction de la mise en concurrence qu'implique cette procédure. Selon lui, les entreprises ne sont pas prêtes à mettre en concordance les études et la composition de leurs coûts ; le commercial prime, explique-t-il, le manque de formation de l'encadrement et de la sous-traitance est flagrant. De son côté, la maîtrise d'œuvre (les *designers*) ne réfléchit pas suffisamment, selon lui, à son intervention comme valeur ajoutée mais comme œuvre indépendante régie par la seule propriété intellectuelle.

Dans un rapport non publié qui lui avait été confié en 2003 par le ministre de la Culture, Roland Peylet, conseiller d'État, résume bien les ambiguïtés du processus. Il explique que *la question de la qualité architecturale des projets réalisés en partenariat public privé s'est précisément posée chez nos voisins britanniques et elle se pose partout où surgit ce type de procédure si l'on en croit le Conseil des architectes d'Europe*. Il ajoute que *l'architecture n'était pas au rendez-vous des premières réalisations. Les Anglais s'en excusent en incriminant la moindre demande culturelle en ce domaine dans leur pays. Il n'en reste pas moins qu'une polémique relayée par divers journaux a mis en cause en 2002 la qualité des écoles résultant de contrats PFI* [34]. Le rapport dénonce le risque de standardisation des constructions : *Les acteurs de cette politique se sont concentrés d'abord sur la façon de produire de la* Value for money *mais ils l'ont fait au détriment de la créativité, ce qu'ils ne contestent pas vraiment. (…) Une certaine standardisation aurait marqué les premières expériences, se limitant par exemple à six types en ce qui concerne les écoles.* À propos de la complexité des règles à respecter, le rapport évoque un contrat qui *semble devoir se classer parmi les plus complexes à mettre au point.* À propos des coûts : *On ne peut s'empêcher d'observer que la prise en compte de tels éléments (prévalence d'une bonne conception, renforcement des exigences architecturales dans le cahier des charges, association plus large des futurs utilisateurs) dans le processus d'ensemble semble plutôt de nature à le complexifier et à accroître les délais de prise de décision… et les coûts globaux* [35].

Si ces dysfonctionnements sont clairement identifiés, il reste difficile de rejeter globalement les changements de pratiques qui répondent, par ailleurs, aux exigences de meilleure concertation, que nous avons évoquées. Ces nouveaux partenariats répondent sans doute à une demande justifiée. Dans quelle mesure répondent-ils aussi à des exigences de qualité et d'économie globale ? Et comment faut-il les faire évoluer pour qu'ils soient plus satisfaisants par rapport à ces exigences ? On lira avec intérêt les dix interrogations que Philippe Alluin développe dans son article et les sujets de réflexion qu'il propose d'engager pour y répondre.

---

33. Jean Carassus, op. cit.
34. Les contrats PFI ont souvent été utilisés de façon importante au Royaume-Uni pour la réalisation d'écoles.
35. Roland Peylet, conseiller d'État, rapport remis le 4 novembre 2003 à Jean-Jacques Aillagon, ministre de la Culture et de la Communication sur l'étude des PPP à l'étranger, plus particulièrement au Royaume-Uni.

Redéfinir le cadre de la conception

Concevoir des systèmes complexes

Les débats que nous avons animés et les études de cas que nous avons analysées témoignent de la complexité accrue des opérations d'architecture et d'urbanisme. Nous avons observé que cette complexité était due notamment à l'augmentation des risques, à la nécessité de mieux répondre aux attentes sociales, à la prise de conscience progressive des enjeux environnementaux. Nous avons aussi noté que l'accroissement des connaissances correspondantes, nécessaires à l'ensemble des acteurs pour mener à bien un projet ambitieux par rapport à ces exigences, favorisait l'émergence de nouvelles compétences. Celles-ci se positionnent plus nombreuses en amont, sans doute pour mieux répondre aux demandes de maîtrises d'ouvrage occasionnelles mais aussi pour assister des maîtrises d'ouvrage professionnelles ou institutionnelles. Jacques Allégret disait des maîtres d'ouvrage qu'ils étaient de plus en plus impliqués politiquement et économiquement, ce qui cannibalisait leurs responsabilités techniques. Pour faire face à leurs responsabilités dans ces domaines techniques, les maîtres d'ouvrage préfèrent faire appel à des experts aux profils de plus en plus diversifiés, qui sont de ce fait de plus en plus nombreux et dont les rôles et les missions diffèrent selon les types de montages et les domaines d'intervention. Quang-Dang Tran, le directeur adjoint de l'Agence de maîtrise d'ouvrage du ministère de la Justice, ne dit rien d'autre lorsqu'il écrit dans sa contribution que _ce qui est important pour nous c'est précisément de sortir d'un processus classique, faire appel à des expertises nouvelles dans des domaines connexes, peu banalisés, en tant que de besoin, dès lors que le sujet le nécessite._ Répondant à cette attente, les professionnels de la programmation font évoluer leurs offres de service pour mieux accompagner le projet tandis que les spécialistes de la gestion technique et les experts juridiques et financiers deviennent, parmi d'autres, des prestataires incontournables de la maîtrise d'ouvrage.

La phase amont de la conception est en passe de devenir le lieu privilégié de déploiement de l'ingénierie. Ce moment est relativement court au regard de la durée du projet qui en résulte. Mais comme l'explique Nicolas Kohler dans son article (voir p. 177), la conception doit considérer dès cette étape les performances de l'ensemble de la vie d'un ouvrage, celle qui le mène du berceau à la tombe comme disent les experts de l'analyse du cycle de vie. La maîtrise d'ouvrage doit pour cela prendre en compte les conditions de pérennité et d'adaptabilité de l'ouvrage, sa capacité de transformation et de renouvellement, ses aptitudes à une gestion et un usage de qualité. Elle doit aussi être responsable face aux défis environnementaux qui lui sont posés, mieux prendre en compte les flux de matières provoqués par la construction, puis l'utilisation du bâtiment, les consommations énergétiques que ce dernier nécessite et leurs probables évolutions, ainsi que les effets polluants, entrant et sortant de l'édifice. Et elle doit communiquer à ses partenaires les performances qu'elle attend dans tous ces domaines. Ceci implique une réflexion sur la continuité des informations que constituent ces données tout au long de l'élaboration du projet, de l'émergence de l'idée qui l'a vu naître jusqu'à sa transmission ultérieure à son futur gestionnaire.

Tenir compte de ce type d'exigences et les exprimer en termes de qualité de vie et d'usage, de confort individuel et collectif, de maîtrise des ambiances, de flexibilité et d'adaptabilité à moyen et à long terme implique des changements importants dans la gestion du projet. Une telle démarche nécessite en effet de s'assurer de la collecte et de la capitalisation des connaissances et du savoir-faire détenus tant par les acteurs impliqués dans la conception de l'ouvrage que par ceux qui en assureront la gestion. Elle implique l'adoption de démarches transversales permettant de définir, puis de garantir le suivi et l'évaluation de ses performances ; démarches qui devront se poursuivre de façon cohérente tout au long du projet, dans une attitude de partage des informations qui oblige les acteurs à sortir de leur logique organisationnelle et donc contractuelle purement verticale. Elle les incite notamment à la mise en place de dispositifs d'aide à la décision et à une meilleure anticipation des impacts de l'ouvrage tout au long de son existence.

Gérer le changement

François Ascher le constatait déjà en 1972 : il faut une minute pour chauffer un avion, cinq minutes pour une voiture, une journée pour un bâtiment[36]. On se souvient également de la phrase de Jean Prouvé expliquant à ses étudiants que si les avions étaient mis en œuvre comme les bâtiments, ils ne voleraient pas. À l'évidence, il va falloir changer de méthodes si l'on veut faire entrer les problématiques contemporaines dans le monde du bâtiment et de la ville ! La prise en compte des trois principaux facteurs de changement que nous avons identifiés plus haut – globalisation de la production et de la distribution industrielle, accès accru aux nouvelles technologies et nouvelles méthodes de management – constitue un tout cohérent et interdépendant. Sa mise en œuvre renvoie aux différentes propositions exposées dans les prochains chapitres de cet ouvrage. Gérer ce changement tout au long du projet s'apparente aux processus de design de systèmes complexes développés depuis longtemps dans l'industrie. Ceux-ci ne sont plus vraiment révolutionnaires mais nécessitent un cadre méthodologique qui n'est pas en vigueur dans le monde du bâtiment. Ils se distinguent essentiellement par une forte capacité de communication, de suivi et d'évaluation, partagée entre les acteurs du projet. De plus, ils impliquent une instrumentation qui peut difficilement être le fait d'un seul de ces acteurs : les bases de données, les moyens de communication, les outils de simulation, les systèmes d'échange d'information nécessaires à l'adoption de méthodes et d'outils logiciels communs constituent un tout de plus en plus indissociable et partagé. Le support technologique joue en effet un rôle essentiel dans cette organisation : méthodes et logiciels participent de la même logique, de même que contenant et contenu se confondent aujourd'hui dans la fusion numérique des données du projet, comme l'exprime plus loin Éric Duraffour pour justifier son point de vue juridique.

Une telle démarche implique trois préalables méthodologiques pour les responsables de la conception.

Premièrement, il est nécessaire que la maîtrise d'ouvrage puisse établir clairement, dès les premiers temps du processus de conception, les performances qu'elle attend des espaces concernés. On entend par performance[37] la propriété physique d'un espace ou d'un produit, propriété qui lui permet de répondre aux exigences et de jouer le rôle qui lui est assigné. Ceci pose concrètement les questions de synergie de l'amont et de l'aval que nous avons déjà abordées mais aussi le problème de l'échelle sur laquelle on évalue ces performances. Est-ce à l'échelle du territoire, du patrimoine (pour le détenteur d'un ensemble immobilier par exemple), de l'édifice ou de l'espace public, du composant ou du système technique ? Il est facile de répondre : à toutes les échelles bien sûr, il est souvent plus compliqué de le faire sérieusement et simultanément !

Deuxièmement, il est nécessaire que la maîtrise d'ouvrage et la maîtrise d'œuvre prennent en compte, également dès les premières phases de la conception, les exigences qu'imposent les conditions de vie de l'espace qu'ils ont à concevoir. De même que pour le point précédent, une relation forte avec les expertises situées en aval est nécessaire. Comme l'explique Niklaus Kohler, le coût de réalisation d'un ouvrage ne représente qu'une partie de son coût global, surtout si l'on prend en compte ce dernier sur la durée de son amortissement. Ainsi, précise-t-il plus loin, l'entretien d'un

---

36. François Ascher et J. Lacoste, *Les producteurs du cadre bâti*, 1972
37. L. de Sainte-Marie et G. Blachère, *Cadre et manuel de descriptif performanciel*, Auxirbat/Direction de la Construction, 1984. On pourra également se référer aux nombreux travaux de E. Henri et G. Leconte (Cristo) sur le sujet, notamment *L'appel d'offres sur performances, analyse et problématique de la démarche; étude de l'opération Eurorex de l'Isle d'Abeau*, Actes du séminaire de septembre 1994, Plan Construction et Architecture.

hôpital pendant quinze ans peut représenter cinq fois son coût de construction ; c'est pourquoi les bâtiments mal conçus ou mal construits sont ceux qui coûtent le plus cher dans le temps.

Troisièmement, il est nécessaire de structurer un dialogue cohérent avec l'ensemble des acteurs qui vont intervenir dans la vie de cet espace : habitants, usagers, gestionnaires, clients, prestataires de services, etc. Cette démarche de design participatif, bien connue des concepteurs d'espaces ou de produits dans des secteurs à risque comme l'hospitalier ou l'industrie chimique, est une nécessité pour qu'un projet s'élabore dans une bonne acceptation sociale, selon les performances attendues, en prenant en compte ses conditions d'usage.

Cette triple démarche se veut transversale. Elle implique une description du projet fondée sur une stratégie de négociation progressive et de gestion des décisions, telle une banquise qui se fige peu à peu, pour reprendre la métaphore de Renzo Piano.

L'importance de l'instrumentation

On sait aujourd'hui mettre en œuvre des démarches de ce type, même si elles restent parfois au stade expérimental. Elles nécessitent des méthodes spécifiques et une bonne instrumentation. On peut se référer par exemple à la méthode ESCALE que le CSTB a élaborée avec l'université de Savoie pour évaluer l'impact d'un bâtiment sur son environnement [38]. Pour la prise en compte de l'analyse du cycle de vie à l'échelle du patrimoine et de l'édifice, on peut évoquer les travaux de l'*Institut für Industrielle Bauproduktion*, dirigé par N. Kohler à l'université de Karlsruhe, et notamment le logiciel *Legoe* [39] qui permet de gérer la complexité des données nécessaires pour mesurer ces impacts. Pour la mise en place d'une démarche participative, on peut se tourner vers certaines expériences démonstratives en Amérique du Nord et dans les pays du nord de l'Europe. L'évolution de l'instrumentation réclamée par Philippe Alluin pour mieux gérer *cette accélération des échanges et cette accélération des décisions* entre aujourd'hui dans sa phase opérationnelle. Les plates-formes logicielles d'ingénierie concourante que propose le CSTB en font la démonstration. L'arrivée de la conception en objets attributs, décrite plus loin par Jean-Michel Dossier, après bien des recherches et des tâtonnements, *ajoute une nouvelle source de progrès considérable qui ne porte plus extensivement sur les métiers de chaque intervenant, mais, intensivement sur le système de leurs relations.*

Si les travaux que Stéphane Hanrot et son équipe ont menés font état du très large équipement des professionnels de l'ingénierie architecturale et du projet urbain en conception assistée par ordinateur, il ne semble pas que l'emploi des technologies de l'information et de la communication soit encore très répandu dans ce milieu. On peut en dire de même des logiciels de simulation des phénomènes physiques qui ne sont encore utilisés qu'à la marge sur des projets très spécifiques, les logiciels de simulation acoustique pour les salles de spectacle par exemple. Quant aux outils facilitant les échanges entre les acteurs et leurs logiciels de métier, il est frappant de constater, comme le fait J.-M. Dossier que, *sauf exceptions partielles, le bâtiment ne bénéficie pas, dans son ensemble, comme les industriels, des effets d'une chaîne continue de traitement de l'information sur la rationalisation de la production.* Nous avons pu cependant constater combien tous ces nouveaux outils modifiaient la conduite des projets et les enrichissaient lorsqu'ils accompagnaient les processus de conception dès les premiers stades de leur formulation. Ainsi, les techniques de réalité virtuelle couplées à des outils de mesure peuvent jouer un rôle important comme moyen de communication et de concertation.

---

38. *Escale: A method for assessing the environnemental quality of building at the design stage*, C. Gérard et S. Nibel, CSTB, N. Chatagnon, EDF, G. Achard, université de Savoie, DM dans UCE, Lyon, 20-22 nov. 2000
39. L'École des Mines met également au point un logiciel intitulé *Equer* qui permet une analyse du cycle de vie d'un bâtiment.

C'est ainsi qu'une expertise scientifique, davantage habituée à faire des mesures et des évaluations en aval du projet, se met peu à peu au service du projet pour représenter, modéliser, simuler, mesurer, comparer et évaluer des projets en cours d'élaboration. L'exploration d'un scénario, la comparaison entre deux solutions, la prise en compte de phénomènes à la fois sensibles et physiques que sont, par exemple, les ambiances architecturales et urbaines – tels que l'acoustique, l'éclairage, la thermique, la qualité de l'air, etc. – facilitent le débat, objectivent la validation des choix et permettent une évaluation des résultats. Ces techniques peuvent assumer deux rôles complémentaires. Elles permettent d'une part de communiquer le projet aux futurs utilisateurs et aux gestionnaires de l'ouvrage, et de faire ainsi remonter de façon plus précise les exigences liées à sa vie future. De plus, elles constituent de puissants outils de négociation entre les acteurs de la conception et des moyens d'aide à la décision dont les maîtres d'ouvrage sont de plus en plus conscients.

L'enquête de Stéphane Hanrot met à jour les réticences de professionnels qui craignent un bouleversement de leurs pratiques. Ces inquiétudes légitimes constituent évidemment un frein non négligeable à l'émergence des nouvelles technologies. Les études que nous avons menées nous amènent à considérer qu'aux yeux de nombreux intervenants, celles-ci constituent pourtant un ensemble d'outils indispensables pour mieux appréhender les exigences et les temporalités de projets dont l'environnement s'est considérablement complexifié. Querelle d'anciens et de modernes ? La question n'est pas si simple et le débat reste ouvert. Peut-on pour autant dire que concevoir un projet architectural et urbain en prenant en compte son impact physique, économique et social représente une démarche radicalement nouvelle, une rupture fondamentale par rapport aux pratiques antérieures ; que la communication entre les acteurs du projet soit une pratique inusitée ? Les professionnels du bâtiment et de la ville n'ont-ils pas fait la preuve de leur capacité à intégrer des technologies qui ont largement fait évoluer leurs pratiques depuis trente ans ? Ne s'agit-il pas en réalité d'adopter une attitude logique et pragmatique, de privilégier des démarches plus responsables, d'adopter des méthodes à la hauteur des enjeux ?

Certes, les maîtres d'ouvrage devraient probablement s'outiller davantage face aux responsabilités qu'ils assument. Les architectes pourraient sans doute modifier leur discours actuel et se positionner plus clairement sur de réels enjeux de société. Mais ces changements constituent uniquement un recadrage qui, en mettant l'accent sur certains fondamentaux universels de leurs métiers, ne devrait pas les rebuter, ni leur faire craindre que ces nouvelles contraintes ne viennent entraver leurs capacités gestionnaires pour les uns, créatives pour les autres.

Qu'on en juge. La prise en compte d'un projet à toutes ses échelles ne saurait poser de problème majeur à un architecte dont c'est la formation de base ; tout au plus nécessite-t-elle une approche plus visionnaire de la part de la maîtrise d'ouvrage, des informations *performancielles* plus précises de la part des fournisseurs de composants. Plus complexe et difficile à appréhender, surtout si on la lie à la précédente, est la prise en compte de la durée de vie de l'ouvrage : sa gestion, sa maintenance, sa capacité d'évolution, ses possibilités de transformation, de réhabilitation, de rénovation, sa démolition, le recyclage de ses déchets. Elle impose une meilleure écoute – habitants, usagers, gestionnaires – mais aussi une plus grande implication du politique. Les autres conditions amènent à repenser les conditions de transdisciplinarité : il s'agit de prendre en compte très en amont du projet les ressources et les matières dont l'ouvrage a besoin pour sa réalisation et d'étudier les émissions polluantes qu'il rejettera tout au long de sa vie ; et d'anticiper sur les conséquences de certaines évolutions, la transformation par exemple d'une séquence constructive, d'un choix énergétique, d'un système de gestion technique, etc.

Restent à multiplier les expériences, les évaluer et les adapter à nos pratiques, et sans doute modifier en partie le cadre juridique qui accompagne ces dernières pour faciliter la fluidité des informations et améliorer la convergence des compétences.

Points de vue de chercheurs et témoignages

Les questions posées par cette introduction dépendent des enjeux et du contexte opérationnel de chaque projet. Certaines d'entre elles mériteraient d'être poursuivies par un débat dépassionné avec l'ensemble des professionnels concernés. Par exemple : quelles organisations d'acteurs et quels cadres juridiques facilitent cette synergie entre les compétences que chacun semble estimer indispensable ? Quelle place doit-on accorder aux compétences dites de médiation qui se multiplient actuellement ? Quelles relations devraient s'établir entre les pratiques de conception et les nouvelles technologies ? Quels questionnements pourraient en découler ? Les textes qui suivent répondent à ces questions ou abordent certains aspects de ces dernières. D'autres en repoussent les limites et esquissent des propositions de réflexion ou des pistes de recherche.

Dans le deuxième chapitre de l'ouvrage (voir p. 31) Robert Prost, Stéphane Hanrot et Sihem Ben Mahmoud-Jouini se relaient pour faire la synthèse des travaux de recherche qui ont été entrepris sous leurs directions respectives. Ils balayent ainsi les grands moments du projet et nous offrent des pistes d'évolution intéressantes au travers de l'analyse de situations opérationnelles et de pratiques innovantes.

Le troisième chapitre (voir p. 87) est divisé en trois parties. Dans un premier temps, l'expérience de quatre professionnels est mise à contribution : Quang-Dang Tran, directeur adjoint de l'agence de maîtrise d'ouvrage des travaux du ministère de la Justice, Philippe Alluin, architecte, Dominique Queffelec qui dirige le bureau d'étude Arcora et Claude Maisonnier, directeur général adjoint de Setec Bâtiment, expriment à tour de rôle le fruit de leur expérience et leurs points de vue sur les évolutions du jeu des acteurs.

Dans un deuxième temps, c'est l'évolution des pratiques elles-mêmes qui est analysée à travers les regards d'observateurs extérieurs pourtant fortement impliqués dans les processus de projet : les aspects juridiques sont abordés de façon contradictoire, comme il se doit en la matière, par deux juristes, Michel Huet et Éric Duraffour. Le point de vue de l'assureur est assuré, si l'on peut dire, par Vincent Melacca, directeur technique du SMABTP, la société mutuelle d'assurances du BTP, et par François Ausseur, président de la fondation Excellence (SMABTP).

Le troisième temps de ce chapitre, enfin, est consacré aux évolutions technologiques, notamment celles qui concernent la communication et l'information, dont Jean-Michel Dossier, chargé de mission au ministère de l'Industrie, brosse un tableau alimenté par l'inlassable énergie qu'il consacre depuis des années à leur promotion et celles qui sont liées à l'analyse du cycle de vie que connaît bien Nicolas Kohler, directeur de l'IFIB, _Institut für Industrielle Bauproduktion_, de l'université de Karlsruhe.

LE POINT DE VUE DES CHERCHEURS

Nouvelles dynamiques entre la maîtrise d'ouvrage et la maîtrise d'œuvre

Robert Prost

La mutation des pratiques de projet

Les pratiques de projet connaissent depuis plusieurs années des transformations importantes qui peuvent être décomposées de la manière suivante :
– nouveaux enjeux (socio-économiques et politico-juridiques) ;
– nouveaux processus de projet et prise en compte de la complexité des temporalités ;
– nouveaux acteurs et nouvelles expertises ;
– nouvelles démarches (programmation, conception, gestion, management…) ;
– nouveaux outils (information, modélisation, simulation, communication…).

Ces transformations en cours sont variées et diffuses : elles s'inscrivent dans des situations hétérogènes et se manifestent de façon très diversifiée. Par ailleurs, ces mutations interviennent quels que soient les secteurs d'activités (villes, bâtiments, industries, activités culturelles…).

La problématique qui nous est posée s'inscrit dans ce vaste et turbulent contexte, mais se caractérise par des limites bien spécifiques : réfléchir aux nouvelles dynamiques entre maîtrise d'ouvrage (MO) et maîtrise d'œuvre (MOE) dans le champ des projets architecturaux et urbains.

Cela demande de prendre en compte que les mutations des pratiques de projet sont en cours, et par conséquent en aucun cas achevées, et qu'ainsi les pratiques de projet en vigueur n'intègrent pas toujours la totalité des paramètres en jeu. Ce phénomène de changement dans les rapports MO/MOE, qualifié généralement par l'expression *recomposition du système d'acteurs*, s'énonce le plus souvent comme si un nouvel équilibre avait été trouvé, les relations qui le définissent étaient redevenues parfaitement stables, les nouvelles logiques des acteurs clairement identifiables et les pouvoirs et les savoirs parfaitement explicites.

Aussi, s'il est acceptable d'avancer l'hypothèse d'une mutation profonde des relations entre les acteurs des pratiques de projet, il est difficile de généraliser son émergence et de rendre compte de toutes les configurations qui peuvent caractériser ces nouvelles dynamiques, suivant les situations dans lesquelles elles s'inscrivent.

La MO et la MOE : deux notions à actualiser

La MO et la MOE ont largement été étudiées mais souvent de façon isolée. Par exemple, dans le cas de la MO, la programmation [1], la formulation de la commande et la maîtrise d'ouvrage ont fait l'objet de nombreux travaux récents en regard des pratiques de projet [2]. Ces études sont cadrées sur les pratiques de projet relatives à l'échelle architecturale.

Le questionnement de la MO à l'échelle urbaine est plus récent et il a introduit, en plus des axes d'analyses précédents, d'autres champs théoriques issus des sciences économiques, juridiques, politiques, ouvrant ainsi à bon nombre de concepts or du champ de questionnement architectural (la gouvernance, la démocratie locale, les partenariats public/privé…) quand il ne quitte pas plus globalement, à juste titre, le champ de l'aménagement pour aborder le champ des politiques publiques concernant la ville [3].

Quant à la MOE à l'échelle architecturale, les études sont encore plus nombreuses, en rapport avec la conception, à analyser les nouvelles démarches de projet, les métiers et professions, les rapports des concepteurs *aux savoirs génériques* et à observer la grande diversité des expertises spécialisées [4] (ambiance, écologie…), et des bureaux d'études et entreprises [5]. Sur un autre plan, on a observé comment la MOE se doit d'adopter un nouveau positionnement face à l'ensemble des logiques de production et de gestion ainsi que face à l'ouverture des pratiques à l'international et aux changements technologiques (TIC), enjeux diversifiés dont on minimise encore largement les impacts sur la transformation des pratiques de projet et plus spécifiquement sur les rapports entre les acteurs.

Là encore, passer d'un questionnement sur la MOE de l'échelle architecturale à l'échelle urbaine ne va pas de soi comme dans le cas de la MO. L'utilisation, en France en particulier, des mêmes termes aux deux échelles de projet vient compliquer la compréhension. Si le transfert MO/MOE s'est effectué en France, c'est parce que la MOE urbaine est entre les mains des architectes, ce qui n'est pas toujours le cas dans d'autres pays européens.

---

1. Voir, entre autres, les travaux conduits par les professionnels, les chercheurs ou les experts rattachés à l'IPAA.
2. Il faut noter, entre autres, l'énorme travail de Michel Conan et plus récemment les travaux du PUCA sur cette question qui ont donné lieu à un séminaire de synthèse au CSTB intitulé « La formulation de la commande urbaine et architecturale ». Enfin, dans le cadre des travaux Euroconception, voir l'ouvrage collectif *Les maîtrises d'ouvrage en Europe : évolutions et tendances*, Vol. 4 de « L'élaboration des projets architecturaux et urbains en Europe », F. Lautier (sous la responsabilité scientifique de), PUCA, Paris, 2000. Voir également la quasi-totalité du travail du réseau Ramau et les trois numéros des Cahiers publiés.
3. Voir, entre autres, le travail de Jean Pierre Gaudin ou de Jérôme Dubois sur ces questions.
4. Voir le travail de Stéphane Hanrot développé p. 49.
5. Voir le travail sur la coconception entre MOE et entreprises de Sihem Ben Mahmoud-Jouini développé p. 65.

Mutation des relations MO/MOE

Un enjeu majeur pour des pratiques de projet innovantes

La question posée ici concerne la relation entre MO et MOE dans le cas des projets d'aménagement Notre hypothèse repose précisément sur le fait que c'est dans les mutations de cette relation que se trouve l'une des clés de l'innovation pour les pratiques de projet. En effet, on peut perfectionner l'un et l'autre des deux termes de ce couple mais sans la recherche d'une nouvelle dynamique, on restera enfermé dans une asymétrie des compétences et par là même, dans une *symétrie de l'ignorance*, pour renvoyer à la célèbre formule de H. Rittel.

Par ailleurs, si la transformation de la dynamique MO/MOE est importante, notre hypothèse (de nature prospective) sur la nécessité de mise en place de nouvelles dynamiques concerne les rapports entre tous les acteurs du projet, qu'ils soient rattachés directement à la définition/conception/production, du côté de la demande sociale et des usages ou de la gestion du cadre bâti à moyen et long termes.

De plus, la refonte de la MO, de la MOE et de leurs relations implique, au-delà des changements *en interne*, que les pratiques de projet soient de plus en plus ouvertes à des situations de fertilisation croisée : les projets architecturaux sont largement alimentés par les projets urbains (et réciproquement) mais également par les pratiques de projet telles qu'elles se développent dans différents secteurs industriels, voire dans le champ du culturel et des différents domaines artistiques qui le constituent.

Dans cette émergence d'une nouvelle dynamique entre les acteurs du projet, il faut souligner qu'en France, les démarches de management de projet [6] ont joué un rôle important, même si elles sont loin de pouvoir se généraliser à tous les types de projets à l'échelle architecturale ou urbaine : de nombreuses résistances sont à l'œuvre.

Enfin, au-delà des mutations relatives aux pratiques de projet dans les différents champs d'action dans lesquels elles opèrent, il faut souligner que nous évoluons dans un contexte d'ouverture internationale et d'alignement en regard de la construction européenne ainsi que dans un contexte d'adaptabilité des pratiques imposées par les avancées de la mondialisation et la *délocalisation* [7] des marchés de l'urbanisme et de l'architecture. La MO, et surtout la MOE, doivent donc trouver des stratégies d'adaptation et se doter d'une flexibilité pour ne pas se limiter à une pratique locale.

Aussi, faut-il tenter d'échapper au fait qu'en France, MO et MOE sont des notions datées car elles correspondent à la prédominance du secteur public en matière d'aménagement, ce qui n'est plus exclusivement le cas. Datées aussi car elles proviennent exclusivement de la conception que l'on s'est faite du *projet* dans le champ de l'architecture. Derrière le maître d'œuvre se profilait irrémédiablement la figure de l'architecte libéral plutôt que celle d'une MOE regroupant de multiples expertises, capables de répondre à l'extrême diversité des enjeux et des situations contemporaines.

Datées enfin car elles renvoient à une conception de la répartition des compétences qui s'est installée sur une vision complémentaire, voire dichotomique, entre ceux qui paient et ceux qui conçoivent plutôt qu'entre ceux qui offrent des services à ceux qui tentent de traduire l'expression

---

6. Voir sur ce sujet la réflexion de Jean-Jacques Terrin sur le management de projet à l'échelle architecturale, Qualité, Conception, Gestion de projet, PUCA, 1998. Voir également les recherches d'Alain Bourdin et de Betty Jista et de Nadia Arab à l'échelle du projet urbain.
7. Cette délocalisation doit s'interpréter selon deux sens distincts : d'une part une poursuite de la montée en puissance de l'ouverture des pratiques à l'international (voir la Chine, entre autres) ; d'autre part, une sous-traitance à distance d'une partie des marchés de conception (grâce aux technologies de l'information et à Internet).

d'une demande sociale. Cette vision dichotomique n'a d'égale qu'une autre célèbre dichotomie française persistant encore dans certaines situations, entre les figures de l'architecte et de l'ingénieur, dichotomie affectant cette fois la division du travail au sein même de la MOE. Ces divisions sont en effet bien loin des recherches sur la concourance entre les acteurs [8] et sur les règles du jeu que tentent de préciser les théories et les pratiques du management de projet.

En ce sens, ces deux notions de MO et MOE appellent à une actualisation, tant aux plans juridique, politique et financier que sur leur pertinence épistémologique et culturelle. Aussi, pour échapper à ce carcan sémantique (rappelons que ces deux expressions sont intraduisibles, notamment quand elles concernent les projets à l'échelle urbaine), nous partirons du principe que ces deux notions renvoient à deux formes de compétences :

– diriger, financer et définir le cadre et les objectifs d'une opération, qu'elle soit architecturale ou urbaine ;
– aider à la définition des problèmes, apporter des solutions plausibles aux enjeux et aux problèmes posés et réfléchir à leur faisabilité (*les concepteurs*).

Une telle précision élimine de façon radicale le fait qu'avec ces deux notions, on se limite à des références aux personnes (l'élu, l'architecte…) mais plutôt qu'on les assimile à un ensemble d'acteurs rassemblant des savoirs et des savoir-faire multiples et diversifiés, voire hétérogènes. Par ailleurs, ces deux notions revêtent des formes différentes suivant les champs d'action et les types de projets dans lesquels elles s'inscrivent.

Une analogie difficile entre le projet architectural et le projet urbain

Pour approfondir les relations MO/MOE, il nous semble utile de dissocier :

– l'échelle des édifices qui inclut l'ensemble des projets architecturaux, quel que soit leur degré de complexité ;
– l'échelle urbaine qui englobe de multiples types d'*opérations urbaines* ou de *projets urbains* pour utiliser une expression largement fluctuante suivant les acteurs, les contextes et les époques, qu'il faudra tenter de clarifier et d'actualiser [9].

La décision de travailler selon deux échelles de projet nous paraît essentielle pour comprendre les dynamiques d'acteurs à l'œuvre. Cette décision se fonde sur plusieurs types d'arguments qu'il est impossible de développer ici mais que nous pouvons évoquer brièvement.

Un premier d'ordre théorique provient d'une prise de position quant aux rapports ville/architecture. Si une certaine tendance aux origines diverses consiste à établir un lien direct entre ces deux entités, et partant de là un lien quasi *causal* entre le projet architectural et le projet urbain, force est de constater que chacun de ces niveaux possède un caractère spécifique, tant au plan des savoirs et des acteurs qu'au plan des processus, des enjeux, des problématiques, des démarches et des cadres réglementaires suivant lesquels ces deux *familles* de projets se définissent, se concrétisent, se mettent en œuvre… et sont vécues.

Que l'on pense aux notions de projet de ville, de gestion stratégique des villes, de management du projet urbain, de gouvernance, de management de la ville par projet, de montage d'opérations

---

8. Voir l'ensemble de la réflexion de Christophe Midler sur ces questions.
9. Voir entre autres sur cette question, les nombreux témoignages et débats dans la revue « Projet Urbain » et plus récemment dans des ouvrages qui traduisent le travail des « Ateliers » sous la responsabilité d'Ariela Masboungi et publiés par le ministère de l'Équipement, des Transports et du Logement, ainsi que les nombreux ouvrages publiés récemment autour de Ph. Panerai, J.Y. Toussaint, N. Eleb-Harlé, A. Sauvage, etc.
Voir également les travaux du Club Villes et aménagement et les publications qui en témoignent.

urbaines, de stratégies juridiques, fiscales, foncières et financières ou à des notions telles que la mobilité, l'accessibilité, la densité par exemple pour comprendre en quoi l'échelle urbaine n'est pas assimilable à l'échelle architecturale, et réciproquement bien entendu.

En fait, il ne s'agit pas de dire que d'une part, l'une est plus complexe que l'autre mais qu'il s'agit de paradigmes distincts, et d'autre part que chacun de ces ensembles, bien qu'aucunement autonomes l'un vis-à-vis de l'autre, possède néanmoins une véritable spécificité. Avoir tenté de transférer la MO/MOE de l'architecture vers l'urbain présentait évidemment d'énormes risques de confusion quant à la pertinence et aux limites de l'analogie.

Une perspective de questionnement de la dynamique MO/MOE

Ces remarques préliminaires énoncées, il convient d'aborder directement la question qui nous est posée sur la nouvelle dynamique entre MO et MOE.

Dans ce grand laboratoire social que constituent les mutations urbaines en cours dans les sociétés occidentales et les tentatives de réguler les transformations qu'elles provoquent ou nécessitent, plusieurs perspectives peuvent apporter un éclairage sur la mise en place de cette nouvelle dynamique. Nous choisirons d'y répondre en développant deux perspectives *externes* d'interrogation traduisant les changements dans la dynamique entre MO et MOE :

– Comment l'émergence de nouveaux enjeux et de nouvelles priorités, imposant de nouvelles orientations aux interventions sur l'urbain, modifient en profondeur la dynamique MO/MOE ?
– En quoi la transformation depuis une vingtaine d'années des processus suivant lesquels s'organisent les pratiques de projet entraîne une métamorphose quasi irréversible des rapports MO/MOE ?

Ces deux axes d'interrogation nous amèneront à montrer, dans un deuxième temps, que les nouvelles dynamiques MO/MOE appellent au changement de nombreuses dimensions (juridique, financière, politique…) dont la dimension la plus spectaculaire est certainement à chercher dans l'exigence d'une actualisation des savoirs qui opèrent dans les pratiques de projet. La ville et l'architecture n'échappent pas à ce que l'on appelle de plus en plus souvent l'économie de l'intelligence, la société de l'expertise et la société créative [10].

Ainsi, nous laisserons de côté l'analyse *interne* de ces deux acteurs, analyses qui sont déjà largement développées et ont éclairé une grande part de notre compréhension.

Sans prétendre porter un regard exhaustif en empruntant ces deux axes de questionnement, c'est avant tout une attitude prospective qui nous anime : nous montrerons pourquoi et comment la dynamique MO/MOE devrait se modifier, plutôt que d'analyser comment elle se manifeste actuellement suivant les situations considérées.

Nouvelles priorités et nouveaux enjeux pour les pratiques de projet

La perspective des priorités inhérentes aux projets architecturaux et urbains et leurs spécificités, suivant les situations, apporte un éclairage essentiel sur la dynamique qu'ils réclament entre maîtrise d'œuvre et maîtrise d'ouvrage.

---

10. Voir l'ouvrage qui montre les enjeux liés à la capacité créative dans les sociétés contemporaines, Richard Florida, *The rise of the creative class*, Basic Books, New York, 2002.

Les projets d'aménagement sont en effet confrontés à de nouveaux défis qui progressivement, en une vingtaine d'années, ont inscrit des priorités nouvelles qui se combinent et parfois s'opposent radicalement aux priorités des décennies précédentes.

L'obligation au fondement économique des projets

En premier lieu, les enjeux du développement économique à l'échelle urbaine et régionale s'imposent comme une priorité centrale. Les villes sont de plus en plus impliquées dans l'économie locale, régionale et parfois nationale, voire mondiale. Par ailleurs, elles se trouvent en concurrence entre elles pour attirer de nouvelles activités. La transformation progressive de la société industrielle pose également de nombreuses questions aux gouvernements locaux, aux aménageurs et aux investisseurs.

Dans les périphéries urbaines, les *zones* industrielles et commerciales viabilisées sont évidemment toujours nécessaires mais doivent être remodelées ou relocalisées, et elles sont loin de constituer un atout suffisant pour attirer des investissements productifs. Le discours type consiste à appeler à des activités à haute valeur ajoutée (entreprises fondées sur les technologies de pointe entre autres)… mais les choses ne vont plus de soi et les exigences des investisseurs sont de plus en plus complexes (voir Richard Florida, op. cit.).

Par ailleurs, l'augmentation des activités de service et le rôle majeur joué par les différents systèmes de transport introduisent de leur côté de nouvelles exigences qui modifient les rapports des centralités et des périphéries. Enfin, dans ce volet économique, le trinôme loisir/culture/commerce connaît dans certaines situations un essor considérable, notamment quand il est accentué par un tourisme *intensif*.

Sans entrer dans une argumentation sur les transformations économiques, au niveau macro et micro, on peut facilement imaginer que bon nombre d'enjeux relatifs aux projets d'aménagement se sont transformés. Ces nouvelles configurations de création d'emplois, de financement (avec les nouveaux rapports public/privé), de localisation et d'accessibilité ont fini, en s'ajoutant les unes aux autres, par renouveler en profondeur le paysage urbain que nous a légué la société industrielle. Dans ce contexte, le travail de la MO a pris au plan économique une dimension stratégique que doit accompagner la MOE : de nouveaux modes de collaboration s'imposent.

La prise en compte du social

Le volet des fondements économiques et des nouvelles contraintes financières attachées entre autres, en matière d'aménagement, au secteur public conduit quasi naturellement aux considérations sociales qui ont émergé depuis plusieurs décennies, et qui font maintenant partie des enjeux majeurs des sociétés urbaines (notamment pour le secteur public). Ces enjeux que révèle l'urbain dévoilent l'ampleur des problèmes relatifs aux déséquilibres sociaux et soulignent l'urgence à surmonter ces situations de crise et à trouver les conditions et les moyens de leur régulation [11].

Sans prétendre ici les développer de façon approfondie, mentionnons les enjeux attachés aux ségrégations multiples : que ce soit avec les communautés ethniques et religieuses, avec le chômage et plus globalement avec une population en situation précaire, des efforts d'intégration sont à faire à différents niveaux des politiques publiques. Ces enjeux appellent à de nouvelles problématiques au regard des projets d'aménagement qui touchent à ces situations difficiles (entre autres les quartiers

---

11. Voir l'intéressante réflexion d'Olivier Piron autour de la loi SRU : O. Piron, Renouvellement urbain : analyse systémique, PUCA, Paris, 2002.

dits *sensibles*). La mixité est devenue une notion importante pour toute stratégie de programmation, sans pour autant s'accompagner de solutions concrètes viables et opératoires.

Il faut ajouter à ces problèmes ceux de la sécurité qui interfèrent de façon de plus en plus manifeste dans les projets d'aménagement. Sans aller chercher des solutions dans des situations extrêmes que contiennent les *gated cities*, cet enjeu sécuritaire introduit de nombreuses exigences face à tous les lieux ouverts, pas seulement aux espaces publics (commerce, loisir, transport, etc.), ce qui finit par conditionner les projets jusque dans la conception de leur organisation spatiale et de leur matérialité (certains penseront que ce n'est pas une préoccupation nouvelle car Jussieu en avait annoncé une préfiguration pour ne référer qu'à une époque récente) [12]. Ces enjeux sociaux concernent directement les MO et appellent aussi les MOE à de nouvelles postures éthiques.

La montée en puissance des enjeux écologiques et du développement durable

Poursuivant l'examen des nouvelles priorités en émergence et de leurs impacts sur la pensée et la pratique de l'aménagement, il faut souligner la reconnaissance progressive des enjeux écologiques qui ont des ramifications extrêmement complexes sur les pratiques de projet. Écobilan, analyse des cycles de vie et d'impact, diagnostic énergétique, considérations thermiques, acoustiques et visuelles (rassemblées dans les problématiques liées à l'ambiance), études comparatives des propriétés des matériaux…, ces enjeux sont autant d'injonctions qui ne peuvent se résumer à des discours incantatoires sur les désastres planétaires et être abordées de manière sectorielle et purement technique [13].

Sur un autre plan également apparenté aux enjeux environnementaux, se sont déployés depuis plusieurs années de nouveaux regards sur le végétal, traduisant explicitement les nouveaux rapports ville/nature et donnant naissance à des stratégies paysagères extrêmement diversifiées [14].

Enfin, les projets relatifs aux transports sont passés progressivement d'une approche des infrastructures en terme d'équipement à des stratégies complexes mettant en jeu les différentes composantes des systèmes de transport mais également leurs articulations (stations multimodales). Par ailleurs, les raisonnements sur l'accessibilité et la mobilité ont rejoint les questionnements du développement durable avec la réflexion sur les coûts respectifs en termes d'énergie, de pollution relatifs aux grands choix d'urbanisation en matière de densité et d'étalement urbain [15].

Définir des priorités dans un contexte d'incertitude

Parallèlement à ces priorités contenant de nouvelles directions pour les pratiques de projet, se glissent de façon manifeste, les enjeux liés à l'incertitude des changements dans les sociétés urbaines qui affectent de plus en plus les pratiques des projets architecturaux et des projets urbains.

Trois registres de problèmes profondément différents s'entrelacent dans ce contexte d'incertitudes :
– Quelles priorités, quels contenus, quelles dimensions et quels sens donner à chaque projet ? C'est, avec cette première question, l'incertitude attachée aux contours du *souhaitable*, dans la situation dans laquelle le projet s'inscrit.
– Comment représenter et mettre en œuvre ce *projeté*, avec quels moyens, quels acteurs, quels savoirs et suivant quels processus ? C'est avec cette seconde question, l'incertitude de pouvoir

---

12. Voir sur cette question sécuritaire, les travaux du LTMU (IFU).
13. Voir la réflexion des laboratoires Cresson et Cerma et sur un autre plan, la réflexion de Pascal Amphoux.
14. Voir l'intéressant travail autour de Chris Younès sur ces questions.
15. La réflexion de Jean Pierre Traisnel (Lab. TMU) est sur ce point tout à fait convaincante pour réinscrire la réflexion sur la densité dans la problématique du développement durable, au-delà du formalisme ou de la défense du « paysage urbain ».

rendre possible par des moyens, des procédures et une capacité de faire ; la difficulté est ici de ne pas oublier les objectifs et finalités préalablement définis et précipiter les acteurs dans l'urgence d'une concrétisation spatiale/formelle/matérielle qui, souvent, perd son sens en fin de course des processus de projet si personne n'a surveillé le maintien du cap : ne démolit-on pas sans cesse des morceaux de ces grands ensembles faits à la hâte… et que penser de la précipitation à donner forme à la Très Grande Bibliothèque Nationale de France [16] sans qu'une validation, ne serait-ce que programmatique, n'ait réellement pu être effectuée ?

- Quel cycle de vie inscrire dans le projet face à l'instabilité des activités de la société contemporaine. Faut-il, suivant les programmes, développer des réponses génériques flexibles (le plateau aménageable en permanence à la demande) ou différencier les réponses en terme de durabilité, compte tenu des éventualités de permanence ou d'obsolescence (voir les recherches étonnantes conduites à l'université de Karlsruhe) ?

Nous avons longtemps cru que le premier registre des *souhaitables* pouvait se penser en lui-même et devait se concevoir avant le second registre des *possibles*, et a fortiori en dehors du troisième registre des *adaptabilités*. Nous retrouvons précisément, dans cette croyance, la volonté de réduire les risques [17] liés aux incertitudes en introduisant un phasage *rigoureux* et une certaine forme de division du travail *rassurante*, solidement enracinée dans la culture française entre ceux qui sont là pour diriger, ceux qui sont là pour concevoir, faire ou encore gérer, marquant entre autres le poids anthropologique de ces divisions *structurelles* entre MO et MOE.

Certains pensent que c'est d'abord la MO qui doit prendre en charge la gestion de l'incertitude, mais l'on observe qu'au contraire, c'est dans un rapport constant entre MO et MOE que peuvent se trouver les solutions les plus viables :

- Faut-il généraliser une pensée de l'enveloppe et des plateaux libres pour autoriser l'évolution en regard du cycle de vie de l'institution, dissociant ainsi l'extérieur et le gros œuvre de l'aménagement intérieur et des dispositifs qu'il réclame pour être flexible ?
- Faut-il au contraire penser des dispositifs d'évolution, la liberté n'engendrant pas forcément des transformations ?
- Faut-il dissocier les cycles de vie des institutions et les cycles de vie des bâtiments (la gare d'Orsay et le musée d'Orsay) ?
- Faut-il accentuer la part de bâti éphémère pour autoriser des ajustements constants de l'espace urbain ?

Telles sont quelques-unes des questions qui manifestement réclament une refonte de la dynamique entre MO et MOE afin qu'elle autorise de multiples itérations, seules capables d'ajuster progressivement le projet à ces nouvelles priorités.

En fait, les trois registres de problèmes dont nous sommes partis sont liés pour des raisons qui vont bien au-delà des contextes liés aux pratiques de projet en architecture et en urbanisme. En effet, l'enjeu de la mise en place de nouvelles dynamiques entre les trois registres précédents se retrouve également comme problème important dans les récentes questions soulevées par les discours scientifiques : *désormais, le concept doit intégrer dans sa définition, les conditions expérimentales de sa réalisation.* [18]

---

16. Voir le livre qui décrit les avatars de ce grand projet : Jean-Marc Mandosio, *L'effondrement de la Très Grande Bibliothèque Nationale de France*, Éditions de l'Encyclopédie des Nuisances, Paris, 1999.
17. De nombreuses recherches se sont déployées depuis une dizaine d'années sur ces questions et il est impossible de les citer ici.
18. Dominique Lecourt, in Edgar Morin, *Relier les connaissances*, p. 424.

Si ces correspondances ne sont pas fortuites, il faut cependant limiter la pertinence de cette analogie : entre les pratiques scientifiques et les pratiques de projet : les interrogations de la science sur le *réel* ne peuvent rejoindre complètement les questions que posent les projets, qu'ils soient à l'échelle architecturale ou à l'échelle urbaine et qui doivent également maîtriser les rapports entre les souhaitables et les possibles. Revoir, la fin de la phrase.

Vers un changement profond de la dynamique MO/MOE

L'énoncé de l'émergence de nouvelles priorités contient une des clés de l'innovation dans les pratiques de projet en imposant une relation dynamique de nature politique et stratégique et non pas seulement fonctionnelle, entre MO et MOE. Sans revenir sur la traversée rapide des nouveaux enjeux et priorités, on voit poindre une métamorphose des problématiques fondatrices des projets en aménagement.

Que l'on pense par exemple au rôle intégrateur et finalisant des problématiques centrées sur la notion d'ambiance, en opposition à des logiques sectorielles techniques (thermiques, énergétiques, etc.), voire des logiques corporatistes. Que l'on pense aussi aux choix ancrés dans des logiques constructives trop exclusivement nourries par la physique, quand ils sont confrontés au choix qui cherchent à ajouter à ce fondement technique, des visées plastiques et économiques ou à des exigences écologiques. Que l'on pense à ces grands gestes architecturaux symboliques où MO et MOE trouvaient chacune de leur côté leur compte, dans ce qu'à la limite, on pourrait appeler une confiscation des orientations projectuelles (les hôtels de région, certains grands projets d'équipements, etc.).

À ce premier registre de commentaires, qui relèvent de la nature des activités qui sous-tendent les projets, s'ajoutent les enjeux de la mondialisation qui réintroduisent au-delà des questions économiques et écologiques soulevées précédemment, la prise en compte de la dynamique local/global et des questions qu'elle ne manque pas d'introduire dans bon nombre de projets architecturaux et urbains. Quoi faire, ici et maintenant ? Question lancinante que les Chinois commencent à se poser en réfléchissant sur les équilibres entre modernité et tradition, entre passé et présent et entre une vision locale et des réponses globalisées importées, la plupart du temps, des pays occidentaux. [19]

En fait, les nouveaux enjeux quand ils sont pris en compte, engendrent de nouvelles orientations pour les problématiques de projet et ces déplacements ne peuvent se faire sans que des logiques de projets supplantent les logiques d'acteurs ancrés sur les compétences qui leur sont conférés ou encore sur des logiques de métiers. C'est dans ce contexte que les rapports MO/MOE appellent à de nouvelles dynamiques, de nouvelles collaborations.

La perspective des processus

Si l'émergence de nouvelles priorités laisse deviner des mutations profondes dans les dynamiques MO/MOE, les changements dans la conception des processus de projets constituent également une source puissante de mutation de ces dynamiques, comme nous allons le voir.

Du linéaire au complexe

La conception du rôle respectif de la MO et de la MOE est datée car elle correspond à une conception de l'action de nature juridique an regard des compétences conférées aux deux acteurs centraux des pratiques de projet, à une conception relativement linéaire et mécaniste des processus de projet.

---

19. Voir l'ouvrage de réflexion de A. Bourdin, *La question du local*, PUF, Paris, 2000.

À partir d'une distribution séquentialisée des compétences et des responsabilités de chacun des acteurs :

– la MO est responsable en *phase amont* du démarrage, de la définition et de la programmation ;
– la MOE est responsable en *phase centrale* de la conception du projet ;
– les entreprises sont responsables en *phase aval* de la réalisation.

On a donc, dans cette présentation caricaturale de la conception linéaire du processus de projet, une adéquation entre l'acteur, la phase du processus dans laquelle il est censé jouer un rôle prépondérant, et la nature des savoirs qu'il possède et qui justifient la *compétence* que les textes juridiques lui accordent [20].

Les changements lents mais importants qui sont actuellement apportés à la conception des processus de projet et à son management doivent à mon sens se rattacher aux avancées introduites par certains concepts développés par les sciences de l'organisation et de la gestion, ainsi que plus globalement et plus récemment par les *sciences de l'action*. Ces dernières sont loin d'être reconnues dans la plupart des enceintes universitaires classiques ; pourtant, elles apportent des éclairages indispensables à la compréhension de la façon dont les pratiques sociales transforment la société, et plus spécifiquement, de la façon dont les pratiques de projet qui portent certains de ces changements doivent se déployer.

C'est précisément avec ces nouvelles réflexions que se dévoile un type de complexité et de flou spécifique à tous les contextes projectuels. Être à l'écoute des *sciences de l'action* est un enjeu qui ne doit pas s'enfermer dans les cercles académiques mais concerner l'ensemble des acteurs impliqués dans les pratiques de projet. La rationalité froide et rigide est bien morte, mais la vertu implicite de l'action individuelle héroïque est également bien peu adaptée. La recherche d'une nouvelle culture stratégique, de la part de l'ensemble des acteurs, est à l'ordre du jour.

Si l'on veut maintenant caractériser les nouvelles conceptions des processus de projet qui tentent de se mettre en place, il faut trouver une image en opposition radicale avec les conceptions traditionnelles de l'action et les modèles d'action qui les ont caractérisées : modèles hiérarchique, tayloriste, corporatiste… :

– Le processus s'est écarté d'une démarche linéaire pour passer à une démarche itérative assurant la construction progressive des contenus et des processus de projet.

– Le processus de projet n'est plus limité aux phases de définition, de conception et de réalisation de l'objet mais prend en compte la « vie » du projet et les pratiques sociales qui lui donnent sens, ce que l'on peut appeler gestion, ou dans une autre terminologie, prise en compte du cycle de vie du bâtiment.

– Les acteurs, entre autres la MO et la MOE, sont répartis et se déplacent sur l'ensemble du processus plutôt qu'enfermés statutairement sur une de ses phases.

– Le processus a conservé une temporalité avec des découpages nécessaires (un début, un développement et une fin) mais son phasage est moins mécanique : on y trouve de nombreux recouvrements et des collaborations multiples.

– La MO, la définition et la programmation qui lui incombent, conserve son poids tout au long du processus mais elle se modifie en permanence en fonction de *l'opérationnalisation* du projet et de l'anticipation des contraintes de réalisation et de gestion.

---

20. Nous avons souligné ce problème il y a maintenant une dizaine d'années dans plusieurs travaux et notamment R. Prost, *Le projet comme perspective pour interroger les mutations des métiers de l'architecture et de l'urbanisme*, Architecte et Ingénieur, J.Y. Toussaint et C. Younès (s.l.d.), Éditions de La Villette, Paris, 1996, p. 69-78.

– La MOE, de son côté, n'est plus limitée à la phase de conception mais peut être convoquée dès l'amont du processus et devoir elle aussi, à l'instar de la MO, intégrer les données de la réalisation et de la gestion.

– La conception n'est donc plus cantonnée à une phase, ce qui donne aux concepteurs une mobilité riche et fertile. En contrepartie, ils se doivent de partager la conception avec d'autres acteurs, ce que certains appellent les démarches de coconception [21]. De fait, la conception ne concerne plus seulement les registres de la spatialité et de la matérialité et recouvre l'ensemble des paramètres du projet. Ainsi, par exemple, le juridique ou le financier ne sont plus *a priori* des données mais font l'objet de conception.

– Les pratiques de projet recouvrent l'ensemble des phases (de l'amont vers l'aval), et ainsi le *destin*, le *contenu* ou le *sens* d'un projet ne sont pas localisés sur une séquence ou un acteur en particulier mais reposent sur les négociations entre tous les acteurs ainsi que sur les contraintes de faisabilité : nous retrouvons au plan des processus les entrelacs entre cohérence, pertinence et efficience.

Nous pourrions poursuivre indéfiniment l'identification des mutations que subit le processus de projet en aménagement, qu'il soit à l'échelle architecturale, à l'échelle d'un îlot, d'un quartier ou de fragments plus importants de zones urbanisées.

De l'aval vers l'amont : ou la conception avant la conception

Un des faits marquants de ces nouvelles dynamiques MO/MOE peut s'observer dans la transformation du statut des différentes phases du projet, en particulier la phase amont des projets architecturaux et urbains. C'est en effet un des paradoxes dans l'évolution des pratiques de projet : on tente de repousser les possibilités de modifier les choix pour adapter au mieux les solutions (l'utopie des itérations infinies) alors qu'en même temps, on cherche à penser très en amont la complexité du projet et de sa situation (voir, entre autres, l'importance du *datascape* ou dans un autre registre, les études de définition [22]).

Dans le cas des projets architecturaux, les pratiques relatives à la conception et plus globalement à la production ont fait l'objet d'une attention renouvelée et de nombreuses analyses détaillées (en raison de l'importance socio-économique du secteur du BTP entre autres), la phase amont est le plus souvent restée dans l'ombre, considérée non comme les premiers moments du processus de projet mais, le plus souvent, en dehors du projet.

En ce qui concerne les projets à l'échelle urbaine, l'investigation de leurs conditions d'enclenchement et de leur montée en puissance pose encore des problèmes plus difficiles à cerner (enjeux politiques, idéologiques ou économiques inhérents aux situations, importance des données conjoncturelles, instabilité des premières intentions…). À cette échelle, plusieurs démarches sont possibles, que l'on tente de transférer les concepts et les outils propres à l'échelle architecturale ou, à l'opposé, à articuler la situation spécifique dans laquelle le projet s'inscrit avec des entités plus larges, telles que la planification stratégique, le « projet de ville » ou le « projet urbain » dans son acception la plus globalisante et la plus politique.

Mais quelles que soient les démarches adoptées, dès la phase amont, se pose un véritable enjeu d'explicitation des grandes orientations et de leurs représentations, les grands choix en termes de

---

21. Voir les trois ouvrages sur PPI dont la direction a été assurée respectivement par Sihem Jouini, Stéphane Hanrot, et Robert Prost.

22. Sur cette question des études de définition, voir l'ouvrage suivant : Marchés de définition : une démarche de projet urbain, éditions de la DIV (Repères), Paris, 2002.

priorités, de démarches, de modes d'organisation, du système d'acteurs pertinent et des expertises nécessaires, sans lesquelles le projet ne pourrait pas se développer dans sa complexité [23].

La maîtrise des premiers moments de la vie des projets est en effet importante pour comprendre les nouvelles dynamiques entre les acteurs (entre MO et MOE) car c'est dans cette séquence de la genèse que se mettent en place les conditions de travail du projet et que vont s'édifier d'une part les grandes orientations et les priorités des projets et d'autre part, les règles du jeu des itérations et des négociations entre acteurs. Le processus de projet cesse d'être donné *a priori* et il fait lui-même l'objet d'une conception ainsi que les dispositifs organisationnels (là encore, nous retrouvons les démarches de management de projet).

Malgré les zones floues qui caractérisent cette phase amont, et quelles que soient l'échelle et la nature des projets dans lesquels elle s'inscrit, elle prend progressivement de l'importance et constitue une des préoccupations majeures pour les nombreux acteurs contribuant à la transformation urbaine :

– Elle est le lieu d'inscription des dimensions économiques, juridiques, financières et socio-politiques inhérentes à tout projet [24] ; en ce sens, elle dépasse les strictes limites des compétences accordées aux responsables du projet, voire celles de la maîtrise d'ouvrage.

– Elle fait l'objet de tentatives de professionnalisation ou au moins « d'affichage » d'expertises de natures très différentes (foncières, financières, économiques, urbanistique, gestionnaire, etc.).

– Elle est le lieu de rapatriement de nouvelles fonctions le plus souvent diluées au cours du processus de développement du projet, ou déléguées/reportées vers des phases aval (gestion de projet par exemple).

– Elle constitue le moment privilégié où une culture, la plus homogène possible, peut se construire entre les acteurs, culture indispensable pour que les négociations soient constructives et surtout, qu'une logique de projet s'impose et se substitue progressivement aux logiques sectorielles, qu'elles s'enracinent dans les métiers ou dans les acteurs.

La phase amont occupe donc une position stratégique pour enclencher un rapport complexe entre tous les acteurs du projet et en ce sens, les démarches de projet dans l'industrie ont acculturé positivement les démarches en aménagement. Bien que nous ne poursuivions pas ces observations, il faut souligner combien, en opérant un zoom sur une séquence singulière, les changements sont à l'œuvre dans les pratiques si on les compare avec celles des années 1970-1980.

Au terme de ce rapide parcours sur l'émergence de nouvelles priorités et sur une métamorphose, lente mais réelle, des processus de projet, on voit donc bien se profiler les conditions et le cadre de l'émergence de nouvelles dynamiques entre la MO et la MOE. Ces mutations sont cependant lentes et prennent des formes variées suivant les contextes et les situations de projet, les pays, voire les villes. Mais c'est bien dans les articulations entre les enjeux et priorités, et les processus que se trouvent les clés pour une compréhension de la dynamique en cours entre les acteurs.

L'enjeu des expertises pour des pratiques de projet innovantes

À partir de ce double regard sur les mutations affectant les processus de projet et entre autres les rapports entre MO et MOE, il est bien difficile de conclure car nous sommes face à des changements

---

23. Voir notre ouvrage dans le cadre du programme PPI (R. Prost, s.l.d. op. cit.).
24. Voir sur cette question de la dimension politique et des enjeux relatifs au marché, le modèle proposé par M. Callon (F. Lautier, op. cit., p. 147).

multiples et des attitudes variées des acteurs vis-à-vis des mutations en cours, avec l'émergence des nouvelles priorités comme avec les métamorphoses des processus de projet.

Les acteurs des projets confrontés à l'émergence de nouvelles expertises

Ces nouvelles dynamiques entre acteurs que nous venons de circonscrire ne peuvent se concrétiser qu'au prix de l'introduction de nouvelles expertises dans les pratiques de projet ; dans ce contexte, nous assistons à deux mutations concomitantes :

– Les expertises en jeu dans les pratiques de projet dépassent largement les attributions de compétences conférées par les textes à la MO et à la MOE, ce qui fait apparaître une disjonction entre les pratiques et les responsabilités.

– Au-delà de ce premier phénomène, le statut même de l'expertise est remis en jeu : les projets architecturaux et urbains sortent progressivement d'un contexte *archaïque* sur le plan de la place que les acteurs conféraient aux savoirs dans les pratiques.

Pour spécifier ces nouveaux enjeux, nous avons cru bon de retenir le terme d'expertise afin de contourner le terme d'ingénierie car ce dernier présente un caractère trop marqué en regard du cadre législatif, réglementaire ou encore corporatiste, et dans un autre registre un caractère trop instrumentalisé pour conserver toute sa pertinence vis-à-vis du *flou* de nombreux savoirs présents dans les différentes séquences des processus de projets.

Ainsi, avec la notion d'expertise, nous cherchons à retrouver une liberté complète pour le repérage des valeurs, des savoirs, savoir-faire et outils qui sont constitutifs des prestations intellectuelles dans les pratiques de projet, dans la mesure où ils sont repérables dans leurs diversités et, par conséquent, plus ou moins explicites. En ce sens, en complément aux savoirs certifiés et consacrés portés par de nombreux acteurs ayant pignon sur rue, il nous faut être à l'écoute des savoirs émergents, lesquels, bien qu'institutionnellement fragiles, peuvent être porteurs d'innovations importantes. [25]

Prendre en compte la nature et la fonction des expertises en émergence pour comprendre en quoi elles modifient les dynamiques d'acteurs MO/MOE nous semble une perspective fertile.

Sur un premier plan, ces questionnements apportent une identification des compétences affichées ou des savoirs *imposés a priori*. Par ailleurs, ils nous instruisent également sur la représentation qu'ont les acteurs des savoirs nécessaires dans les situations de projet.

Sur un second plan, les pratiques de projet imposent aux savoirs de se déployer *en processus*, ce qui nous éclaire sur les performances réelles que ces savoirs et savoir-faire engendrent dans les pratiques de projet et sur la place que les acteurs responsables et les décideurs leur réservent [26]. Il s'agit bien dans la place des expertises dans les pratiques de projet, d'observer les *savoirs à l'œuvre*, les *savoirs en action*. [27]

---

25. Voir par exemple pour illustration d'une pratique d'urbanisme innovante, la mise en œuvre d'expertises floues mais pertinentes et efficaces : P. Amphoux, Mission conseil, IREP, EPFL, rencontres RAMAU, EAPLV, sept. 2000.

26. Nous reviendrons ultérieurement sur cette question de la *représentation* des savoirs dans notre domaine, parfois bien archaïque en regard des questions de consultance, voire de recherche/action ou de recherche/développement. Enfin, dans l'observation des expertises de la phase amont et quel que soit l'axe de recherche considéré, il sera précieux de comprendre dans quels types de structures et de modèles organisationnels ces expertises s'inscrivent : Arthur Andersen versus un *programmiste* isolé ne travaille évidemment pas de la même manière vis-à-vis d'un élu par exemple.

27. Nous introduisons par-là l'enjeu épistémologique et méthodologique des *savoirs en action* ; voir les réflexions de D. Schön, de F. Charrue, J.P. Chupin et de R. Prost, entre autres.

De quelles expertises s'agit-il ?

Sans chercher une définition précise des expertises, nous retiendrons l'ensemble des savoirs et savoir-faire, très largement hétérogènes et hybrides, souvent peu explicites voire très peu fondés, intervenant dans le cadrage d'un projet (intentions, exigences, performances, etc.) et contribuant à donner des directives pour son opérationnalisation.

Quatre grandes familles d'expertises peuvent être identifiées pour répondre aux enjeux contemporains des projets architecturaux et urbains :

– **des savoirs orientés *objets, problèmes***, centrés sur l'analyse des situations et des contextes entourant les projets en devenir ;

– **des savoirs orientés *design* ou *résultats***, c'est-à-dire servant à la définition des priorités et de ses dimensions caractéristiques (objectifs, moyens, quantités, qualités, etc.) sur lesquels s'appuieront les propositions *substantives* ;

– **des savoirs orientés *processus***, c'est-à-dire touchant à l'ensemble des données relatives au management d'un projet, à la question de la concurrence et de la gestion substantive et procédurale des expertises, et plus globalement aux multiples caractéristiques temporelles attachées au processus suivant lequel un projet se développe ;

– **des savoirs assurant les articulations entre ces trois niveaux** et aidant à déceler les acteurs qui en sont porteurs (ou à détecter l'absence de relation entre eux, dans certains cas, et à identifier les acteurs qui s'opposent à la concurrence ou à une vision *négociée* du projet [28]). On pourrait les qualifier, en s'autorisant un anglicisme, de *facilitateurs*.

On voit donc se déployer les premiers résultats d'une hybridation entre les pratiques de projet issues de différents champs d'action. Dans ces déplacements non seulement interdisciplinaires mais aussi *inter-champs d'action*, il s'agit bien d'une fécondation des démarches relatives aux projets architecturaux et urbains. Mais il convient d'appliquer une certaine vigilance dans les emprunts réciproques entre divers domaines.

Par exemple, dans les apports des démarches industrielles de management de projet, on retrouve une multitude de concepts et d'outils pertinents pour générer des pratiques de projet innovantes dans le champ de l'intervention urbaine. Toutefois, peu de réponses pertinentes concernent le *quoi faire* de la ville (les finalités et objectifs des projets urbains), mais beaucoup de concepts et d'outils peuvent être utilisés pour le *comment la transformer* en développant des stratégies et des modalités organisationnelles capables de les transcrire dans des projets. Dans ce cadre, les avancées organisationnelles proposées sont en rupture avec les conceptions de l'action classique du secteur public, dans les domaines de l'aménagement.

En effet, le projet est un espace de négociation et les savoirs des acteurs sont au service de *logiques de projet* et non seulement de logiques d'acteurs ou de *logiques de métier*. Ainsi, il réclame une conception et un contrôle des processus comme le montre en particulier la notion d'ingénierie concourante [29] ou dans un autre registre, les modalités de la démocratie locale et de la place accordée aux usagers dans les processus de projet. Finalement, les transferts des domaines industriels vers les domaines de l'urbain se font d'abord sur le registre du *procédural* plutôt que sur celui du *substantif*, pour rappeler la célèbre distinction introduite par H. Simon il y a plus de trente ans.

---

28. Ces notions ont été développées par de nombreux chercheurs : voir, entre autres, J. Bobroff, M. Callon et Ch. Midler.
29. Voir, sur ce plan, les débuts de l'établissement de liens entre démarche de projet dans les secteurs industriels et dans le bâtiment S. Ben Mahmoud-Jouini, Ch. Midler, dir., *L'ingénierie concourante dans le bâtiment*, PCA, Paris, 1996.

Les enjeux fondamentaux des expertises dans les pratiques de projet

On pourrait même dire qu'avec ces mutations, on est passé de l'omniprésence du *substantif* qui donnait à la MOE une place centrale à la toute puissance du *procédural* qui redonne à la MO toute son importance. Mais comme souvent, dans le cas des changements dichotomiques, l'enjeu n'est pas d'étouffer un registre pour faire triompher l'autre mais d'établir une dynamique constante et flexible entre ces deux registres irrémédiablement liés l'un à l'autre dans les pratiques de projet. [30]

On pourrait poursuivre sans fin cette liste de fonctions que remplissent les *expertises*, bien qu'elles varient suivant les situations et les acteurs en présence, les formes de la consultation, la nature des expertises, voire le style des consultants. Il ne faut pas oublier que nous sommes dans un champ d'action où aucun acteur ne peut se prévaloir d'une saisie exhaustive de la situation et des enjeux qui l'accompagnent, et qu'ainsi, l'enjeu pour les acteurs est bien de s'inscrire dans des attitudes d'acculturation pour assurer une compréhension mutuelle.

Les remarques précédentes montrent que les projets architecturaux et urbains font leur entrée progressive dans ce que certains appellent *l'économie de l'intelligence* ou encore *la société du savoir*.

Aussi, les projets architecturaux et urbains vont lentement devoir *absorber* une grande diversité de savoirs, de savoir-faire et de technologies. Alors, devront se modifier en profondeur les systèmes de formation et se déployer des stratégies de recherche/développement significatives.

La transformation urbaine constitue un des leviers de la transformation sociale et non son *support*. Elle réclame, de la part des acteurs qui en ont la responsabilité, une culture stratégique.

---

30. Nous avons exploré cette dynamique dans de nombreux textes ; voir, entre autres, *La conception architecturale : une investigation méthodologique*, L'Harmattan, Paris, 1992.

LES ENJEUX DE LA MAÎTRISE D'ŒUVRE, PROJET ET TECHNOLOGIE

STÉPHANE HANROT

Cet article est fondé sur une recherche [1] que nous avons menée de 1999 à 2001, centrée initialement sur les pratiques de projet de l'ingénierie de maîtrise d'œuvre et l'influence des technologies de la communication et de l'information (TIC). Rapidement, il nous est apparu que l'influence des TIC ne pouvait pas être cernée dans l'ignorance de l'organisation des acteurs et des difficultés qu'ils pouvaient avoir à exercer leur mission de maîtrise d'œuvre.

Après une première investigation, nous avons constaté que ces difficultés pouvaient venir de la divergence de signification que chaque acteur donnait au mot *projet* et du projet de référence qu'il reconnaissait, de la modalité d'intégration des points de vue de ces acteurs qui n'était pas aboutie dans le projet collectif et de la coordination de leurs actes dans le processus de projet qui n'était pas efficace. De là, deux organisations d'acteurs nous sont apparues évidentes : l'organisation hiérarchique et l'organisation coopérative dans lesquelles signification, intégration et coordination s'accomplissaient de façon différente. Nous reviendrons sur ces organisations des acteurs dans la première partie de cet article.

---

1. Cette recherche fut publiée sous le titre *Enjeux pour l'ingénierie de maîtrise d'œuvre* dans la collection Recherches du PUCA. On se reportera utilement à cet ouvrage pour tout approfondissement des questions abordées ici. Cette étude exploratoire a été développée dans le cadre du programme *Pratiques de projet et ingénierie* développée par Le PUCA et initié dans l'ouvrage de J.J. Terrin sur *Qualité, conception, gestion de projet* dans la collection Recherches du PUCA. Elle est complémentaire aux deux autres réflexions menées dans ce programme : l'un s'intéresse aux ingénieries situées à l'amont de la maîtrise d'œuvre, l'autre, à l'aval, concerne l'ingénierie de la réalisation. Les membres de l'équipe de recherche sont : Anne Coste, architecte DPLG, docteur en histoire, HDR, enseignant chercheur à l'École d'architecture de Saint-Étienne Éric Duraffour, juriste, docteur en droit, Bernard Ferriès, docteur en sciences, avec Anne Kostromine, société Laurenti. Enquêteurs : Matthieu Balp, Christelle Lacroix, Carole Moulin, Simon Rodot, École d'architecture de Saint-Étienne

Lorsque nous avons essayé d'analyser les facteurs de transformation de ces deux organisations de la maîtrise d'œuvre, il nous est apparu que le rôle des TIC devait s'envisager dans le cadre juridique et contractuel dans lequel évoluent les acteurs en fonction des compétences qu'ils mobilisent. D'un facteur de transformation, nous sommes passés à trois et l'étude de leur impact sur les organisations des acteurs fera l'objet de la seconde partie de cet article.

D'aucun nous reprocheront de ne pas aborder la part de l'économie dans cette évolution. Cela élargirait notre champ d'investigation de façon trop importante car il faudrait inscrire la maîtrise d'œuvre dans l'économie générale de la construction, ce qui sortirait du cadre de notre étude.

Notre réflexion s'appuie sur les interviews de vingt-cinq professionnels [2], ingénieurs membres de bureaux d'études techniques, économistes, architectes de bâtiment, d'ouvrage d'art, paysagistes, responsables ou membres d'agences. La répartition entre ingénieurs et architectes était à égale proportion, compte tenu de la présence de structures mixtes dans le corpus.

Pourquoi avoir choisi l'interview plutôt que l'étude détaillée de projets réalisés ? La durée d'un projet (entre 2 et 3 ans) étant celle de l'obsolescence des moyens informatiques mis en œuvre, les interviews nous permettaient de saisir un instantané plus vif, contemporain et cohérent que des études de cas où l'informatique employée n'aurait plus été d'actualité.

Les résultats des interviews ont été analysés par plusieurs chercheurs sous l'angle des organisations et des facteurs d'évolution. Ces chercheurs ont apporté leur propre expertise sur les questions posées. Cette analyse a été présentée et discutée lors d'un séminaire en présence de chercheurs et de professionnels mobilisés par ce sujet.

Il se trouve que la double entrée sur la question de la maîtrise d'œuvre – organisations d'une part et facteurs de transformation d'autre part – et les croisements d'information à partir des interviews ont été productifs. Toutefois, on prendra garde au fait que notre corpus est restreint et que nous ne prétendons pas qu'il donne à nos propos l'assurance d'une large étude statistique.

Depuis que le rapport de recherche a été rendu, en 2001, le contexte a évolué ; révision du code des marchés publics, livre blanc des architectes, réforme de l'enseignement (licence, master, doctorat) et développement des TIC. Aussi, nous profitons de cet article pour intégrer ces nouveaux éléments à notre analyse.

L'organisation des acteurs

Il ressort en synthèse que l'on peut identifier deux modèles d'organisation de la maîtrise d'œuvre qui stigmatisent les évolutions en cours : le *modèle hiérarchique* qui s'organise autour d'un acteur pivot et le *modèle coopératif* qui associe les acteurs sur un mode d'équivalence de responsabilité et de poids. Entrent en jeu, de façon différente dans ces deux organisations, les significations que chacun des acteurs donne au mot *projet*, les modalités d'intégration des points de vue des uns et des autres et leur coordination en tant que membres d'un collectif de maîtrise d'œuvre.

Signification du projet et *projet de référence* constituent un couple de concepts déterminant. La signification du projet est formée des attendus qu'un acteur donne au projet soit en tant que préfiguration de l'objet à réaliser, soit en tant qu'activité, (on parlera aussi de *pratique de projet* ou de

---

2. ADG-Agence des Gares, ADP-Aéroport De Paris, Architecture studio, Atelier Barani, AURA, Berlottier, B&R-ingénierie, CERTIB, TER-paysage, DECARE-ingénierie, Dutreuil, Ferrier, KATENE, Lacoudre, Lipsky/Rollet, MG+, OTRA, SERETE, SETI, SOGELERG, SUD Architectes, SUD études, TPS, Vigier, SCAU – Zublena.

projettation). Par les interviews, on s'aperçoit que chaque acteur accorde une signification au projet qui lui est propre. Les architectes font référence au projet architectural en l'inscrivant dans une longue période qui précède la conception même et se poursuit au-delà de la seule maîtrise d'œuvre. Pour eux, le projet présente une mise en cohérence de caractères à la fois quantitatifs et qualitatifs, techniques, fonctionnels, contextuels (urbains, paysagers, historiques), économiques, esthétiques. Le projet architectural est vu comme le lieu d'une réponse qui anticipe sur la vie de l'objet conçu, ses usages et ses transformations futures. Il contient un potentiel de réalisation, rend possible les projets techniques des ingénieurs, répond au programme du maître d'ouvrage et valorise le contexte dans lequel il s'inscrit, non seulement en termes quantitatifs mais aussi qualitatifs. L'architecte entretient une relation intime avec son projet.

Les différents ingénieurs situent leurs projets comme techniques (structure, ventilation, système électrique…) traitant d'aspects quantifiables et faisant appel à des calculs et des normes. S'ils se disent intéressés par les aspects qualitatifs, ils ne prétendent pas opérer dessus. En revanche, comme les architectes, ils sont intéressés par les questions de l'usage et du confort et par la réponse au programme. Le caractère technique permet à l'ingénieur d'adopter une position plus distanciée que l'architecte sur le projet.

La pratique de projet est perçue différemment par les uns et les autres. Les architectes la font commencer bien en amont des phases conventionnelles, ils la rattachent à la programmation et à la définition des besoins et la poursuivent jusqu'à la livraison de l'ouvrage. Les ingénieurs la situent de façon plutôt circonstanciée dans les phases d'instrumentation techniques du projet. Ils se satisfont bien mieux des découpages de la loi MOP dans la mesure où ils définissent leur projet comme technique, inscrit dans le cadre global défini par le projet architectural.

En général, le projet de l'architecte est vu comme référent pour la maîtrise d'œuvre, notamment pour les projets de bâtiment et de paysage. Cela se discute dans les projets d'infrastructure selon que le maître d'ouvrage (DDE, Conseil Général, commune) assume lui-même la maîtrise d'œuvre.

L'intégration des points de vue est l'opération qui consiste à hiérarchiser et à rapprocher les différents points de vue des acteurs de la maîtrise d'œuvre, en un projet de construction qui doit, au final, être le plus cohérent possible. Elle est normalement une étape préalable dans le projet de l'architecte, ceci dès l'esquisse qui apporte les premiers éléments de réponse à la demande du maître d'ouvrage. Lorsque le projet architectural permet le développement des projets techniques, l'intégration des points de vue ne pose pas de problèmes. Lorsqu'il néglige ou sous-estime certains projets techniques, l'intégration des points de vue devient alors difficile. À ce titre, les partenaires techniques de la maîtrise d'œuvre revendiquent de pouvoir intervenir en amont de leurs propres phases de projet et d'anticiper les phases de réalisation. Les problèmes d'intégration des points de vue augmentent en fonction de la complexité des opérations et des césures imposées entre les phases de projet. Les architectes et les ingénieurs se reprochent mutuellement de méconnaître ou de ne pas comprendre les enjeux de projets qui leur sont propres et les points de vue sur lesquels ils sont compétents. Or, une meilleure compréhension entre eux pourrait réduire un certain nombre de conflits.

La coordination des acteurs est la modalité selon laquelle les acteurs de la maîtrise d'œuvre gèrent et accomplissent le déroulement du projet, les rendez-vous de travail, l'avancement des documents, la cohérence de ces documents, la nature de l'information transmise et, dans le cas de projets informatisés, les protocoles d'échange de données. La coordination est une tâche implicite pour les projets peu complexes mais elle demande à être assumée comme telle dès que les projets, d'une certaine complexité, mettent en jeu un grand nombre de partenaires de maîtrise d'œuvre. Cette tâche est attribuée préférentiellement au mandataire de l'équipe de maîtrise d'œuvre. Lorsqu'elle n'est pas correctement assumée, la coordination est vue comme une mission qui pourrait être à la charge de la maîtrise d'ouvrage.

Les acteurs n'ont, en général, pas reçu de formation particulière à la coordination. Celle-ci s'acquiert sur le terrain. Les TIC sont reconnues comme facilitant la coordination des acteurs.

À partir des rapprochements des interviews et à partir d'expertises complémentaires, il nous est apparu que deux formes latentes d'organisation des acteurs – appelées *hiérarchique* et *coopérative* – pouvaient être identifiées. Tâchons de les définir et de voir comment la signification du projet, l'intégration des points de vue et la coordination des acteurs s'y caractérisent.

L'organisation hiérarchique

L'organisation hiérarchique est structurée autour d'un acteur *pivot* dont le projet apparaît comme référent pour les autres acteurs. Cet acteur est en charge de l'intégration des différents points de vue. De plus, il assume la coordination des acteurs de la maîtrise d'œuvre ainsi que leurs relations avec les acteurs de la maîtrise d'ouvrage. Il a donc en quelque sorte tous les moyens d'assurer la direction des acteurs. Il est en général l'interlocuteur privilégié du maître d'ouvrage et assume une position de mandataire de la maîtrise d'œuvre. Il ressort de notre étude que la condition d'un bon fonctionnement d'une organisation hiérarchique est liée à quelques obligations :

– Il doit être capable de générer une *bonne esquisse*, c'est-à-dire que sans rentrer dans les détails de la réalisation, l'esquisse interprète de façon satisfaisante les intentions du maître d'ouvrage et des autres acteurs concernés (usagers, associations, administrations…) et anticipe les différents projets particuliers qui seront développés. La qualité d'une esquisse se vérifie par le fait que le maître d'ouvrage revient peu sur les intentions initiales et que les projets techniques ont pu être conçus sans remise en cause du projet référent. C'est à partir de l'esquisse que se préparent les conditions d'une intégration des points de vue réussie. C'est autour de cette esquisse que la négociation entre les acteurs peut prendre corps.

– Il doit être capable de mobiliser les autres acteurs durant les phases de mise au point technique du projet et pendant sa réalisation. Il doit créer une dynamique au service du son projet référent, mais doit donner aussi la possibilité à chaque acteur de réaliser son propre projet technique. On peut parler ici d'une tâche d'intégration des points de vue interne à la maîtrise d'œuvre. Mais il y a aussi un devoir d'intégration de points de vue externes : ceux de la maîtrise d'ouvrage ou des entreprises et plus largement des usagers et des responsables politiques.

– Il doit organiser le développement du projet pour que les différents acteurs disposent des informations nécessaires et produisent les éléments utiles dans les temps et dans le cadre des protocoles informatiques. Il s'agit de la tâche de coordination. Une coordination efficace est nécessaire à une bonne organisation hiérarchique de projet.

L'architecte et son projet sont en général dans cette position de pivot dans les domaines du bâtiment et du paysage. Traditionnellement, chacun des autres partenaires convient alors que son propre projet technique est au service du projet architectural. Dans les interviews, on peut expliquer certaines critiques faites aux architectes de la façon suivante :

– Ils sont en défaut sur une des conditions précédentes : ils n'ont pas établi une bonne esquisse et le projet a été remanié plusieurs fois faisant perdre du temps et de l'argent à tous ; ils n'ont pas réussi une bonne intégration des points de vue, ce qui a conduit à des remises en cause, des conflits et éventuellement à des malfaçons ; ils n'ont pas su assurer une bonne coordination dans la phase de conception provoquant des difficultés concrètes entre les acteurs. Lorsque ces défauts sont cumulés, la critique est aggravée.

– Ils ne font pas jouer un rôle intégrateur au projet architectural mais privilégient un point de vue esthétique au détriment des points de vue de l'usage, de l'économie, des techniques et de la réglementation. Dans ce cas, l'architecte apparaît comme un _styliste_ qui pousse un projet formaliste que les autres acteurs perçoivent comme spécifique et négociable au même titre que leurs propres projets techniques. Le projet de l'architecte perd son rôle référentiel pour devenir un projet particulier parmi d'autres.

Dans le domaine des infrastructures, lorsque les rôles pivots assumés par des ingénieurs sont critiqués, on peut dégager plusieurs raisons concourantes. Il s'agit bien souvent d'une difficulté à construire une vision d'ensemble intégrant les points de vue qualitatifs. Les ingénieurs font plutôt référence à des modèles techniques connus et normalisés. La phase d'étude préliminaire d'un ouvrage correspond plutôt au choix d'une solution dans une typologie connue, d'après des critères objectivés, plutôt qu'à une esquisse globale qui pose une hypothèse de solution capable d'intégrer les points de vue quantitatifs comme qualitatifs. Se développe alors une logique analytique qui consiste à répertorier l'ensemble des informations techniques détaillées et à les traiter selon une procédure linéaire où les projets techniques les plus contraignants sont arrêtés en premier et surdéterminent tous les autres.

En général dans ce processus, l'architecte paysagiste et l'architecte d'ouvrage, comme l'architecte urbaniste, sont invités à intervenir dans des phases d'études préliminaires sous la forme de conseil sur les points de vue qualitatifs dans la prise en compte du contexte. Lorsqu'ils interviennent dans la mise au point du projet, c'est souvent comme des _stylistes_ à qui l'on demande d'embellir et d'humaniser les solutions techniques adoptées. Leur intervention est alors programmée en fin d'études, ce qui ne laisse aucune chance à une modification éventuelle des projets techniques. Dans un projet routier, par exemple, le tracé, les types de carrefours (échangeurs, ronds-points) et l'optimisation des _déblais remblais_ sont fixés avant que les architectes interviennent. Lorsque ceux-ci mettent en évidence l'impact désastreux sur le grand paysage, cette optimisation ne peut plus être modifiée [3].

La critique s'aggrave lorsque cette logique d'empilement des points de vue sur un projet technique de référence – plutôt que d'intégration des points de vue dans un projet d'ensemble – se double d'une dispersion confuse des tâches de maîtrise d'œuvre. Le dessein technique, qui sert de projet référent, est en général sous le contrôle d'un technicien dessinateur sur poste informatique. Son objectif n'est pas d'intégrer la complexité mais plutôt d'éviter les complications et les remises en cause. La coordination est sous contrôle d'un ingénieur de la cellule technique qui jongle avec les contraintes de temps, les délais d'étude non tenus, des budgets à respecter et des attentes de validation des niveaux hiérarchiques supérieurs. Ici, tout est dépendant de la sensibilité et de la culture personnelle des acteurs. Pour certains, seul primera le point de vue économique et ils réduiront toute discussion sur les points de vue qualitatifs. Pour d'autres, ces derniers points de vue seront importants et des priorités seront données à la qualité. C'est aléatoire.

---

3. Les méthodes de l'analyse de la valeur aujourd'hui utilisées dans les grands projets routiers dans les DDE sont un moyen de mettre à plat les différents enjeux. Mais il ressort d'expérience que ce sont toujours les points de vue les plus contraignants dans le contexte de l'étude qui priment. Ainsi, les simulations hydrauliques sont tellement lourdes à réaliser que l'on préférera adopter une disposition nuisible des bassins de rétention en termes paysagers, mais aussi coûteuse en termes d'ouvrages d'art (parce qu'elle conduit à surdimensionner les caniveaux d'écoulement des eaux), plutôt que de remettre en cause la proposition du BET hydraulique et lui demander de vérifier une autre hypothèse plus pertinente. Ceci conduit à cette attitude observée des acteurs qui soumettent leurs projets au plus tard pour éviter qu'ils soient remis en cause. Cet exemple illustre que selon l'optique prise par l'acteur pivot du projet, les priorités peuvent conduire à réduire les points de vue qualitatifs qui intéressent l'utilisateur final, c'est-à-dire à ne pas finaliser la maîtrise d'œuvre sur un objectif de qualité mais plutôt sur performance technique et économique.

L'organisation coopérative

Dans une organisation coopérative absolue, il n'y aurait pas d'*acteur pivot*. Les acteurs interagiraient jusqu'à se mettre d'accord sur une solution satisfaisante, hypothèse difficile à réaliser en vérité. L'idée d'une telle organisation coopérative pourrait rejoindre les réflexions développées sur l'ingénierie concourante [4] dans laquelle un acteur, établi comme un gestionnaire de projet, assume la tâche de coordination. Les partenaires sont alors tenus de développer des stratégies concertées pour parvenir à un résultat commun. Dans cette perspective, si la tâche de coordination est résolue, la question reste posée sur les modalités d'intégration des points de vue et sur le projet référent pour l'équipe de maîtrise d'œuvre.

Ce progressif glissement d'un système hiérarchique vers une plus grande coopération se manifeste dans les missions de maîtrise d'œuvre. Comme l'observe F. Champy [5], s'appuyant sur des statistiques de la MAF (Mutuelle des architectes français) de 1990 et 1998, les collaborations des agences d'architecture avec d'autres partenaires augmentent, de même que les collaborations entre agences d'architecture. Il semblerait que la tâche de coordination et de gestion de projet, identifiée par cet auteur, se déplace de la maîtrise d'œuvre vers la maîtrise d'ouvrage, provoquant pour cette dernière des responsabilités nouvelles. L'apparition de la *maîtrise d'ouvrage déléguée*, comme les missions d'assistance à la maîtrise d'ouvrage (AMO), s'expliquerait par l'engagement plus important que l'ingénierie de maîtrise d'ouvrage prend dans la coordination des acteurs de maîtrise d'œuvre et dans l'alourdissement de la fonction de programmation.

Dans le discours de certains ingénieurs, trois arguments semblent nous conduire vers une demande de coopération plus forte :

— Le premier se fonde sur la confrontation que l'ingénieur a pu avoir avec un architecte incompétent qui ne sait pas tenir son rôle pivot dans une organisation hiérarchique. L'idée que la coordination des acteurs notamment puisse être éventuellement placée sous leur propre responsabilité serait une façon pour eux de limiter les risques de dysfonctionnement de la maîtrise d'œuvre.

— Le deuxième argument est que leurs propres points de vue d'ingénieurs ne sont pas assez bien pris en compte lors des phases d'esquisse architecturale. Confrontés à des esquisses et des avant-projets sommaires qui n'offrent pas un potentiel d'intégration suffisant, ils ont été amenés à reprendre leur projet technique et, en fin de compte, à perdre du temps et de l'argent.

— Le troisième argument est celui de la taille/complexité des projets qui, en multipliant le nombre des acteurs et des points de vue, rend la tâche de coordination très importante et nécessite la mise en œuvre de méthodes de gestion spécifiques ainsi que d'organisations informatiques particulières. La petite taille des agences françaises, relevée par F. Champy, pourrait expliquer les limites en moyen et en compétence pour assumer des rôles pivots dans les grandes opérations, à la différence des pays anglo-saxons qui ont des agences d'architecture et des BET intégrés capables d'assumer des rôles pivots dans les grandes opérations complexes [6].

Du côté des architectes, les arguments d'un travail plus coopératif sont soutenus pour au moins trois raisons :

— D'abord envers la maîtrise d'ouvrage, en regrettant que la césure entre les phases de programmation et les phases de projet conduisent à la spécification d'un cahier des charges trop précis qui

---

4. *L'ingénierie concourante dans le bâtiment*, GREMAP, S. Jouini, C. Midler, Plan Construction et Architecture, Paris, 1996.
5. *Sociologie de l'architecture*, Florent Champy, Éditions La Découverte.
6. Voir l'étude sur les cabinets d'architecture américains *Architecture : la pratique des cabinets américains*, Jean-Jacques Soulagroup, janvier 2000

ne permet pas d'ajustement du programme par le projet. Les architectes considèrent en effet que le projet devrait aider le maître d'ouvrage à préciser ses besoins et que les programmes figés *a priori* peuvent conduire à des aberrations. Le dialogue précoce avec le maître d'ouvrage est un moyen efficace de rapprocher les points de vue et d'élaborer une esquisse pertinente.

– Dans l'élaboration de l'esquisse, il ressort qu'une organisation coopérative est souhaitée sous la forme d'expertise d'ingénierie. Les architectes sont intéressés à plus de coopération avec les ingénieurs dans le développement du projet si ceux-ci adoptent des positions créatives, dans leurs projets techniques, et pas seulement normatives et conventionnelles.

– Dès la phase de projet, les architectes cherchent à se rapprocher des entreprises et de leur ingénierie, car les compétences de construction qu'elles offrent sont liées à un savoir-faire et à des produits précis et sont donc plus consistantes que les compétences de construction offertes par les BET de projet.

Pour conclure, nous avons vu que les organisations hiérarchiques et coopératives d'acteurs se distinguaient selon que la responsabilité du rôle pivot était assumée par un des acteurs ou distribuée entre eux. Dès lors le projet référent, l'intégration des points de vue et la coordination des acteurs se déclinent de façon spécifique à chaque mode d'organisation.

Si l'organisation hiérarchique bien menée est favorable à la conduite de projet, elle n'est pas non plus sans critique. Aussi, les acteurs souhaitent que des modalités coopératives puissent amender les organisations hiérarchiques.

Voyons maintenant quels sont les facteurs de transformation de ces organisations de la maîtrise d'œuvre.

Les facteurs de transformation de la maîtrise d'œuvre

L'organisation des acteurs évolue sous la pression de différents facteurs. Parmi tous ceux qui sont envisageables, nous avons porté notre attention, par hypothèse, sur ceux qui nous paraissaient avoir le plus d'incidence sur les acteurs, à savoir : les nouvelles technologies, les relations contractuelles et le cadre juridique, les compétences et la formation des acteurs.

Deux modèles d'organisation des acteurs étant *a priori* latents, les trois équipes de chercheurs experts ont formulé des perspectives et des questionnements sur les TIC, les relations contractuelles et les compétences. Elles sont restituées ici dans leurs grandes lignes.

Les technologies de l'information et de la communication [7]

L'analyse des interviews montre que les échanges de fax, de CD-Rom ou de fichiers DWG ou DXF par Internet sont courants entre acteurs de la maîtrise d'œuvre. En revanche, le développement des *armoires à plan* – ces systèmes informatiques qui permettent de constituer une base de données des différents documents graphiques et non graphiques d'un projet accessibles aux différents partenaires du projet – ne sont pas largement utilisées à cause de leur lourdeur et des apprentissages nécessaires à leur utilisation.

---

7. La plupart des éléments de ce paragraphe sont issus de l'approfondissement mené par Bernard Ferries et Anne Kostromine dans le cadre de la recherche. On trouvera des informations sur l'actualité du domaine sur les sites www.mediaconstruct.org et www.iai-france.org

L'expertise de B. Ferriès et A. Kostromine montre que les développements portent aujourd'hui sur trois grands domaines dont les armoires à plan furent les prémisses :

– Les collecticiels comme Batibox développés par des organismes professionnels, leur amélioration et leur adaptation aux spécificités du domaine de la construction. [8] Ces logiciels s'appliquent à faciliter la coordination des acteurs et l'échange de documents.

– Des services en ligne sur Internet de gestion de projet, de collecticiels ou encore d'expertise fournie par tel bureau d'études thermiques, structure ou éclairage. Une question se pose alors dans ce dernier cas de figure : qui assume la responsabilité de ces services si leur défaut met en péril l'aboutissement d'un projet ou tout l'ouvrage réalisé ?

– Une offre de *serveur de projet*, donnant accès, via Internet, à une maquette numérique partagée qui est accessible pour les différents acteurs du projet et qui peut être complétée par ces acteurs de façon dynamique. [9]

Ces différentes approches essaient de trouver des bases de données et des modes d'accès qui facilitent les échanges entre les acteurs du processus de conception-réalisation-maintenance. En effet, les outils et concepts proposés débordent la seule phase de conception et les seuls acteurs de la maîtrise d'œuvre sur les phases amont de la programmation et aval de la construction et de la maintenance, impliquant les maîtres d'ouvrages comme les entreprises.

En complément à ces bases de données se développe une normalisation des données du bâtiment pour faciliter les échanges entre les logiciels de CAO. Le but est de faire en sorte qu'entre le logiciel de l'architecte et celui de l'ingénieur, les informations échangées soient plus riches que les seules informations graphiques au format DXF ou DWG. Comment faire pour qu'un mur défini dans le logiciel de l'architecte soit lisible dans celui de l'ingénieur ? Et en retour, comment faire pour que les informations ajoutées par l'ingénieur (matériau, résistance, isolation thermique...) soit reconnues par le logiciel de l'architecte ? Ceci passe par une normalisation des objets du bâtiment appelée IFC (*Information for Construction*) homologuée par l'ISO.

B. Ferriès et A. Kostromine montrent que les TIC, si elles sont déterminantes aujourd'hui sur les questions de coordination entre les acteurs, ne sont pas encore un facteur incontournable sur les questions d'intégration des points de vue. Néanmoins, les techniques opérationnelles comme les IFC dont plusieurs éditeurs (de CAO, de gestion de patrimoine, de métier) revendiquent la capacité de leurs logiciels de parler IFC, et celles qui sont en passe de diffusion – comme les armoires à plan et collecticiels en ligne – devraient favoriser le modèle coopératif. Toutefois, pour dépasser ce stade où les outils ont montré une certaine efficacité, il conviendrait de reconsidérer la nature de l'information échangée et encourager le passage de l'échange de documents au partage d'objets.

La gestion de projet en ligne est peu utilisée et l'échange de fichiers de plans reste la règle. Un maître d'ouvrage, qui a compris l'intérêt du travail coopératif, comme l'utilisation des IFC, est isolé et ne peut influencer son environnement. Réciproquement, ceux dont on attend qu'ils fassent évoluer leurs pratiques attendent un engagement des maîtres d'ouvrage. Ceux qui pour-

---

8. On trouvera dans les thèses d'Olivier Malcurat et Damien Hanser des avancées sur les modèles d'organisation de données et les interfaces pour donner une accessibilité à ces outils de coordination des acteurs : Olivier Malcurat *Spécification d'un environnement logiciel d'assistance au travail coopératif dans le secteur de l'architecture et du BTP* et Damien Hanser *Proposition d'un modèle d'auto-coordination en situation de conception, application au domaine du bâtiment* 2003 CRAI – UMR MAP 694 École d'architecture de Nancy.

9. Par exemple Build Serveur développé par une ingénierie (Groupe Archimen) en collaboration avec l'université de Bourgogne, serveur qui a obtenu la certification IFC 1re phase le 7/5/2003 et la médaille d'or aux Trophées de l'innovation à BATIMAT 2003.

raient générer de la valeur ajoutée dans la chaîne de traitement de l'information estiment que cela a un coût qui n'est pas pris en charge. Au-delà des moyens toujours perfectibles, pour que les TIC trouvent leur véritable essor parmi les acteurs de la maîtrise d'œuvre, il conviendrait que leur soient donnés les moyens et signifié le but de cette adaptation. B. Ferriès propose que soit établi un principe de haute qualité informationnelle (HQI), à l'instar de la HQE pour l'environnement. La HQI serait une démarche de management de projet visant à augmenter la qualité des informations produites, échangées et livrées entre tous les intervenants d'une opération, tout au long du processus. Il convient donc de passer de l'échange de documents au partage d'objets.

Les relations contractuelles et le cadre juridique

Comme Éric Duraffour l'a noté dans son expertise à caractère juridique, rien ne semble, dans les relations contractuelles et dans le cadre législatif qui les définissent, favoriser l'un ou l'autre mode d'organisation hiérarchique ou coopératif. Mais rien ne les interdit. C'est donc par rapport à leur aptitude à affirmer leurs rôles et leurs compétences que les acteurs de la maîtrise d'œuvre s'organiseront, et que leurs organisations seront recevables par la maîtrise d'ouvrage. Toutefois, il va se nouer de forts enjeux juridiques autour des questions d'échange d'informations, de normalisation et de méthodes de travail induites par l'évolution des TIC. La question des organisations entre acteurs risque de se poser alors moins sur leurs fonctions dans des situations hiérarchiques ou coopératives que sur leurs droits de propriété sur les informations qu'ils génèrent et qu'ils transmettent. Ceci risque de reposer aussi la question de leur champ de responsabilité. Voici en résumé les réflexions soulevées par Éric Duraffour sous l'angle juridique et contractuel.

La mutation technologique appelle une mutation juridique de l'acte de construire. Cette mutation juridique est lancée par la reconnaissance de la valeur de l'écrit électronique par le droit civil, qui est assimilé à l'écrit sur papier.

Les équipes de maîtrise d'œuvre sont confrontées au besoin de redéfinir leur rôle et leur mission commune pour accueillir les nouveaux instruments électroniques et en définir les conditions d'application qui changent leurs méthodes de travail.

La maîtrise d'œuvre est habituée à la synthèse des informations. La réponse qu'elle apporte au programme établi par le maître de l'ouvrage en est l'exemple le plus probant.

Les documents types ne fournissent pas un cadre commun aux intervenants. La relation contractuelle est prise dans le sens unique du maître de l'ouvrage vers le maître d'œuvre dont la verticalité est frappante.

La solution apparaît à travers la convention de groupement qui unit l'équipe de maîtrise d'œuvre. Ce contrat permet d'établir des règles du jeu opposables à tous pour favoriser la circulation de l'information technologique. L'intégration technique des outils s'associera à l'intégration actuelle des métiers puisque la maîtrise d'œuvre est fondamentalement un travail d'intégration. Une meilleure cohérence est attendue.

Le cadre juridique français est d'une libéralité remarquable dans les associations possibles entre acteurs de la maîtrise d'œuvre au travers du *groupement* qu'il est possible de formaliser en droit privé mais n'offre aucune contrainte juridique supplémentaire. Or malgré cela, architectes et bureaux d'études campent sur des statuts traditionnels et se donnent peu les moyens de développer des associations nouvelles et de capitaliser des méthodes communes.

La gestion de projet prendra sa véritable dimension juridique par la contractualisation des moyens technologiques mis au service de l'équipe.

Cette contractualisation pourrait à terme s'étendre aux entrepreneurs. La cellule de synthèse apparaît le lieu privilégié pour cette extension [10].

L'application des nouvelles technologies aux opérations de construction engendre un nouveau métier, la gestion de projet est en devenir.

Cette application aura des effets sur l'application du droit de la propriété intellectuelle, le savoir-faire méthodologique des opérations de construction nécessitant une protection particulière. Risque-t-on de voir breveter des outils méthodologiques ?

L'évolution du code des marchés publics, auquel s'opposent les acteurs de la maîtrise d'œuvre, et en particulier les architectes dans leur livre blanc, va demander aux partenaires de maîtrise d'œuvre de repenser leurs relations aux investisseurs et aux entreprises et risque de faire disparaître la maîtrise d'œuvre sous sa forme actuelle et, qui plus est, la qualité architecturale [11]. L'ingénierie de la maîtrise d'œuvre va-t-elle aborder cette nouvelle donne en ordre dispersé ou va-t-elle apporter des offres de compétence et de service associés ? À l'évidence, les architectes, dans leur livre blanc, ne proposent aucune ouverture vers les ingénieurs ni vers les autres métiers de la conception qui sont aussi questionnés par ces réformes (paysagistes, décorateurs…). En l'état des choses, la division risque de primer, ce qui augure mal de la survie de cette ingénierie dans le rapport de force avec les entreprises et les financiers qui opéreront dans ce nouveau contexte. Le rôle de pivot dans la maîtrise d'œuvre risque d'échapper à ses acteurs classiques (architectes ou ingénieurs) pour être assumé par l'entreprise et les financiers délégataires. De même, on peut craindre que cette nouvelle organisation ne laisse que peu de place à des organisations coopératives si les acteurs de la maîtrise d'œuvre ne présentent pas une maîtrise commune de l'information du projet.

Les compétences et les formations

Aujourd'hui, les architectes qui présentent une réelle capacité de coordination des acteurs et d'intégration de leurs points de vue sont légitimes dans leur rôle d'acteur pivot. L'organisation hiérarchi-

---

10. Prendre date dès maintenant de l'apparition de nouveaux instruments. Le dossier d'intervention ultérieure sur l'ouvrage (DIUO) est un document qui suivra l'immeuble durant toute son existence. Il est engagé dès la conception. La loi sur la solidarité et le renouvellement urbain, votée le 21 novembre 2000 et promulguée le 12 décembre 2000, prévoit un carnet d'entretien de l'immeuble en copropriété. Ce carnet peut dès à présent être élaboré par la maîtrise d'œuvre dès la conception du projet.
Or l'apport des nouvelles technologies sera aussi de permettre une conservation et un archivage des données, pratiques et accessibles. Il existe une voie en pleine exploration qui est celle de l'utilisation des documents d'études et d'exécution pour mettre en place une politique prévisionnelle de maintenance, d'exploitation et d'entretien du bâtiment. Les nouvelles technologies assurent de l'esquisse jusqu'à l'achèvement, une traçabilité de l'œuvre conceptuelle qui permettra une réutilisation pratique pour la gestion de l'évolution du bâtiment.
11. *La conception-réalisation favorise la dévolution de la commande à des entreprises mandataires avec maîtrise d'œuvre intégrée, effaçant ainsi la phase de conception indépendante. Les PPP (partenariat public-privé) consistent, pour une personne publique, à confier à une personne privée le financement, la conception, la réalisation puis l'exploitation ou seulement la gestion et la maintenance de bâtiments utilisés par le service public. Les architectes peuvent admettre la volonté du gouvernement de donner aux services de l'État et des collectivités les moyens d'accroître leur efficacité pour réaliser des ouvrages d'intérêt public, par l'allègement des procédures et la réduction des délais, mais ces deux procédures bouleversent les conditions d'intervention des architectes. Elles marginalisent la réflexion et les études, rompent le dialogue direct entre les maîtres d'ouvrage et les architectes : elles entravent toute possibilité d'amélioration des projets du fait de la conclusion prématurée des marchés de travaux. Plus grave encore, en encourageant la multiplication de produits banalisés, elles menacent, à terme, la qualité globale et durable du cadre bâti. Ce dernier ne relève-t-il pas de la responsabilité de l'État ? Peut-il, par conséquent, être délégué à des groupes financiers dont l'intérêt des actionnaires prime sur l'intérêt public ? Le maître d'ouvrage public qui fera appel aux PPP doit veiller à l'intérêt public de l'architecture (loi de 1977). Livre blanc des architectes – 2004.*

que, quand elle est bien menée, bénéficie à tous les partenaires et le projet architectural est posé comme un référent nécessaire aux projets techniques. Dans la perspective d'organisations coopératives, le projet architectural ne jouera son rôle de référent que si l'architecte démontre sa capacité à intégrer les points de vue par anticipation, dès l'esquisse, même s'il n'est pas gestionnaire du projet. L'architecte devra savoir s'inscrire de façon pertinente dans les organisations plus coopératives lors du développement des projets techniques, sous peine de perdre définitivement son rôle pivot. Il s'agit là de compétences peu enseignées aujourd'hui dans les écoles d'architecte sur lesquelles il serait utile de mettre l'accent [12].

Il serait sans doute aussi nécessaire d'introduire dans les formations techniques des ingénieurs une plus grande conscience des points de vue qualitatifs et des enjeux sociaux, culturels et contextuels du projet architectural, de sorte que, même au sein d'une organisation plus coopérative, ils sachent finaliser leurs projets techniques comme un moyen au service d'un projet d'ensemble et non comme une fin en soi.

Anne Coste note dans son expertise que les architectes auraient tout intérêt à faire évoluer leur vision essentiellement formée autour de la profession d'architecte pour plutôt soutenir des compétences qui pourraient être mises en œuvre dans différents métiers, au sein de la maîtrise d'œuvre mais aussi de la maîtrise d'ouvrage et de la réalisation. Cette nouvelle vision permettrait sans doute à l'architecte de jouer des rôles déterminants dans les organisations coopératives qui émergent, au bénéfice de la qualité et de la cohérence du projet. La persistance de la défense de la seule profession risque en revanche de les exclure de ces nouvelles organisations. L'incidence de cette mutation devrait se traduire dans les lieux de formation initiaux et continus eux-mêmes : le croisement entre les formations des acteurs de la maîtrise d'œuvre est, dans ce sens, impératif. Ceci a été souligné en séminaire : les participants ont été unanimes à regretter la reproduction, dès l'enseignement initial, des cloisonnements entre acteurs et à admettre l'importance des formations croisées. Plusieurs interventions ont souligné l'importance de la formation continue pour recycler les acteurs en place qui se trouveraient incapables de former la critique de leurs incompétences.

La réforme européenne dite LMD (Licence, Master, Doctorat) va-t-elle favoriser cette évolution ? Cette réforme touche l'ensemble des formations supérieures dont les formations de techniciens, d'ingénieurs et d'architectes qui nous concernent ici. Elle vise à donner une lisibilité aux enseignements des différentes disciplines, à faciliter la mobilité des étudiants et des enseignants et à identifier des niveaux d'employabilité en particulier à bac +3 et bac +5 avec l'introduction de licence et de master professionnels. Au regard de notre problématique, l'intérêt de cette réforme est d'une part d'exiger une définition du champ des formations initiales et de la spécificité de leurs compétences, et d'autre part de donner la possibilité de croiser ces formations entre elles de façon à construire une reconnaissance des compétences réciproques des acteurs [13].

---

12. On trouvera sur le site www.mediaconstruct.org, _Troisième rencontre des enseignants et des professionnels de l'architecture et de la construction_, 4 juin 2003, le compte rendu d'une série d'expériences pédagogiques mettant en rapport différentes formations d'architectes et d'ingénieurs. Les TIC apparaissent souvent comme un prétexte ou un argument favorisant ces rapprochements.

13. Dans un autre registre, le développement des certifications ISO – 9000 –1 est une forme de reconnaissance des compétences d'agences ou de bureaux d'études à la gestion de projet.
Ainsi, ces démarches qualité renforcent-elles le management de l'agence d'architecture et par voie de conséquence son leadership dans la chaîne des acteurs du bâtiment. En intégrant les préoccupations environnementales et la sécurité, elles confortent la pertinence d'une approche transversale et systémique, globale et synthétique, impliquant l'ensemble des acteurs de l'acte de construire. Les démarches qualité et la certification seront-elles décisives dans la concurrence vive sur la conduite des projets ? Les outils sont prêts en cas de besoin, quelques agences se sont déjà lancées dans cette voie. Livre blanc des architectes – 2004.

Pour conclure, les facteurs de transformations des organisations d'acteurs que nous avons étudiés – TIC, cadre juridique et contractuel, compétences et formations – sont non seulement effectivement transformateurs mais aussi interdépendants. En effet, les TIC conduisent à interroger le cadre juridique tel qu'il est défini aujourd'hui. De même, les TIC mobilisent de nouvelles compétences, tout comme l'utilisation du cadre juridique en ce qu'il offre de liberté de groupement entre les acteurs. Le cadre juridique, en élargissant les responsabilités des maîtres d'œuvres sur la vie de l'ouvrage et sa maintenance, va en retour assigner des exigences nouvelles aux TIC et à la gestion de l'information. L'ouverture des compétences des architectes et ingénieurs à la gestion de projet et au travail en équipe va fatalement mobiliser de nouvelles attentes juridiques et des adaptations des TIC dans la gestion de la coopérativité. Il convient donc de se figurer ces différents facteurs et les organisations des acteurs comme formant un système en évolution constante. Toute prospective doit donc être avancée avec précaution.

De l'influence des facteurs de transformation sur les organisations d'acteurs

Voyons maintenant, avec toutes les précautions nécessaires, quelles hypothèses d'évolution peuvent paraître plausibles sur les deux modèles d'organisation sous l'influence des trois facteurs de transformation.

Le modèle hiérarchique strict va trouver ses limites ou se redéfinir

Tant dans les interviews que dans le cadre du séminaire, il a été souligné sur ce point que lorsqu'un projet est correctement mené à terme, ce qui constitue tout de même la majorité des cas, c'est que l'architecte fait bien son travail et assume un rôle pivot. La question en suspens étant de savoir si tous les architectes sont à même d'assumer un tel rôle aujourd'hui ?

Le modèle hiérarchique strict devrait continuer de fonctionner pour des opérations de petite taille avec les organisations d'agence que l'on connaît en France. Si les architectes veulent conserver ou reconquérir un rôle pivot pour les opérations de grande taille, ils doivent s'en donner les moyens et constituer des structures d'agence capables d'intégrer une ingénierie et d'assumer une maîtrise d'œuvre cohérente.

Les technologies de l'information et de la communication faciliteront de plus en plus les échanges entre partenaires de la maîtrise d'œuvre et donc les itérations de projet. L'acteur de la maîtrise d'œuvre qui aura en main la maîtrise des données du projet jouera évidemment un rôle privilégié de pivot. La maîtrise des TIC est donc une obligation pour les acteurs de la maîtrise d'œuvre qui prétendent à ce rôle. Certains outils favoriseront le rôle pivot d'un acteur, notamment celui qui aura la maîtrise des collecticiels et, par-là, accédera à l'information et maîtrisera cette dernière. En revanche, le développement de maquettes numériques en ligne, sous contrôle du maître d'ouvrage, risque d'éclater les fonctions de pivot attaché à un acteur particulier, au profit d'un manager de projet délégué du maître d'ouvrage mais extérieur à l'équipe de maîtrise d'œuvre. La question du droit et de la propriété des informations se posera alors avec une acuité importante.

Le modèle coopératif absolu aura du mal à se généraliser

L'hypothèse d'un modèle coopératif absolu est soutenue par A. Tzonis sous l'intitulé de *collaborative design* [14] qui pose l'hypothèse de développements de systèmes intelligents qui seraient une aide non seulement à la coordination des acteurs mais aussi à l'intégration de leurs points de vue. La disparition de l'acteur pivot, et de ses incompétences quelquefois coûteuses, serait ainsi rendue possible. Selon cette hypothèse, la conception serait distribuée auprès d'acteurs qui sauraient tenir, au moyen d'assistants intelligents intégrés dans les outils informatiques, un rôle collectif d'architecte. La production architecturale s'en trouverait améliorée parce que fondée sur un système plus démocratique. L'évolution des outils validera peut-être cette hypothèse. La réalité pratique est cependant que les outils nécessaires ne sont pas encore opérationnels. Ceux qui s'en approcheraient (les armoires à plan, les IFC) n'en sont qu'à leurs premiers pas. De même, le cadre juridique relatif à ces nouvelles pratiques n'est pas formé. Il s'agit donc d'une hypothèse.

Les collecticiels aujourd'hui disponibles sont encore lourds d'accès et peu normalisés. Une équipe de maîtrise d'œuvre doit faire de gros efforts pour les utiliser. La demande de la maîtrise d'ouvrage sera sans doute motrice du recours à ces outils, ce qui supposera des moyens et des compétences en corollaire.

Lors des discussions en séminaire, le facteur humain et l'expérience des équipes ont été largement soulignés comme déterminants pour la réussite d'une maîtrise d'œuvre, les participants agréant le fait que la délégation à des systèmes automatiques pivots était lointaine. La multiplication d'acteurs intermédiaires (intégrateurs de points de vue et coordinateurs) sera proportionnelle à l'éclatement de la maîtrise d'œuvre.

Une hybridation entre les modèles hiérarchiques et coopératifs va-t-elle émerger ?

À l'avenir, il pourrait y avoir une hybridation des deux modèles sous une forme hiérarchico-coopérative. Les organisations d'acteurs varieraient au sein d'un même projet, de sorte que le modèle hiérarchique serait amendé d'un certain nombre de procédures coopératives. On peut ainsi déjà voir apparaître :
– une organisation hiérarchique dans certaines phases d'étude (les phases d'esquisse et d'AVP autour de l'architecte par exemple) et d'autres fortement coopératives (la phase PRO) ;
– une suite d'organisations hiérarchiques dont l'acteur pivot varie par exemple, les phases d'esquisse et d'AVP autour de l'architecte d'une part et d'autre part la phase PRO et ACT autour du BET ;
– des agences-BET intégrées ou en réseau, autour de la fonction d'architecte, qui organisent les conditions de la coordination et de l'intégration en leur sein. Ces nouvelles structures s'appuient sur des BET très spécialisés dans leurs propres domaines techniques.

Nous avons identifié plusieurs groupements de compétences autour d'architectes, qui forment aujourd'hui une réponse possible à ces enjeux, sur des sortes de holding de structures complémentaires (agence de conception, bureau d'études pour la mise au point et la gestion de projet, économiste) qui travaillent ensemble sur les projets initiés par l'agence de conception, mais peuvent vendre leurs services séparément. Des organisations en réseau de compétences entre

14. *Community in the Mind: A Model for Personal and Collaborative Design* Alexander Tzonis, The 5th Conference on Computer-Aided Architectural Design Research in Asia (CAADRIA) National University of Singapore School of Architecture (NUS) 18-19 May 2000 in Singapore.

architectes et ingénieurs spécialisés se développent pour former, selon les projets, une maîtrise d'œuvre intégrée. Si la position d'autonomie de l'architecte est nécessaire dans le bâtiment, dans certains domaines de projet (paysage ou ouvrages d'art), une autre intégration pourrait se profiler. Architecte d'ouvrages ou paysagistes commencent à intégrer les bureaux d'études techniques.

Conclusion

L'étude exploratoire que nous avons menée est fondée sur une enquête auprès de 25 acteurs professionnels de la maîtrise d'œuvre et réalisée à partir d'expertises complémentaires. Elle nous a conduit à montrer tout d'abord que les *significations* divergentes du mot *projet* données par les acteurs, peuvent conduire à la perte de projet référent pour l'équipe de maîtrise d'œuvre. Puis, il nous a été révélé que la difficulté *d'intégration des points de vue* des acteurs pouvait être source de tension et conduire à des négociations conflictuelles graves dans la pratique collective de la maîtrise d'œuvre. Enfin, la mauvaise *coordination* entre les acteurs nous est apparue comme un facteur de perturbation important de l'équipe de maîtrise d'œuvre.

À l'analyse des interviews, comme par recoupement avec d'autres travaux, nous avons développé l'idée que l'organisation des acteurs pouvait se modéliser de deux façons caricaturales : l'une que nous avons appelée *hiérarchique* et l'autre *coopérative*. Ces deux formes d'organisation s'opposent par la façon dont le projet référent est établi et dont sont assumées les tâches d'intégration des points de vue et de coordination des acteurs. Dans le modèle hiérarchique, un acteur unique maîtrise ces trois éléments et joue un rôle pivot dans l'organisation. Dans le modèle coopératif, ces éléments sont distribués entre les acteurs et assumés collectivement.

Sous la pression conjuguée de l'évolution des TIC et du cadre juridique et de l'évolution, le *modèle d'organisation hiérarchique* des acteurs de la maîtrise d'œuvre qui prévaut devrait s'amender et intégrer des organisations coopératives.

Mais d'autres forces sont à l'œuvre. Elles ne permettent pas de pronostiquer si à terme l'ingénierie de maîtrise d'œuvre, telle que nous la connaissons aujourd'hui, survivra à l'évolution du droit sur la propriété de l'information numérique, à la *brevetabilité* des méthodes de conception et encore à l'évolution du code des marchés publics sous l'influence du lobby des entreprises de construction. Des batailles professionnelles sont annoncées et la maîtrise d'œuvre aurait tout bénéfice à se présenter unie pour espérer survivre.

Restent les compétences dont le domaine de la construction aura toujours besoin, quelles que soient leurs mises en œuvre professionnelles. Les futures générations d'architectes, d'ingénieurs et d'économistes devraient être formées, au-delà de leurs compétences spécifiques au projet ou au calcul, à la capacité à travailler en équipe et en situations coopératives, à comprendre les recouvrements de leurs compétences respectives, et à maîtriser les TIC et les échanges de données numériques. Les aspects juridique et contractuel des relations entre les acteurs devraient être vus comme autant d'opportunité d'organiser les compétences de la maîtrise d'œuvre. La réforme européenne de l'enseignement supérieur, dite LMD, offre une occasion de repenser les formations initiales et continues des acteurs dans ce sens.

Acronymes utilisés

BET :   Bureau d'études techniques

CAO :   Conception assistée par ordinateur

DDE :   Direction départementale de l'équipement

DWG :   Format de données natif d'Autocad, logiciel de dessin

DXF :   Format de données géométriques simples permettant l'échange élémentaire entre logiciels de dessin et de CAO

HDR :   Habilité à diriger les recherches

HQE :   Haute qualité environnementale

HQI :   Haute qualité informationnelle

IFC :   Industrial Foundation Classes (ou encore Information For Construction)

ISO :   International Standards Organisation

LMD :   réforme européenne Licence, Master Doctorat

MOP :   loi réglant la Maîtrise d'Ouvrage Publique

PUCA :   Plan urbain construction et architecture du ministère de l'Équipement

TIC :   Technologies de la communication et de l'information

Pratiques de projet en co-conception – L'interaction entre la conception du produit et du process

Sihem Ben Mahmoud-Jouini

Dans des industries aussi différentes que la pharmacie, l'électronique, l'armement ou la sidérurgie, l'accroissement de la complexité des produits à développer ainsi que la multiplication des contraintes de coût, de délai et de qualité ont rendu la coopération dans les activités de conception plus que jamais indispensable. Ces coopérations étroites entre différents spécialistes intervenant dans les processus de conception s'expliquent également par la tendance de recentrage des acteurs sur leur métier de base et l'affirmation d'un courant de spécialisation sur des parties ou des composants différents. Ce phénomène met en avant l'importance que revêt la maîtrise des relations avec tous les acteurs qui détiennent les ressources nécessaires au développement de produits de plus en plus complexes : pour réussir, il faut coopérer (Doz et Hamel 2000, Gulati 1998). Détenir un avantage compétitif (Porter 1986) revient à détenir un « avantage collaboratif » (Kanter 1994). Dans ce contexte, les acteurs développent de nouvelles pratiques de partenariat en conception que nous désignerons par co-conception.

L'analyse de situations [1] de partenariat en conception a permis d'identifier de nouveaux rôles et des modes de gestion spécifiques fondés sur de nouvelles instrumentations (Midler 2001). Ces partena-

---

1. *Une situation de gestion se présente lorsque des participants sont réunis et doivent accomplir dans un temps déterminé une action collective conduisant à un résultat soumis à un jugement externe*, Girin (1990).

riats en conception entraînent une mutation des savoirs et des ingénieries de conception se traduisant notamment par la création de nouveaux savoirs et la redistribution des anciens (P.J. Benghozi *et al.* 2000).

L'objet de ce chapitre est d'analyser ces phénomènes et leurs manifestations dans le secteur du bâtiment. En effet, ce secteur éclaté est composé d'acteurs spécialisés sur certaines phases du processus de conception (agences d'architectes, bureaux d'études de conception et d'exécution, entreprises de travaux, fournisseurs de composants industriels, etc.). Ces acteurs sont systématiquement confrontés à la nécessité de coopérer pour mener les projets. De plus, les produits-bâtiments deviennent de plus en plus complexes surtout lorsqu'ils intègrent des innovations. Ces considérations militent en faveur de la pertinence de l'exploration des pratiques de co-conception que pourraient développer ces acteurs dans ce secteur.

Cette réflexion s'inscrit dans le prolongement d'une recherche menée en 1995 avec le PUCA [2] et qui a porté sur l'exploration du transfert au secteur du bâtiment d'un mode de gestion des projets qui s'est largement développé dans le monde industriel (Midler 1993) au début des années 1990 : l'ingénierie concourante (GREMAP 1996). Notre périmètre d'analyse, dans la recherche portant sur l'ingénierie concourante, était restreint au cadre du projet. Or la co-conception met en avant la question de la création conjointe des connaissances et de leur partage entre les acteurs, au-delà du projet. En effet, la co-conception consiste, au-delà de la participation à un projet, à développer en commun une trajectoire d'apprentissage. Il nous a donc semblé intéressant de compléter cette réflexion par l'analyse des pratiques de co-conception au-delà du projet et au niveau des organisations ou acteurs qui coopèrent.

Ce chapitre rend compte d'une recherche qui s'est plus particulièrement focalisée sur la co-conception entre les acteurs de la conception du produit et ceux de la conception de son exécution. D'autres chapitres de cet ouvrage sont centrés sur la coopération interne à la maîtrise d'œuvre ou entre la maîtrise d'ouvrage et la maîtrise d'œuvre (cf. p. 49).

L'approche épistémologique retenue consiste à analyser les pratiques des acteurs pour mettre en évidence des voies de changement ou des dispositifs relationnels efficaces. Le but étant de mieux comprendre l'action collective organisée. Nous ne traiterons pas dans ce chapitre les effets macroéconomiques de la coopération entre les acteurs. Nous n'aborderons pas non plus, les aspects juridiques de régulation de ces relations. En effet, l'étude de ces pratiques de partenariat en conception dans le monde industriel a mis en évidence l'apparition de problématiques spécifiques relatives à la régulation de ces nouvelles relations. Ces dernières ne peuvent pas s'appuyer sur des engagements clairement identifiés qui permettraient de les réguler par un cadre contractuel classique. Portant sur la conception et la création associées à une forte incertitude, elles nécessitent un mode de régulation adapté qui combine les règles de coordination relevant du droit, d'une part, et celles de cohésion plus proche de l'association, d'autre part (Segrestin 2003).

Nous commencerons par préciser les enjeux d'une réflexion sur la co-conception dans le bâtiment avant de détailler les avantages de telles formes de coopération dans ce secteur et plus particulièrement entre la conception du produit et la conception du processus de réalisation. Nous présenterons ensuite la méthode selon laquelle nous avons appréhendé ces pratiques de co-conception et notamment les grilles d'analyse et le matériau mobilisé dans la recherche dont ce chapitre rend compte. Nous caractériserons ces pratiques en analysant leur objet, leur temporalité et les instrumentations ainsi que les dispositifs organisationnels mis en œuvre. Nous traiterons notamment du cas particulier

---

2. Anciennement dénommé PCA : Plan Construction Architecture dans le cadre du programme Chantier 2 000.

de la synthèse d'exécution qui illustre particulièrement bien cette coopération en conception entre les acteurs de la conception et ceux de l'exécution.

La conception : une activité négociée, collective et interactive

Pour Callon (1996), la conception architecturale n'est pas « une création localisée assignable à quelques individus et tout entière logée dans des compétences cognitives » dont « les résultats sont les simples fruits d'une intention » mais un « processus collectif et itératif de mise en relation et d'intégration de points de vue divers grâce à des techniques d'inscription et de visualisation qui rendent possibles la négociation et le compromis ». Il met ainsi en avant un réseau d'acteurs qui participent à cette activité négociée, collective et interactive.

Les relations entre acteurs au sein de ce réseau recouvrent une grande variété. En effet, différents travaux, notamment ceux centrés sur l'intégration des NTIC et des EDI dans le bâtiment, ont tenté d'esquisser une typologie des échanges entre les acteurs de la conception du produit relevant de différents paradigmes : « contractant/prestataire avec l'ingénieur fluide, coauteur/coauteur avec l'ingénieur structure ou prescripteur/contrôleur avec les services d'urbanismes de la ville » (Raynaud, 2000).

En prolongeant cette réflexion sur le caractère négocié et collectif de la conception architecturale, la recherche Pratiques de projet et Ingénieries porte sur l'ensemble des activités d'études qui s'étendent des expertises amont, comprenant entre autres la programmation et les études de faisabilité, à l'étude de l'exécution en passant par la définition architecturale et technique du produit à réaliser. Dans le cadre de ce chapitre nous nous focalisons sur l'interaction entre la conception du produit et celle de son exécution.

La problématique de la co-conception dans le bâtiment

Le cadre réglementaire et institutionnel du secteur du bâtiment semble incompatible avec l'instauration de relations partenariales durables. En effet, le secteur se caractérise par une fragmentation des acteurs, qui ont des rôles codifiés, et par une réglementation forte compte tenu des externalités importantes des produits. Cette codification a notamment pour conséquences la séparation entre la conception et la réalisation, d'une part, et l'importance prise par les contrats dans la régulation des relations entre acteurs, d'autre part (Brousseau et Rallet 1995).

Ainsi, dans ce cadre, peut être plus qu'ailleurs, le partenariat va représenter un risque pour les acteurs impliqués. En effet, il y a au moins deux types de risques que perçoivent généralement les partenaires :
- le risque de se faire capter ses compétences par le partenaire, de manière unilatérale, et de perdre ainsi un avantage compétitif sur le marché. En effet, des chercheurs ont mis en évidence le phénomène de « learning race » (Khanna et al 1998) où les acteurs tentent de capter le maximum d'informations de leurs partenaires avant d'en changer et de reproduire la même démarche avec d'autres ;
- le risque de perdre les avantages économiques d'une mise en concurrence sur le marché en se liant de manière précoce et durable à un partenaire unique.

Ces formes d'opportunisme sont d'autant plus critiques, à savoir probables et graves de conséquences, que les partenaires se trouvent en situation d'asymétrie d'information. Mais, malgré cela, nous avons eu l'occasion d'analyser des projets pour lesquels le plus gros risque était l'échec suite à l'absence des compétences nécessaires ou à leur participation tardive. Les acteurs ont alors développé des pratiques partenariales montrant que l'arbitrage, entre se préserver des risques d'opportunisme et poursuivre les avantages de la co-conception, est en faveur du partenariat. Ainsi, ce type de relation est, certes relativement instable et risqué, mais il représente un effet de levier important et efficace dans certaines situations que nous identifierons ci-dessous.

L'objet de ce chapitre est d'analyser ces pratiques qui, tout en relevant du cadre légal traditionnel des projets dans le Bâtiment, témoignent de l'existence de marges de manœuvre, certes faibles, mais porteuses de sources de gain pour le projet et pour les acteurs.

Les enjeux de la co-conception dans le bâtiment

Dans les situations que nous avons analysées, les pratiques de co-conception permettaient de relever des défis ou d'atteindre des objectifs porteurs d'enjeux forts pour les acteurs. Ces situations de co-conception ne correspondent ainsi pas à une tendance générale qui toucherait tous les projets. Elles ne sont pas représentatives de la majorité ni de la moyenne de l'activité. Elles sont en revanche significatives de voies de changement et d'évolution pour le secteur. Elles sont intéressantes à étudier à plus d'un titre :

- elles remettent en cause le schéma habituel linéaire et séquentiel porteur de dysfonctionnements ;
- elles révèlent d'autres formes d'exercice de l'ingénierie dans les projets et d'autres savoirs que ceux reconnus et valorisés par le cadre réglementaire et institutionnel ;
- elles représentent, pour les acteurs porteurs de ces nouvelles formes d'exercice de l'ingénierie, un positionnement stratégique permettant un renouvellement des formes de la concurrence sur les marchés du bâtiment.

Nous avons ainsi identifié quatre types d'enjeux correspondant à ces situations.

Le développement d'innovations

Le développement d'innovations, qu'elles portent sur le produit ou sur son processus de réalisation, peut nécessiter des interactions fortes entre les acteurs de la conception dans le but, entre autres, de développer des connaissances nouvelles. Il peut être nécessaire que des acteurs qui, habituellement, interagissent peu parce qu'ils interviennent à des moments différents de l'avancement du projet, coopèrent intensément et pendant une durée longue dans le développement d'une innovation. La co-conception représente alors un levier d'action important pour le développement de ces innovations.

Le développement de stratégies d'offre

Le secteur du bâtiment se caractérise notamment par le fait que les acteurs développent généralement une approche réactive relative à une demande exprimée. Les processus de conception et les modes de relation habituels entre les acteurs sont ainsi contingents à cette approche.

Lorsque certains de ces acteurs ont la volonté de développer une stratégie d'offre, dans le but notamment de relancer une activité en déclin, ils sont alors amenés à transformer le processus de

conception en passant d'une attitude réactive à une attitude proactive et anticipative (Ben Mahmoud-Jouini 1998, Ben Mahmoud-Jouini et Midler 1999). Cette stratégie proactive peut porter sur :
– une offre de prestation de services de conception ;
– une offre de solution (combinaison entre un composant matériel et des prestations de conception) ;
– une offre d'optimisation de composants matériels.

Le développement de ces offres peut nécessiter une interaction précoce et durable entre les acteurs de la conception dans le but d'appréhender tous les aspects de cette activité. En effet, il s'agit souvent dans ces cas de rompre avec le rythme et les modalités habituelles d'intervention des acteurs de la conception.

La réponse à des contraintes fortes

Certains projets présentent des contraintes extrêmement fortes de délai ou de budget qui rendent l'obtention du compromis, nécessaire dans tout projet, difficile à obtenir. Seul un déplacement significatif des pratiques permet d'atteindre ce compromis. La coopération en conception représente l'une de ces ruptures par rapport aux modes de relation et de fonctionnement traditionnels dans le secteur.

Une méthodologie de recherche collective et interactive

La recherche, dont ce chapitre rend compte, représente l'un des volets d'une recherche plus globale dont l'objectif est d'expliciter et d'analyser les mutations[3] des pratiques de conception dans le secteur du Bâtiment. La co-conception représente l'une des formes étudiées. Notre objectif consiste à caractériser les pratiques de co-conception dans les trois situations identifiées plus haut.

Grille d'analyse des pratiques d'interaction

La caractérisation des pratiques de co-conception se fait à l'aide des questions suivantes :
• Quels sont les objets, les moments dans le projet et l'inscription organisationnelle de ces interactions ?
• Quelles sont les incidences sur le produit bâtiment et sur le processus global du projet, notamment les relations induites entre la maîtrise d'œuvre et les autres membres du projet ?
• Quels sont les savoirs nécessaires à ces pratiques ou qui se développent à travers elles ? Sachant que ces savoirs peuvent se constituer aussi bien dans le cadre du projet, objet de la coopération qu'en dehors de celui-ci. Ces savoirs peuvent aussi bien porter sur des considérations techniques (au sens large) que relationnelles ou mixtes.

_____

3. Voir l'avant-propos de J.-J. Terrin à la page 1.

Les situations de co-conception analysées

Les deux premières questions évoquées ci-dessus peuvent être traitées en analysant des projets où des pratiques de conception coopératives ont lieu. Mais l'analyse des savoirs nécessaires à ces partenariats en conception nécessite de s'intéresser également aux acteurs au-delà du projet. En effet, comme nous l'avons précisé ci-dessus, la co-conception diffère de l'ingénierie concourante par le fait qu'elle porte, au-delà du projet, sur le développement d'une trajectoire de développement conjoint des connaissances entre les acteurs qui coopèrent.

Le choix des situations à étudier s'est donc effectué à partir d'une analyse par acteur qui permet, au-delà de l'analyse d'un projet mettant en scène ces ingénieries, d'étudier la manière selon laquelle cet acteur prépare et inscrit, dans ses outils et son organisation, sa pratique de conception. Car, analyser le développement des compétences et les stratégies développées revient à analyser les acteurs qui mettent en œuvre ces pratiques de projet en projet : l'objet d'étude est alors l'acteur et la trajectoire de constitution de compétences qui sert sa stratégie. Cette dernière peut correspondre à l'un des enjeux identifiés ci-dessus comme le développement d'une stratégie d'offre ou le développement d'innovations, par exemple. On commence, dans un premier temps, par analyser un projet où l'acteur est impliqué et qui illustre sa pratique pour passer, dans un second temps, à l'analyse de l'organisation même de cet acteur.

Ce choix méthodologique s'appuie sur deux hypothèses :
- les interactions en conception peuvent être insufflées dans un projet par un acteur moteur qui poursuit l'un des enjeux identifiés plus haut ;
- les interactions s'étudient autant dans les projets, où elles se manifestent et sont mises en œuvre, que dans l'organisation interne des acteurs où elles se préparent et mûrissent (procédures, outils, partenariats, etc.).

À partir de ces premiers questionnements et de la grille d'analyse, une équipe [4] de chercheurs en gestion et en sociologie s'est constituée et a mené une réflexion collective sur l'harmonisation de la méthodologie et l'établissement des critères de sélection des terrains de recherche à identifier. Parallèlement aux investigations de terrain menées, séparément, par les chercheurs, l'équipe s'est réunie dans un séminaire de travail régulier dans le but d'analyser collectivement les questionnements émergents au fur et à mesure de l'avancement de la recherche de terrain et des synthèses intermédiaires, et de confronter les résultats et les points de vue.

Les études de cas ont donné lieu à des monographies de projet et d'acteur, qui ont donc été rédigées par les chercheurs responsables des terrains correspondants. Une analyse transversale de ces monographies a ensuite été menée par l'animateur [5] de ce groupe et validée [6] lors d'un séminaire organisé au CSTB en octobre 2002.

Les critères de choix des terrains d'analyse ont été les suivants :
- Étudier un représentant de chaque acteur de la conception susceptible d'initier une pratique de coopération : architecte, bureau d'étude de conception, bureau d'études d'exécution, entreprise de fabrication de composants, entreprise de pose. Notons, qu'il ne s'agit évidemment pas d'étudier la pratique représentative d'un acteur opérant dans chaque filière au sens où un échantillon

---

4. Composée de Sihem Ben Mahmoud-Jouini (PESOR-Université Paris 11 et CRG-Ecole polytechnique), Olivier Chadoin (ARD, Ecole d'architecture de Bordeaux), Jean-Luc Guffond, Eric Henry et Gilbert Leconte (CRISTO-Université Pierre-Mendès France) et de Thomas Paris (EURISTIK-Université de Lyon et CRG)
5. Sihem Ben Mahmoud-Jouini
6. L'équipe de recherche a organisé au CSTB un séminaire qui a réunit des professionnels et des chercheurs et dans le cadre duquel la recherche a été présentée et discutée.

serait représentatif. Au contraire, il s'agit d'analyser la pratique d'acteurs innovants mettant en œuvre des pratiques qui pourraient représenter des ruptures.

- Étudier une diversité de matériaux supposant une diversité de systèmes de relations entre les acteurs.
- Analyser la pratique d'acteurs engagés dans des situations de co-conception, au-delà d'un projet ponctuel, illustrant un positionnement stratégique et supposant la construction et le renouvellement constant de savoirs techniques et relationnels spécifiques liés à cet enjeu.

Comme nous l'avons précisé ci-dessus, cette recherche est focalisée sur l'interaction entre la conception de produit que Alluin (1998) désigne par l'ingénierie de la conception et la conception de son exécution qu'il désigne par l'ingénierie de la production. Parmi les différentes configurations possibles de ces situations d'interactions, nous distinguons deux formes d'interactions très différenciées sans être exclusives. Afin d'atteindre l'un des trois enjeux identifiés plus haut, à savoir le développement d'innovations, la stratégie d'offre ou le compromis fortement contraint, les acteurs mettent en œuvre l'une et/ou l'autre de ces formes d'interaction.

La première forme correspond au cas où le maître d'œuvre (architecte et bureaux d'études), qui a en charge généralement la conception du produit, prend l'initiative de participer activement à la conception de l'exécution, en intégrant cette dernière dans la conception du produit, ou en s'impliquant fortement dans les mises au point nécessaires avec les entreprises de réalisation. Nous désignerons cette première forme d'interaction par « de l'ingénierie de conception à l'ingénierie de production ».

La seconde forme correspond au cas symétrique où les acteurs de l'exécution (entreprises de travaux ou industriels fournisseurs de composants) prennent l'initiative et participent activement à la conception du produit en prescrivant ou en développant certaines parties du produit comme les parkings, par exemple. Nous désignerons cette seconde forme d'interaction par « de l'ingénierie de production à l'ingénierie de la conception ».

Tout en étant moteurs dans ces différentes formes d'interaction, les différents acteurs initiateurs ne peuvent pas les porter seuls et l'ouverture des autres acteurs et leur adhésion à ces pratiques de conception est, bien sûr, nécessaire.

Les projets analysés illustrent ces deux situations contrastées. L'autre activité de conception qui nous a semblé « emblématique » (Midler 2004) d'une situation d'interaction entre le produit et son exécution est l'activité de synthèse des études d'exécution. Elle consiste à mettre en cohérence toutes les études d'exécution avant le début des travaux. Elle nécessite l'interaction entre les bureaux d'études de maîtrise d'œuvre, l'architecte, les bureaux d'études d'exécution et les entreprises de réalisation. Elle illustre les modalités d'intervention et de mise en œuvre des savoirs d'interaction entre les différents lots et entre les différents niveaux de conception : primaire (définition des concepts généraux architecturaux et techniques : esquisse et APS), secondaire (développement de ces concepts : APD) et tertiaire (exécution). L'analyse de cette activité permet de caractériser les savoirs d'interaction mis en œuvre, les principes d'efficacité de cette coopération et ses conditions de fonctionnement.

Les critères de choix nous ont ainsi conduits à analyser le matériau [7] représenté dans le tableau suivant.

---

7. Pour plus de détails sur les études de cas et notamment pour les monographies complètes, se reporter à l'ouvrage dirigé par S. Ben Mahmoud-Jouini (2003) et qui présente cette recherche de manière approfondie.

ACTEUR ANALYSÉ	ENJEU DE LA CO-CONCEPTION	PROJET ANALYSÉ
DE L'INGÉNIERIE DE CONCEPTION À L'INGÉNIERIE DE PRODUCTION		
Bureaux d'études et d'exécution :		
Eribois	Stratégie d'offre	Centre de recherche
Arcora	Innovation et stratégie d'offre	Gare de péage
Architectes		
Dubos et Landowski	Innovation	Réhabilitation extension d'un collège
Lipsky & Rollet	Innovation	Réhabilitation usine Ateliers d'Isle d'Abeau
DE L'INGÉNIERIE DE PRODUCTION À L'INGÉNIERIE DE CONCEPTION		
Entreprises de travaux et fournisseurs de composants :		
Bouygues	Contraintes fortes	Logement
Vieille montagne	Stratégie d'offre	
SYNTHÈSE D'EXÉCUTION		
Architecture Studio	Contrainte de temps	Halle d'exposition
OTH	Forte complexité du projet	Palais de justice

Caractérisation des pratiques de co-conception

Nous caractériserons les ingénieries, mises en œuvre lors des interactions en conception, en précisant la forme de l'interaction et l'objet sur lequel elle se fait, le moment où ces ingénieries interviennent dans le déroulement du projet et l'instrumentation utilisée.

Les objets d'interaction

Il est possible de repérer et de caractériser les formes d'interaction entre la conception architecturale, technique, et la conception de l'exécution à l'aide d'au moins trois objets porteurs de cette interaction à l'image des « objets intermédiaires » de conception étudiés par Jeantet (1998).

Les matériaux nécessitant une intégration entre la force et la forme

Institutionnellement, il y a des acteurs spécialistes de la forme, généralement les architectes, et d'autres des efforts exercés à savoir les ingénieurs. Mais, pour certaines structures, comme le « métallo-textile », où il s'agit de tendre une toile sur une structure métallique permettant de réaliser des enveloppes complexes et innovantes, cette séparation devient problématique car la forme peut difficilement être explorée séparément des forces exercées. La remise en cause de cette interface est au cœur de l'interaction. En effet, pour le textile par exemple « la force fait la forme ». P. Rice disait à propos de ce matériau (…) *il ne s'agit pas tant de concevoir à l'avance ce que l'on veut construire, que de définir une démarche qui pourra ensuite se cristalliser autour d'un élément clé. Il restera alors à en explorer les possibilités grâce à l'informatique.*

Les domaines en évolution où les savoirs ne sont pas stabilisés

Certains projets posent des problèmes nouveaux. Le projet se trouve alors au-delà des connaissances validées et partagées par les professionnels. L'interaction permet le développement de nouvelles connaissances le long d'une trajectoire d'apprentissage. Prenons l'exemple de l'utilisation du polycarbonate à grande échelle (2 000 m^2) par les architectes Lipsky & Rollet dans le bâtiment des Grands Ateliers de l'Isle d'Abeau [8], pour obtenir un toit translucide. Ce matériau n'avait jamais été utilisé pour cet usage, ce qui a posé notamment des questions de mise en œuvre et de vie du composant (en cas de chute d'un agent d'entretien, par exemple) qui nécessitent des interactions entre le fabricant, le poseur (qui doit concevoir l'exécution), l'architecte (qui recherche une fonctionnalité), l'ingénieur (qui calcule la stabilité), le propriétaire (qui entretiendra le bâtiment), la caisse d'assurance maladie (qui s'intéresse aux accidents du travail), etc. Le prototypage et les tests ont alors constitué un objet d'interaction très robuste entre les acteurs réunis pour accroître les connaissances sur ce domaine encore inexploré.

Les objets d'exploration du compromis

Dans le cas des projets très contraints, l'interaction peut porter sur des objets, qu'ils soient localisés ou répartis permettant l'exploration d'un compromis multivariables. C'est notamment le cas du parking dans le projet de logement [9] très contraint en coût. L'entreprise de travaux, à travers son bureau d'études d'exécution, entre en interaction avec l'architecte pour identifier des objets ou des parties du projet où elle peut apporter un savoir-faire d'optimisation.

Les moments d'interaction

Parallèlement à l'objet d'interaction, il nous a semblé pertinent de caractériser les interactions par le moment où elles s'opèrent en distinguant les interactions qui ont lieu en dehors des projets de celles qui ont lieu dans le cadre du projet.

Les interactions en dehors d'un projet

Prenons l'exemple d'un fournisseur de composants qui développe une stratégie d'offre dans le but de favoriser l'usage d'un matériau (le zinc) dans le bâtiment. Ce matériau joue un rôle important dans l'esthétique du bâtiment qui, institutionnellement, relève d'un autre acteur de la conception, à savoir l'architecte. L'industriel interagit alors, en dehors de projets spécifiques, avec cet acteur afin d'une part de l'informer des potentialités du matériau et de recueillir son avis dans le but d'orienter ses futurs développements de nouveaux usages et produits. Cette interaction se fait aussi bien avec des architectes externes qu'en recrutant des architectes au sein de l'entreprise. L'autre interaction importante est avec les entreprises de pose. Le fournisseur de composant entretient des relations avec ces dernières dans le but d'intégrer les contraintes de pose dans la conception des produits. Ces interactions lui permettent également d'imaginer de nouveaux produits dans le but de lever certaines difficultés de pose.

Les interactions dans le cadre du projet

Dans le cadre d'un projet, les interactions en conception peuvent avoir lieu au moins à trois moments différents :

---

8. Voir monographie n° 4 de ce projet et de ces acteurs dans Ben Mahmoud-Jouini (2003).
9. Voir monographie n° 5 de ce projet et de ces acteurs dans Ben Mahmoud-Jouini (2003).

- Au moment de la formulation du problème et de l'exploration de l'ensemble des possibles. C'est notamment le cas du projet qui utilise le matériau « métallo-textile » où les interactions entre les ingénieries de conception et les ingénieries d'exécution ont lieu très tôt dans le projet, compte tenu de l'importance de la mise en œuvre dans l'obtention des formes recherchées.
- Au moment de la mise au point de la solution à travers la synthèse d'exécution qui fait interagir la conception du produit et du procédé avant le début de la réalisation (cette situation d'interaction est la plus courante).
- En réponse à des problèmes de mise en œuvre qui peuvent se déclarer suite à des interactions insuffisantes dans les étapes précédentes (exploration puis mise au point de la solution). Les problèmes qui apparaissent alors que le projet est avancé, nécessitent, pour leur résolution, des interactions étroites car les marges de manœuvre deviennent très réduites.

Les instrumentations de l'interaction

Les interactions s'appuient sur des instrumentations, au sens large, qui les rendent possibles. Nous passerons en revue un certain nombre d'entre elles. La première d'entre elles est la construction et l'entretien dans le temps de savoirs d'interaction et d'une réputation en faveur de ces interactions. La seconde est la communication autour de ces savoirs et de cette réputation afin de se signaler vis-à-vis des acteurs et d'attirer à soit ceux qui sont favorables à ce type de démarche qui n'est ni très habituelle ni répandue dans le secteur. La troisième instrumentation est de trouver le montage relationnel qui permet cette interaction même dans des cadres réglementaires et institutionnels non favorables à cet échange. Il s'agit alors, grâce aux connaissances accumulées, d'anticiper les points des vues des acteurs absents du processus et avec lesquelles une interaction serait bénéfique. La quatrième instrumentation consiste à veiller à la cohérence de l'organisation mise en place en veillant à la compatibilité entre les règles du jeu de la co-conception et les caractéristiques des acteurs qui y participent. Enfin, ces interactions sont possibles grâce à la constitution, au fil des projets, d'un réseau d'acteurs de conception autour d'une trajectoire d'apprentissage commune.

La construction et l'entretien de savoirs d'interaction

Les interactions entre la conception du produit et celle de son exécution ne peuvent pas se faire sans la constitution de savoirs sur lesquels les acteurs s'appuient pour les rendre possibles. L'une des voies est l'acquisition d'une partie, au moins, des connaissances des acteurs avec lesquels l'interaction va se faire. Cette acquisition passe notamment par le recrutement : le fournisseur de composant ou le BET d'exécution recrute des architectes afin de faciliter l'intercompréhension et l'échange avec les architectes des projets avec lesquels l'exploration de solutions va se faire en interaction. Cette voie représente tout de même un certain nombre d'inconvénients. Ces recrutements peuvent être coûteux, d'une part, et ils ne favorisent pas le développement de connaissances diffuses dans l'organisation, d'autre part. Bien plus, le recruté peut assimiler les savoirs de l'organisation qui l'a recruté : un architecte plongé dans l'environnement d'une entreprise de construction porte-t-il les mêmes savoirs en action qu'un architecte en agence ? Enfin et surtout, les interactions passent par la transformation des savoirs des acteurs qui interagissent beaucoup plus que par la juxtaposition de leurs savoirs. Comment apprendre au contact de l'autre et transformer ses propres pratiques ?

Les autres voies de constitution et d'entretien des savoirs d'interaction sont donc la multiplication des occasions d'apprentissages au cours desquelles il s'agit de rentrer en contact avec les savoirs en action des autres acteurs. Il s'agit alors, pour les acteurs volontaires dans cette démarche, de rechercher ces occasions d'apprentissages et de ne pas externaliser le risque vers les autres acteurs lorsque le projet les place dans une situation d'incertitude. C'est notamment par l'établissement de dossiers de consultation des entreprises (DCE) très détaillés que le maître d'œuvre apprend sur le domaine technique de réalisation. Cette nécessité d'apprentissage est particulièrement forte dans le cas d'innovations. Il s'agit alors d'organiser des séances de conception collective qui permettent la confrontation des différents savoirs des professionnels. Nous prendrons à titre d'exemple l'architecte qui anime une réunion de travail avec le bureau de contrôle, les bureaux d'études de conception et d'exécution, les entreprises de fabrication et la caisse d'assurance maladie dans le but de mettre au point une innovation du projet.

Une autre voie de constitution des savoirs d'interaction se fait par le choix d'un objet d'interaction spécifique et d'accumuler de la connaissance sur cet objet. C'est notamment le cas de l'entreprise de construction qui développe une compétence de conception sur les parkings, par exemple. Elle organise alors l'interaction avec l'architecte autour de cette partie du bâtiment.

Les projets étant l'un des principaux moyens d'apprentissage dans le secteur, un autre moyen de multiplier ces occasions d'apprentissages d'agir sur le portefeuille des projets et de le piloter en intégrant le critère de l'apprentissage aux côtés des seuls critères financiers, ou de charge, généralement considérés. C'est par exemple le cas du BET qui équilibre entre les projets où il intervient en conception et ceux où il intervient en exécution, dans le but de maîtriser les différentes facettes et apprendre à anticiper les prestations des interlocuteurs dans les projets futurs.

Une des principales occasions d'apprentissage pour la maîtrise d'œuvre se situe également au niveau de la mise en œuvre sur le chantier. En effet, en favorisant la présence des acteurs de la conception à cette étape, il est possible de leur offrir de tester leurs idées et de les confronter à la réalité de la mise en œuvre.

Enfin et surtout ces apprentissages ne peuvent pas se faire sans une volonté d'ouverture et de dialogue avec les autres acteurs. Nous prendrons comme exemple l'architecte qui visite les entreprises pour travailler avec les bureaux d'étude d'exécution sur les plans d'exécution ou de fabrication dans un but d'apprentissage.

L'anticipation des prestations des acteurs

Nous avons vu plus haut que le cadre réglementaire et institutionnel ne permet pas toujours l'interaction entre les acteurs dans le cadre du projet. En effet, souvent, les appels d'offre organisent la séparation entre les acteurs. L'interaction virtuelle entre la conception du produit et celle de son exécution s'appuie alors sur les savoirs développés à l'occasion d'autres projets. Cette interaction virtuelle passe par l'anticipation que peut faire l'un des acteurs des prestations de celui avec lequel il aurait souhaité interagir.

Nous prendrons trois exemples d'anticipation. Le premier correspond au cas où le maître d'œuvre anticiperait les prestations de conception de l'exécution en établissant des pré-études avec l'aide de bureaux d'étude d'exécution ou de fournisseurs de composants dans le but d'explorer la constructibilité de ses choix de conception.

Le deuxième correspond au cas où le fournisseur de composant anticiperait, dans ses produits, les contraintes de pose des entreprises de mise en œuvre ou les fonctionnalités esthétiques poursuivies par les architectes.

Le troisième correspond au cas où la maîtrise d'œuvre établirait des descriptifs et des dossiers de consultation des entreprises (DCE) aussi précis et détaillés que possible. Nous prendrons à titre d'exemple le DCE dressé par le maître d'œuvre dans le projet de réhabilitation du collège en structure métallique : tous les principes d'assemblages et les points d'attache ont été étudiés par le BET de conception dans le but de signifier aux BET d'exécution les points qui restent à approfondir et qui sont de leur domaine de compétence.

La compatibilité entre les règles de l'interaction et le choix des acteurs

La coopération en conception présente certains risques pour les acteurs qui s'y engagent comme celui d'être la proie de comportements opportunistes, etc. En revanche, elle permet de se prémunir contre l'un des plus gros risques en conception qui est celui de ne pas bénéficier des compétences adéquates au bon moment et par là même d'échouer dans le projet. Souvent, les premiers risques conduisent à la frilosité des acteurs qui ne voient alors plus les avantages de la coopération en conception. Pour cela, poursuivre une stratégie de coopération en conception doit s'accompagner par la mise en place d'instrumentations et de précautions qui limitent la réalisation de ses risques et/ou leurs effets. La sélection des partenaires engagés dans cette coopération selon des critères cohérents avec les règles du jeu de la coopération en conception représente l'une de ces précautions. C'est par exemple le cas de l'architecte qui conseille le maître d'ouvrage dans le choix de l'OPC [10] qui va piloter la réalisation. En effet, il s'agit d'une réhabilitation d'un collège en structure métallique qui nécessite des études d'exécution et d'assemblage pointues. Il était important que l'acteur qui prenne en charge la coordination de ces études ait les compétences nécessaires. Il en est de même pour le projet du bâtiment qui comprend plusieurs innovations de matériaux dans lequel le maître d'œuvre a incité le maître d'ouvrage à adopter une procédure de sélection en deux étapes, dans le but de présenter les difficultés du projet aux entreprises sélectionnées pour répondre à l'appel d'offre.

A *contrario*, nous avons eu l'occasion d'analyser des projets dans lesquels les règles du jeu ne correspondaient pas à l'esprit de la co-conception comme le choix de lots séparés dans un projet très complexe conduisant à des dysfonctionnements majeurs.

Le souci de cette cohérence et de cette compatibilité peut revenir à la maîtrise d'ouvrage qui joue un rôle capital dans le choix des acteurs.

L'entretien d'un réseau d'acteurs autour d'une trajectoire d'apprentissage

La co-conception se différencie de l'ingénierie concourante par le fait qu'elle considère les partenariats en conception qui se situent au-delà des interactions qu'il peut y avoir entre acteurs dans un projet. Ces partenariats sont possibles, grâce à une attitude d'ouverture de la part d'un acteur moteur qui favorise les interactions en conception avec les autres acteurs du projet. Ainsi, au fil des projets, cet acteur constitue un réseau d'acteurs de conception autour d'une trajectoire d'apprentissage qu'il construit et nourrit de projet en projet. Cette trajectoire se construit malgré le fait que chaque projet se fait avec des acteurs différents. Mais elle est pilotée par un acteur qui poursuit cette interaction afin de relever l'un des enjeux identifiés plus haut ; innovation, stratégie d'offre ou réponse à des contraintes fortes.

La constitution d'une instance de négociation et de résolution des problèmes

Cet acteur qui a constitué un réseau et qui pilote une trajectoire d'apprentissage peut représenter à terme une instance de négociation et de résolution des problèmes relatifs à un matériau ou à un dispositif (comme c'est le cas du bureau d'étude pour le matériau métallo-textile ou de l'industriel pour un composant qu'il développe et offre sur le marché). Ce rôle lui permet alors de communiquer sur ses savoirs d'interaction et d'attirer à lui les acteurs favorables à ce type d'attitudes, initiant ainsi un cercle vertueux, car les différents acteurs viendront enrichir sa base d'expérience et son réseau et lui fournir de nouvelles opportunités d'apprentissages.

---

10. OPC : Ordonnancement, Pilotage et Coordination.

Le cas particulier de la synthèse d'exécution comme activité de co-conception [11]

La synthèse d'exécution consiste à mettre en cohérence les études d'exécution [12] avant le début des travaux. Elle suppose une interaction étroite entre tous les acteurs du projet et illustre, selon nous, certaines problématiques de la co-conception. En effet, cette activité participe de la conception tertiaire [13] qui intervient après la conception primaire (définition des concepts généraux, esquisse et APS) et la conception secondaire (APD). Nous avons eu l'occasion d'analyser diverses configurations et des modes de gestion de cette activité qui diffèrent par :

– le moment dans lequel elle s'intègre dans le projet par rapport aux autres phases de conception (avant le DCE ou après la désignation des entreprises) ;
– l'acteur qui prend en charge cette activité et les liens qu'il entretient avec les autres (le maître d'œuvre ou un acteur indépendant de la maîtrise d'œuvre) ;
– les enjeux de cette activité : maîtrise de la complexité du projet, maîtrise du délai du projet, prise en compte de la maintenance future, etc.

Ainsi, selon les cas, la synthèse d'exécution permet de :

– anticiper les problèmes et identifier les conflits potentiels ;
– préserver une autonomie de conception aux acteurs tout en cadrant leurs interactions ;
– négocier et résoudre les problèmes dans le projet ;
– faire dialoguer les acteurs de la conception.

Nous avons eu l'occasion d'étudier deux situations contrastées. Dans l'une la cellule de synthèse, en charge de cette activité, était indépendante de la maîtrise d'œuvre. Cette mission était donnée à un acteur différent de ceux qui sont intervenus dans la conception primaire et secondaire du bâtiment. L'outil informatique jouait un rôle important dans le choix de cette solution. Dans l'autre, la synthèse d'exécution était assurée par la maîtrise d'œuvre dans le cadre de sa mission. Ces deux études de cas enrichies des débats qui ont eu lieu lors du séminaire du CSTB (octobre 2002) nous ont permis de caractériser cette activité et de dégager quelques principes d'efficacité.

---

11. Voir également le chapitre de Claude Maisonnier à la page 115.
12. Les décrets d'application de la loi MOP définissent la mission de synthèse d'exécution ainsi : « les études d'exécution concernent les calculs et les plans complètent l'étude de projet. Elles tiennent compte des modalités technologiques de réalisation et sont à l'usage du chantier. Elles peuvent être confiées en totalité ou en partie à la maîtrise d'œuvre ou aux entreprises possédant en interne les compétences et la capacité d'étude requise. Les plans de synthèse indispensables à une bonne coordination des plans, établis par des entités différentes font partie de l'élément mission « études d'exécution ». Toutefois, cette mission peut être confiée au maître d'œuvre de l'opération en dehors des études d'exécution. Cette prestation, qui peut être fort simple ou très compliquée, revêt une importance primordiale quant à la réalisation de l'ouvrage. Ces plans de synthèse s'accompagnent dans tous les cas d'un « visa » par la maîtrise d'œuvre. Ce visa n'enlève pas leur part de responsabilité aux entreprises en cas de défauts : il ne porte que sur les anomalies normalement décelables par l'homme de l'art et non sur le contrôle et la vérification intégrale des documents fournis par les entreprises ». Conseil d'architecture et d'urbanisme de la Gironde, décembre 1994, document ronéotypé, cité in Tapie 1996.
13. Nous avons bénéficié, dans la rédaction de cette partie du chapitre, d'une discussion avec Claude Maisonnier, que nous remercions vivement.

Caractérisation de la synthèse d'exécution

La synthèse d'exécution : phase d'anticipation et de résolution ou phase de médiation et de gestion de conflits ?

La recherche a étudié deux cas très contrastés [14]. Dans le cas de la halle d'exposition, et pour des raisons de délai, les études d'exécution, généralement réalisées par les entreprises, sont esquissées par la cellule de synthèse qui produit pour le dossier de consultation des entreprises une ébauche de plan de synthèse. Les entreprises, une fois désignées, produisent des plans d'exécution conformes à ce plan et qui ne devraient donc pas poser de problème de coordination. Cette méthode permet de gagner du temps car elle anticipe les conflits.

Dans ce premier cas, la synthèse d'exécution peut être considérée comme une phase de résolution de problèmes puisqu'elle consiste à anticiper et à résoudre une grande part des conflits, entre corps d'état, qui pourraient se poser aux entreprises lors des études d'exécution et pendant les travaux. Dans ce cas, la mission de synthèse d'exécution étudie de manière détaillée la compatibilité des réseaux à partir du projet de la maîtrise d'œuvre et avant la désignation des entreprises. Les entreprises, une fois désignées, font leurs plans d'exécution à partir des « plans de synthèse » fournis dans le DCE et de manière conforme à ceux-ci.

Ce travail de synthèse, qui anticipe les conflits en les résolvant peut être mené aussi bien dans des projets simples (halle d'exposition) que dans des projets plus complexes comme le palais des Congrès (108 plans, 450 millions de Francs, 9 mois de synthèse). Cependant, il nécessite que tous les éléments soient réunis pour permettre la finalisation de la conception architecturale technique et d'exécution.

La cellule de synthèse doit alors être composée d'acteurs très qualifiés (niveau ingénieur) qui savent dessiner et résoudre les problèmes, et qui réalisent ainsi la conception tertiaire de l'ouvrage. Le dessin [15], produit par cette cellule de synthèse est une directive sans ambiguïté qui permet aux entreprises de proposer un plan d'exécution directement validé par la maîtrise d'œuvre. Cette configuration interroge :

– la responsabilisation des entreprises dont la part de conception est fortement réduite (cette question est moins pertinente lorsque la maîtrise d'œuvre a également une mission d'exécution) ;
– la répartition de la rémunération de cette conception entre la maîtrise d'œuvre et la cellule de synthèse ;
– la relation entre la maîtrise d'œuvre et la cellule de synthèse qui sont supposées travailler de manière fortement coordonnée puisque la cellule de synthèse participe à l'élaboration du DCE en proposant aux entreprises des ébauches de plans d'exécution.

Le second cas, le projet du palais de justice, est beaucoup moins défini techniquement au stade DCE que ne l'était la halle d'exposition. De plus, le projet a subi une densification du programme, et une augmentation des contraintes techniques (des problèmes de fondation, des problèmes sismiques, des problèmes de réglementation d'ascenseurs, etc.). Ces modifications nécessitent une intervention importante de l'architecte au niveau de la synthèse d'exécution puisqu'il s'agit, par exemple, d'arbitrer entre passer des réseaux sous les poutres (baisse de la hauteur sous-plafond), dans les poutres (fragilisation et calcul supplémentaire) ou remonter toute la structure. Ces problèmes relèvent de la maîtrise globale du projet et supposent une forte capacité d'arbitrage de la cellule de synthèse.

14. Voir les monographies complètes pour davantage de détails dans Ben Mahmoud-Jouini (2003).
15. Le dessin peut être manuscrit, car cette configuration ne préjuge pas de l'usage d'un outil informatique. Il est à noter que les plans produits par la synthèse avant la consultation des entreprises ne remplacent pas les plans d'exécution fournis par les bureaux d'études des entreprises.

Lorsque cette complexité ne s'accompagne pas de capacités d'arbitrage et de résolution importantes de la part de la cellule de synthèse qui ne joue qu'un rôle d'identification et de transmission des conflits, le projet abouti à une impasse et peut souffrir de dysfonctionnements majeurs de qualité et/ou de dépassements de coûts et de délais. Dans ce cas, la cellule de synthèse a joué un rôle d'intermédiation car elle a identifié les conflits (suite à la consolidation des plans d'exécution fournis par les entreprises) et en a informé les entreprises avec des propositions de solutions. Cette configuration peut entraîner plusieurs allers retours puisqu'il faut, à chaque modification apportée par une entreprise suite à un avertissement de la mission de synthèse, analyser la cohérence de l'ensemble. Il faut une vision globale pour valider chaque modification. Dans ce cas, il y a un report d'informations [16] vers les bureaux d'études des entreprises d'exécution qui ont la responsabilité de la résolution des problèmes. Il arrive que les arbitrages soient très longs. Les acteurs peuvent alors se démotiver car, de modification en modification, ils peuvent dépasser largement les prévisions sur la base desquelles les différents contrats ont été établis entraînant des réclamations en cascade. Cette configuration interroge :

– la participation plus ou moins active du maître d'œuvre dans les reconceptions demandées par la cellule de synthèse ;
– la rémunération de la cellule de synthèse qui peut voir sa mission s'allonger suite aux nombreuses modifications ;
– la rémunération des activités de conception des entreprises qui prennent une grande ampleur suite à l'inachèvement du projet de la maîtrise d'œuvre.

Synthèse des plans ou plans de synthèse

L'opposition entre une cellule de synthèse d'exécution qui anticipe et résout et une cellule d'intermédiation entre les corps d'état et le maître d'œuvre conduit à distinguer l'activité de synthèse des plans de l'activité d'établissement des plans de synthèse.

Dans le cas du palais de justice, la cellule de synthèse a superposé les plans d'exécution des entreprises et a proposé à ces dernières, suite à l'analyse de cette synthèse des plans, des directives de modification de leurs plans d'exécution. Compte tenu de la complexité du projet, il a fallu plusieurs itérations de ce type. De plus, le document de synthèse des plans ainsi obtenu était à la limite de la lisibilité, rendant difficiles les contrôles et l'utilisation des plans pendant les travaux et après.

Dans le cas de la halle d'exposition, la cellule de synthèse qui a travaillé pour le compte du maître d'œuvre a anticipé les grandes lignes des plans d'exécution des entreprises avant leur désignation, et a dessiné un plan de synthèse à partir de la référence constituée par la compilation de ces plans d'exécution. Ce plan de synthèse comprend notamment la représentation bifilaire des réseaux et leur cotation. Il a permis d'approfondir le projet et le DCE. Dans un second temps, une fois les entreprises désignées, ces dernières ont fourni des plans d'exécution en accord avec le plan de synthèse établi. La cellule de synthèse a également revu certains points du plan de synthèse avec les entreprises lorsque cela était nécessaire.

Les plans de synthèse comprennent :
– le plan de synthèse technique représentant les réseaux, la structure et le plan d'architecte ;
– le plan de réservation de structure et de maçonnerie ;

---

16. Les deux configurations contrastées qui considèrent la synthèse d'exécution comme une résolution des problèmes ou comme une activité de coordination (identification des problèmes et des acteurs capables de les résoudre et maintien de la vigilance dans le processus) renvoient à cette même dualité dans la fonction du chef de projet dans le monde industriel (*lightweight project manager ou heavyweight project manager*).

– le plan de synthèse des émergences techniques sur le second œuvre ;
– les coupes.

La prise de décision et l'anticipation des arbitrages

L'une des questions essentielles, en phase de synthèse d'exécution est celle de l'arbitrage et de la prise de décision en cas de conflits. Quel est l'acteur qui est en charge de cela ? Est-ce le maître d'œuvre, le maître d'ouvrage ou le titulaire de la synthèse ? En effet, même lorsque 95 % des alertes sont réglées au sein de la cellule de synthèse sans qu'il y ait nécessité d'arbitrage fort, il suffit que cet arbitrage fasse défaut sur les 5 ou 10 % restant pour que le projet soit fortement pénalisé.

L'arbitrage des conflits qui se posent pendant cette phase peut se situer au moins aux deux niveaux suivants :
– entre les différentes parties prenantes de la synthèse d'exécution : les bureaux d'études d'exécution, les bureaux d'études de conception, l'architecte, etc.
– au sein même de la maîtrise d'œuvre. En effet, certains conflits peuvent entraîner des modifications de conception architecturale et/ou technique qui doivent être harmonisées au sein de la maîtrise d'œuvre. C'est en particulier le cas lorsque les deux conceptions (architecturale et technique) sont très contraintes (parti architectural fort, normes acoustiques très fortes, normes incendie, conflits spatiaux très forts, etc.).

Le rôle du maître d'ouvrage

D'un point de vue juridique, réglementaire et assurantiel, l'intervention de la maîtrise d'ouvrage dans le processus même de la conception et du contrôle de l'exécution pose un problème, compte tenu du fait qu'il n'a pas de responsabilité technique. L'intervention de la maîtrise d'ouvrage, est cependant nécessaire lorsqu'il y a un conflit au sein de la maîtrise d'œuvre par exemple, ou entre la maîtrise d'œuvre et la synthèse et que cela conduit à un blocage.

Au-delà de la présence physique du maître d'ouvrage dans les projets, l'un des moyens pour faciliter le traitement des conflits et que tous les acteurs aient la même compréhension claire de ses priorités. De manière à ce que, face à un problème, les acteurs du projet sachent comment lever les contraintes, une à une, conformément à la volonté du maître d'ouvrage. En effet, lorsqu'un compromis devient nécessaire, il est important de connaître les élasticités relatives des contraintes. Autrement dit, la responsabilité du maître d'ouvrage est, avant d'être celle d'arbitrer, celle de bien définir les règles du jeu. Afin d'éviter d'intervenir directement dans le processus pour arbitrer en cas de conflit, ce qui pose notamment la question de sa responsabilité, le maître d'ouvrage peut préciser la direction dans laquelle devraient travailler tous les acteurs du projet, ce qui devrait déjà simplifier le traitement d'un grand nombre de conflits.

Le projet du palais de justice montre qu'il vaut mieux anticiper et solliciter le maître d'ouvrage de manière préventive que de laisser le conflit s'installer car au-delà du conflit technique, il devient un conflit d'acteurs.

Dans le cas de la halle d'exposition, il y avait implicitement une hiérarchie : le délai était primordial. Alors que dans le cas du palais de justice, cette responsabilité de la « priorisation » des contraintes n'a pas été portée par le maître d'ouvrage ou du moins elle n'a pas été stable dans le temps.

Relation contractuelle et relation de prescription

Souvent la mission de synthèse rend compte au maître d'ouvrage qui est son interlocuteur principal dans le cadre d'une relation contractuelle. Vis-à-vis du maître d'œuvre, la cellule de synthèse n'a pas de relation contractuelle mais seulement une relation de prescription et d'identification des conflits entre corps d'état. Or seul le maître d'œuvre, peut donner le visa « bon pour exécution » et valider ainsi le travail de la cellule de synthèse. Cette dernière est dans une relation de dépendance, en quelque sorte, vis-à-vis du maître d'œuvre qu'elle peut inviter à revoir son projet, lorsqu'il y a lieu, afin de résoudre un conflit. Le cas du palais de justice a illustré les dysfonctionnements qui peuvent découler de ce type de relations qui peuvent retarder les arbitrages nécessaires.

L'instrumentation de la synthèse d'exécution

L'outil informatique, de part sa puissance de calcul, sa fiabilité et la rapidité de transmission qu'il permet présente un avantage considérable en phase de synthèse d'exécution. Il a été utilisé avec succès sur de très grands ouvrages. Il peut être aussi adapté à des ouvrages simples. Le problème est que dès que le projet est compliqué et que la conception tertiaire est importante, l'outil peut conduire à des plans de pré-synthèse illisibles [17]. L'autre inconvénient de l'outil informatique, est qu'il conduit à une inflation des points à traiter car il identifie tous les problèmes de croisement, quelle que soit leur importance, de la même manière. Certains outils alourdissent la procédure car à chaque modification, même mineure, il y a un changement d'indice qu'il faut donc faire valider.

Quelle que soit l'instrumentation adoptée, les cas analysés ont d'ailleurs montré deux choix différents entre une instrumentation manuscrite et une autre informatique, il est primordial que cette dernière soit cohérente avec le système d'acteurs.

Le cas du palais de justice illustre les conséquences de cette incohérence :
- l'instrumentation a été adoptée après le choix des entreprises et le critère équipement informatique et maîtrise de l'outil informatique n'a pas pu être intégré comme un critère de sélection. Ce qui n'a pas manqué de faire perdre beaucoup de temps à la mission de synthèse qui a dû former les entreprises à l'usage du matériel ;
- l'abonnement au système d'échange informatisé de documents n'était pas exigé pour tous les acteurs et notamment pas pour ceux de la maîtrise d'œuvre alors que les conflits conduisaient à une intervention active de leur part.

Ainsi, l'instrumentation informatique soulève la question du changement de la répartition du coût de la synthèse entre les différents partenaires : cellule de synthèse, entreprises et maîtrise d'œuvre. Cette répartition du coût, différente selon le mode d'instrumentation adoptée, rend les comparaisons des budgets de synthèse dangereuses car faussées.

Enfin, les deux instrumentations peuvent être avantageusement couplées : passer par une première étape qui est un projet manuscrit qui permet de dégrossir les problèmes et dans un deuxième temps, ressortir des couches informatisées compilées par un outil informatique.

---

17. Mais, n'oublions pas que ces plans restent à destination des professionnels de la synthèse et que les entreprises ne reçoivent que les plans les concernant, avec des instructions ou des propositions précises.

Comment la mission de synthèse d'exécution interroge-t-elle la mission de maîtrise d'œuvre ?

Comment est-ce que la maîtrise d'œuvre peut anticiper des problèmes de faisabilité dont elle n'a pas la maîtrise technique et que seule l'ingénierie de réalisation peut résoudre ? Comment est-ce que la conception de la maîtrise d'œuvre est capable de créer les conditions suffisantes pour que le projet technique de l'entreprise puisse être mis en œuvre ? Le maître d'œuvre doit-il résoudre tous les problèmes identifiés par la cellule de synthèse ?

À travers ces questions, ainsi qu'à travers les deux cas analysés, la mission de synthèse semble interroger, principalement, l'ampleur de la mission de la maîtrise d'œuvre et le niveau d'approfondissement de la conception auquel doit parvenir le projet.

Le délai généralement donné à la maîtrise d'œuvre pour réaliser le projet et le DCE est relativement serré (deux ou trois mois). Il paraît irréaliste de demander à un bureau d'études de faire, dans ces délais, une coordination spatiale des réseaux en tenant compte de tous les problèmes. En effet et à titre indicatif, la mission de synthèse qui examinerait ces problèmes peut durer entre 6 et 12 mois. Quel est donc l'objectif qui peut être fixé à la maîtrise d'œuvre et quel est le niveau de coordination qui peut être exigé entre l'architecte et les bureaux d'études représentants les différents corps d'état ? La réponse à cette question varie beaucoup selon la consistance de la mission confiée par le maître d'ouvrage à la maîtrise d'œuvre.

Selon l'un de nos interlocuteurs BET, l'expertise d'un bureau d'étude de maîtrise d'œuvre est de savoir apprécier la faisabilité d'un projet alors même qu'il n'est pas étudié de manière approfondie. Cette expertise est notamment mise à l'épreuve dans le cas où un client confie une mission d'ingénierie à un bureau d'études avec un petit budget. Ce dernier ne peut alors pas approfondir sa conception qui restera relativement imprécise. Mais il devra cependant être capable de maîtriser le projet. Souvent dans ces conditions, la cellule de synthèse va buter sur des problèmes de conception secondaire et le maître d'œuvre doit être capable de les résoudre directement ou d'en orienter la résolution. L'implication de la maîtrise d'œuvre dans la cellule de synthèse peut être comparée, toujours selon notre interlocuteur BET, au service après-vente de la conception secondaire. Il est de l'obligation de la maîtrise d'œuvre de débloquer la cellule de synthèse lorsqu'il y a lieu.

Sous quelles conditions, le maître d'ouvrage devrait-il confier des missions plus étendues au maître d'œuvre, afin que ce dernier livre un projet complètement défini aussi bien dans sa géométrie que dans sa technique, sans pour autant remplacer la mission de synthèse d'exécution ?

À l'opposé de la situation, fortement contrainte, décrite plus haut, il serait intéressant de définir les caractéristiques des ouvrages pour lesquels il serait intéressant d'accorder au maître d'œuvre une mission de conception d'une grande ampleur. Ces caractéristiques pourraient être une forte complexité technique, de forts enjeux de coordination et des risques de réclamation importants sur le chantier, etc. Cette mission élargie comprendrait du pré-métré et du pré-dimensionnement, c'est-à-dire un minimum de calculs techniques et une pré-mission d'exécution avant la consultation des entreprises. Cette mission de pré-dimensionnement, menée par les bureaux d'études, devra se préoccuper de l'impact du passage des réseaux sur la conception architecturale et spatiale, et sur la structure. La maîtrise d'œuvre mettra alors en place une coordination de l'ensemble des études techniques particulières. Dans le cadre de cette mission, l'évaluation de la constructibilité du projet doit être faite. Or, il arrive que la conception technique de certains projets ne soit pas aboutie et que les problèmes de constructibilité ne soient pas toujours aussi bien anticipés que le voudrait la loi MOP, par exemple.

Comment la mission de synthèse d'exécution peut-elle remettre en cause l'économie du projet ?

Affirmer que la mission de synthèse d'exécution ne doit pas remettre en cause l'économie du projet suppose que ce dernier est définitivement fixé aussi bien relativement à sa forme qu'à sa technique et qu'elle ne devait pas être fondamentalement modifiée. Or, certaines recommandations de la cellule de synthèse pourraient nécessiter de nouveaux calculs ou des prescriptions complémentaires à destination des entreprises. Les marchés forfaitaires sont, certes, censés tenir compte des reprises demandées par la synthèse, mais ces dernières peuvent parfois atteindre des montants très importants conduisant à une altération des conditions économiques du projet. C'est pourquoi, il arrive que les modifications de la cellule de synthèse entraînent des réclamations de la part des différents acteurs du projet.

Les modifications de programme en cours de projet

Aussi bien la maîtrise d'œuvre que les entreprises arrivent difficilement à intégrer des modifications de programme en cours de chantier parce qu'il devient alors difficile de mobiliser des moyens d'étude et d'appréhender l'impact global des modifications sur le projet. C'est d'autant plus le cas pour la cellule de synthèse d'exécution.

La modification des règles du jeu au cours du projet peut également poser des problèmes épineux à la synthèse en particulier. Par exemple, le changement de la procédure de passation des marchés d'entreprises, dans le projet du palais de justice, d'entreprise générale à lots séparés a entraîné un changement dans l'affectation de la mission de synthèse d'exécution ainsi que son ampleur.

Mission de synthèse et innovation

Lorsque le projet comprend un certain nombre d'innovations techniques – pour lesquelles la solution n'est pas identifiée au moment de la consultation des entreprises (problème de réglementation technique, désaccords sur les hypothèses de calculs, etc.) – la phase de synthèse d'exécution devient très complexe car elle devra affronter toutes les incertitudes liées à l'innovation. Le maître d'œuvre, conscient de cela, devra alors se donner les moyens pour faire ce travail d'étude avant la consultation afin de réduire cette incertitude, lorsque cela est possible, car la synthèse d'exécution n'a pas pour vocation de compléter la conception architecturale et technique.

Les conditions de « réussite » d'une mission de synthèse d'exécution

Les conditions de « réussite » d'une mission de synthèse d'exécution portent à la fois sur l'acteur en charge de cette activité et sur les relations entre cet acteur et la maîtrise d'œuvre d'une part, et la maîtrise d'ouvrage d'autre part. Nous commencerons par rappeler le rôle du responsable de la synthèse d'exécution et les règles de fonctionnement de cette activité avant de récapituler les qualités de l'acteur qui devrait prendre en charge cette activité.

Rôle du responsable de la synthèse

- Animer et participer à la conception
- Travailler avec l'OPC autour du planning des travaux et des études d'exécution

- Signaler les modifications à la maîtrise d'œuvre
- Être l'interlocuteur unique des entreprises
- Décider ou faire prendre les décisions
- Veiller au recueil des documents nécessaires (plans d'exécution et modifications des entreprises) et superviser les assemblages de plans
- Maintenir un langage commun
- Avoir une connaissance globale du projet

Règles de fonctionnement de la synthèse d'exécution

- Que la maîtrise d'œuvre fournisse un projet abouti après la synthèse de conception comme base pour le DCE.
- Que les entreprises aient une capacité de conception et qu'elles soient habituées à interagir en conception et en anticipation avec les autres corps d'état.
- Que les conflits spatiaux soient assez rapidement résolus avant qu'ils ne deviennent des conflits d'acteurs.
- Prise en compte par la cellule de synthèse de la différence entre la visée exploratoire de la maîtrise d'œuvre et la visée opératoire des entreprises, afin de mieux appréhender ce qui relève de la mission du plan d'exécution de ce qui relève de la conception de la maîtrise d'œuvre.
- La nécessité de hiérarchiser les contraintes afin d'orienter la recherche de compromis.
- Que la cellule de synthèse soit neutre par rapport aux entreprises.
- Que la cellule de synthèse garde la trace des décisions afin de pouvoir traiter les conflits s'ils apparaissent.

Qualités de l'acteur en charge de la synthèse

- Une bonne maîtrise technique des réseaux.
- Une grande capacité d'analyse des situations et de repérages des différents conflits dans l'espace.
- Une bonne appréhension de la constructibilité et des techniques de mise en œuvre afin d'anticiper les conflits pendant les travaux.
- Une grande capacité de dessin (que ce soit informatique ou manuel).
- Une capacité de médiation entre les acteurs.
- Une capacité à prendre ou faire prendre les décisions nécessaires et les arbitrages.

Conclusion

L'intérêt porté aux interactions en conception met en avant les connaissances nécessaires à ces interactions. Or cet objet de recherche peut être difficile à aborder et à saisir car prenant des formes très variables (tacite ou explicite, individuelle ou partagée, etc.). C'est pourquoi la dimension instrumentale nous a semblé importante car elle permet l'inscription de ces compétences dans des artefacts mais elle n'épuise pas la question de leur constitution et de leur renouvellement, qui continue à donner lieu à des recherches.

Dans toutes les situations analysées, le maître d'ouvrage ou client joue un rôle important dans le développement de ce type de pratiques car il peut les favoriser ou les entraver en organisant les ruptures et l'opacité entre les acteurs et entre les différentes phases du projet. Certes, en faisant cela, le client cherche à clarifier les responsabilités des acteurs, d'une part, et de se garantir la maîtrise des budgets en faisant notamment appel aux procédures d'appel d'offres qui organisent la concurrence sur les prix, d'autre part. Mais comme nous l'avons évoqué, la co-conception permet de relever des défis que l'organisation habituelle, avec sa caractéristique de séparation, ne permet pas. Les pratiques analysées montrent qu'en présence de cadres contractuels relativement classiques, les acteurs ont pu mettre en œuvre des interactions utiles au projet et à leur stratégie individuelle en procédant par des contournements afin que les compétences réparties entre les acteurs servent au mieux le projet. La co-conception a ainsi été possible aussi bien en marché public que privé.

Sans nier la concurrence ou diluer les responsabilités, la co-conception pourrait conduire vers un nouveau mode de répartition des responsabilités qui reste à étudier. La co-conception soulève avec une grande acuité la question de la confiance et du partage de la valeur créée.

Les pratiques de conception analysées témoignent d'une grande diversité dans les systèmes de relations, le cadre réglementaire (marché public ou privé), les formes de passation de marché (lots séparés, etc.), les instrumentations mises en place et les acteurs moteurs dans cette co-conception. Cette diversité interdit toute approche normative qui consisterait à identifier le bon objet d'interaction ou la bonne instrumentation. En revanche, l'incohérence entre les principes de la co-conception et les critères de sélection des acteurs conduit immanquablement vers une impasse. Ces principes peuvent être résumés ainsi :

– existence d'un enjeu fort qui motive les acteurs et les amène à accepter les risques du partenariat pour réduire les risques liés à cet enjeu et créer de la valeur ;
– l'identification d'un périmètre d'exploration ou d'intérêt et la coopération avec les différents acteurs de la conception autour de ce périmètre tout au long d'une trajectoire d'apprentissage qui se renouvelle de projet en projet.

La diversité des pratiques analysées rend difficile l'identification de mutations structurelles et homogènes dans le secteur. En effet, même si les cas étudiés et choisis en conséquence, témoignent tous d'une volonté et d'une capacité d'interactions fortes entre la conception du produit et de son exécution, il ne semblerait pas que les pratiques évoluent dans le sens d'une mutation globale. Il est donc difficile d'identifier un modèle stable qui émerge qui pourrait être caractérisé à l'image de l'analyse de Brousseau et Rallet (1995). Nous avons observé des pratiques riches d'enseignements. Sont-elles des évolutions annonciatrices de futures évolutions ? Elles témoignent de l'existence d'une dynamique du secteur rendue possible grâce aux marges de manœuvre des acteurs.

Bibliographie

Benghozi P.J., Charue-Duboc F., Midler C. (2000) (eds), *Innovation based competition & design systems dynamics*, L'Harmattan, 345 pages.

Doz Y., Hamel G. (2000), *L'Avantage des alliances, logique de création de valeur*, Éd. Dunod, 2000.

Girin J., (1990), « Analyse empirique des situations de gestion : éléments de théorie et de méthode », *Épistémologies et Sciences de Gestion*, coordonné par A. C. Martinet, Economica Gestion, Paris, p. 141-182.

Guffond JL., Leconte G. (2001), « La modification de produit – Une certaine idée de la conception », *Gérer et Comprendre*, n° 65, p. 31-40.

Gulati R. (1998), "Alliances and networks", *Strategic Management Journal*, 19(4), p. 293-317.

Jeantet A. (1998), « Les objets intermédiaires dans la conception. Éléments pour une sociologie des processus de conception », *Sociologie du travail*, n° 3, p. 291-316.

Kanter R. M. (1994), "Collaborative Advantage: the art of alliances", *Harvard Business Review*, July-august, p. 96-108.

Khanna T., Gulati R., Nohria N. (1998), "The dynamics of learning aliances: competition, cooperation and relativ scope", *Strategic Management Journal*, n° 19, p. 193-210.

Midler (2004) « Apprentissage organisationnel et méthode de recherche intervention en gestion », Actes de l'Academy of Management, ISEOR, mars 2004.

Porter (1986), *L'avantage concurrentiel*, Interéditions.

Segrestin B. (2003), « La gestion des partenariats d'exploration », Thèse de doctorat de l'École des Mines de Paris.

LE TÉMOIGNAGE DE PROFESSIONNELS

- *Évolutions du système d'acteurs*
- *Évolutions des pratiques du projet*
- *Évolutions des technologies*

LE REGARD D'UN MAÎTRE D'OUVRAGE

QUANG-DANG TRAN

Pour un maître d'ouvrage public comme le ministère de la Justice, qui doit réaliser des équipements publics complexes fonctionnellement et techniquement, symboliquement signifiants, la capacité de bien formuler le projet est cruciale et conditionne la qualité de la conception. Celle de bien le réaliser est également essentielle. C'est presque une lapalissade de le dire mais la réalité de la pratique des projets rappelle que ces évidences ne sont pas si simples à atteindre. Nous apporterons ici deux éclairages issus de notre pratique.

Les expertises dans la phase amont

L'équipe de maîtrise d'ouvrage du ministère de la Justice – anciennement DGPPE (délégation générale au programme pluriannuel d'équipements), aujourd'hui AMOTMJ (agence de maîtrise d'ouvrage du ministère de la Justice) – a toujours eu recours pour ses projets aux deux types d'expertises que Caroline Gerber nomme expertise-étude et expertise-conseil.

L'expertise-étude se manifeste par de nombreuses études systématiques qui demandent des compétences dans divers domaines : urbanisme et aménagement (recherches de terrain, études de faisabilité, études d'impact, etc.), économique et prospective (études de schéma directeur par exemple, s'agissant de la planification de l'activité judiciaire d'une cour d'appel à long terme), architecture (études de programmation), etc.

L'expertise-conseil se traduit par le recours à un ou plusieurs assistants à maître d'ouvrage (AMO). La pratique quasi systématique d'un recours aux AMO est culturellement ancrée à l'AMOTMJ, contrairement à certains autres opérateurs. Elle traduit le souci dès l'origine de la DGPPE de s'entourer de compétences spécialisées afin de donner de l'intelligence à des projets complexes.

En effet, les projets de l'AMOTMJ sont caractérisés par la complexité de leur contenu. Pour les palais de justice, il n'y a pas de modèle préexistant à adapter. Chaque projet est unique et sa définition va de pair avec celle d'un projet de réorganisation de la juridiction. Il doit intégrer également les évolutions législatives et les réformes judiciaires (par exemple la création des guichets uniques de greffe). Pour les établissements pénitentiaires, même si l'on peut parler de logique de modèle, la définition des projets dépend étroitement du public concerné, des impulsions politiques en matière de détention, de réinsertion ou de sécurité.

Pour l'AMOTMJ, quatre points importants sont à souligner :

1) Avec l'expérience de quinze années de constructions de palais de justice et de prisons, le processus de définition des projets est bien rôdé, pour ne pas dire normé. Ce qui important c'est de pouvoir *sortir* d'un processus classique, faire appel à des expertises nouvelles dans des domaines connexes, dès que le sujet le nécessite. Par exemple, la réflexion sur les nouveaux établissements pénitentiaires pour mineurs a été l'occasion de faire précéder le travail classique de programmation par plusieurs mois de gestation des concepts au sein d'un groupe de travail. Des experts-praticiens sont intervenus dans les domaines de la surveillance et de la protection judiciaire de la jeunesse, de l'éducation, des pratiques sportives, artistiques et culturelles, de la santé.

2) Se donner le temps, en phase amont, est nécessaire mais ce luxe n'est malheureusement pas toujours offert aux maîtres d'ouvrage publics. L'amont est toujours vu par les politiques comme la phase la plus comprimable, les autres phases (conception, travaux) apparaissant *a contrario* comme incompressibles, sauf en cas de recours à des procédures particulières (par exemple la conception-réalisation).

L'exemple des programmes pénitentiaires est illustratif. Que ce soit les programmes 13 000 (1986-1992), 4 000 (1998-2004) ou le nouveau programme pénitentiaire annoncé en novembre 2002, le pilotage des études amont s'est toujours fait sous contrainte de temps et de coût. Le ministère de la Justice a proposé des réflexions et expertises de fond entre chaque génération d'établissements pénitentiaires (exemple : le rapport Parillaud, entre le P13 000 et le P4 000, puis rapport B. Michel entre le P4 000 et le nouveau programme), qui apportent une plus-value intellectuelle aux contenus des programmes. Cette expertise risque cependant d'être en grande partie évacuée par une contrainte trop forte de coût à la place. Le temps nous manque généralement pour réaliser avec les collectivités des expertises très poussées sur l'aménagement urbain autour des établissements pénitentiaires.

3) Bien formuler les besoins et bien définir le projet, ce n'est pas tout. Le problème qui se pose pour l'AMOMTJ est de garder une *stabilité* dans le temps des choix opérés durant cette phase amont, à commencer par la stabilité des programmes. Rappelons que le temps de développement d'un projet pour l'AMOTMJ se situe entre 6 et 8 ans.

Toute l'intelligence qu'on peut insuffler dans un projet par les expertises en phase amont peut être mise à mal par une évolution législative, une nouvelle orientation ministérielle, un changement de chefs de juridictions ou simplement l'inconstance, voire l'inconsistance des utilisateurs.

Pour l'AMOMTJ, l'enjeu est de faire *pénétrer* la phase amont le plus longtemps possible dans les phases ultérieures du projet (conception, réalisation). Autrement dit, retarder le plus longtemps possible les choix qui figent le projet ou faire dialoguer davantage le projet et le programme.

Le découpage français du processus de projet, matérialisé dans la réglementation et obéissant à une logique séquentielle [1], en même temps qu'il rigidifie la réflexion de projet, donne une importance très (trop ?) grande à la notion de *programme*, sans parler des rigidités du code des marchés publics.

---

1. Séparation nette entre formulation des besoins et conception et réponse aux besoins. Séparation ensuite entre conception d'un projet et produit et son exécution.

Le processus des études de définition constitue une alternative intéressante, mais généralement appliqué aux projets urbains, il fait l'objet lorsqu'il s'agit de l'appliquer à la maîtrise d'œuvre pour les projets de bâtiments, d'une certaine méfiance d'une partie des architectes. Ces derniers rechignent à jouer le jeu du dialogue avec le maître d'ouvrage. Or, cette procédure est intéressante car elle permet de prolonger la phase amont jusqu'à la conception et de faire participer l'architecte à la formulation même du projet. Ce cas illustre bien que la phase amont ne se réduit pas à la programmation.

4) Le code des marchés publics, notamment celui de 2001, pose problème par rapport à la phase amont. La rédaction de l'ancien article 27 et la nomenclature des services qui l'accompagnait (article 71.03) imposait, dans une interprétation stricte, de prendre en compte toutes les études préalables pour la computation des seuils, ce qui revient à formaliser des marchés par appel d'offres pour la multitude d'études et expertises parfois très modestes en montant. Le code de 2004, en ayant supprimé la nomenclature, ne résout qu'à moitié ce problème. Il renvoie à une définition de la notion d'opération (de services) dont l'interprétation devant une instance de contrôle ou devant le juge peut être contestée. Surtout, il ne simplifie pas le processus d'achat des expertises en amont, en rendant obligatoire la publicité dès le premier euro, y compris pour les marchés en procédure adaptée.

Le fondement de ce dispositif, c'est la notion de prévision des besoins du maître d'ouvrage, qui à mon sens est fondamentalement antithétique avec le caractère nécessairement itératif, peu normalisable, voire aléatoire du processus de formulation de projet en phase amont.

Le processus d'études s'en trouve rigidifié, alors que l'intelligence du projet passe par le recours à des expertises auxquelles le maître d'ouvrage n'a pas pensé au départ. Pouvoir faire appel à des expertises complémentaires, revenir en arrière, élargir les champs d'investigation, c'est une condition essentielle de réussite de la phase amont des projets. Il est indispensable d'introduire une souplesse dans le cadre juridique et administratif.

De plus, il faut d'un mot évoquer le problème des modes de sélection des experts : la qualité de l'expertise dépend étroitement de celle des personnes, et de leur parcours personnel (notion de réemploi de connaissances). Les modes de sélection du code des marchés, fondés sur des critères objectifs et privilégiant presque exclusivement les garanties techniques et financières des sociétés, ne sont pas toujours les mieux adaptés à cet égard.

La conception-réalisation : expérience d'une forme de co-conception

La DGPPE a été amenée à réaliser dès 1986 des opérations d'établissements pénitentiaires en conception-réalisation. Cela fait donc plus de 15 ans que nous pratiquons cette procédure, grâce à une loi spécifique relative au service pénitentiaire qui nous y a autorisés. On sait aujourd'hui identifier les points forts et les écueils. Au moment où le sujet devient très polémique au sein de certains milieux professionnels, avec les projets d'ordonnance projetant de généraliser la possibilité de recourir à la conception-réalisation pour l'ensemble des ministères, nous pensons qu'il faut garder une approche nuancée et pragmatique.

Cette procédure n'est pas la panacée mais elle ne doit pas non plus être diabolisée. On en retire ce qu'on veut bien y mettre comme intelligence, s'agissant de la répartition des rôles, des responsabilités de chacun et des rapports de force au sein du groupement.

Il est important de souligner que la conception-réalisation est l'une des rares procédures qui permette à un maître d'ouvrage public d'organiser la co-conception, en dehors des stratégies d'offres des maîtres d'œuvre ou des entreprises qui posent un problème de mise en concurrence.

Nous avons mené donc deux programmes pénitentiaires en conception-réalisation. Le programme 13 000 tout d'abord, représentait 25 établissements, maisons d'arrêt ou centres de détention, construits en 4 ans, pour un coût total de 4 225 millions de francs (valeur 1990). Un seul concours a été lancé en juillet 1987. Il comprenait à la fois la conception, la construction et le fonctionnement (y compris les services tels que la restauration, la blanchisserie, l'hôtellerie, le transport, la santé, le travail, la maintenance, l'exploitation, le cantinage, etc.).

Les projets étaient ainsi conçus en intégrant dès le concours les préoccupations de gestion.

Quatre groupements étaient lauréats pour 4 zones : Jannet Demonchy-Spie-Gepsa, Hemery-Fougerolle-Siges, Vigneron-Gtm-Gecep et Autran-Dumez.

Le programme 4 000 représente quant à lui 6 établissements de 600 places, pour un coût global d'environ 360 millions d'euros. Un concours en 2 tranches a été organisé à l'issue duquel deux groupements ont été retenus : Autran-Eiffage et Architecture Studio-Quille DV. Il s'agissait d'une conception-construction simple, la maintenance et les services faisant l'objet d'un marché distinct.

Notre choix pour la procédure de conception-réalisation était essentiellement motivé par la nécessité de mener le programme dans un délai court et la maîtrise d'un budget. Il faut ajouter la recherche d'une économie d'échelle, l'effet de masse étant possible car les établissements pénitentiaires répondent globalement à une logique de programme type. Enfin, la procédure était justifiée par certains critères d'ordre technique (intégration de nombreux dispositifs techniques dans la construction tels que les équipements de sécurité, les cuisines, etc.) et dans une moindre mesure, par l'expression architecturale des prisons.

Dans les programmes P13 000 et P4 000, la collaboration s'est passée depuis l'aval vers l'amont : les acteurs de l'exécution (BET de l'entreprise) participent dès le départ à la conception du projet. L'entreprise y fait valoir sa capacité d'optimisation économique et technique du projet. La synthèse des études d'exécution est réalisée par l'entreprise, comme c'est le cas pour beaucoup de nos projets menés en entreprise générale, où les meilleures compétences pour la synthèse sont réunies – et bien rémunérées – du côté des entreprises. Dès la phase de conception, les entreprises apportent une capacité d'ingénierie de management des chantiers qui comprend la synthèse d'exécution et l'OPC mais qui les dépasse.

Quels sont les enseignements généraux qu'on peut tirer aujourd'hui de cette expérience ? Deux points sont sans doute à retenir :

1) S'agissant de la maîtrise du projet, il est indéniable que l'intégration des savoir-faire de l'entreprise dès la conception a permis globalement de mieux maîtriser la réalisation. Les délais ont été tenus et globalement les dérives de coût, hors modification de programme du fait du maître d'ouvrage, ont été moindres que celles constatées usuellement pour les projets en procédure *classique*.

2) S'agissant de la qualité de l'ouvrage, il est vrai que dans certains lots du programme 13 000, la qualité a été sacrifiée au détriment de l'économie. Mais c'est loin d'être le cas général. La pratique du programme 4 000 a même prouvé le contraire : la co-conception a donné lieu à une collaboration intelligente de l'entreprise dans la conception. Et même si, pour G. Autran, architecte de la tranche 4 000-A, l'architecture est faite de compromis, *ce n'est pas de la mauvaise architecture*. Autre exemple, pour la tranche 4 000-B conçue par Architecture Studio, la co-conception avec l'entreprise a permis d'introduire des innovations techniques comme le béton Ductal pour les cabines de douche.

3) S'agissant des rapports entre concepteurs et entreprises, il apparaît qu'une bonne collaboration – comme cela a été le cas globalement pour le 4 000 – nécessite que le maître d'ouvrage *construise*

et formalise les rôles et apports de chacun. La réalité des professions en France fait que, au sein des entreprises, la capacité d'ingénierie sert souvent la recherche de marges d'économies au détriment du projet. Dès lors, placer ensemble un architecte et une entreprise au sein d'un groupement ne suffit pas pour faire une bonne co-conception. Il faut donner entièrement la parole et la responsabilité au concepteur. Pour cela, nous estimons nécessaire d'identifier un lot conception dont l'architecte est mandataire, où sont rassemblées des compétences d'architecte, de bureaux d'études, et bien sûr de l'entreprise. Les missions doivent être clairement explicitées dans les documents contractuels pour éviter les malentendus, source de conflits internes.

Nous retenons aussi l'enseignement suivant : la place des bureaux d'études devient très problématique au sein des groupements de conception-réalisation. Pourtant, leur présence aux côtés de l'architecte, au sein de l'équipe de conception, nous semble essentielle pour assurer la qualité de la conception.

DIX INTERROGATIONS SUR L'AVENIR DES INGÉNIERIES

PHILIPPE ALLUIN

Regards sur les travaux de recherche

Analyser le processus de production des projets est un exercice difficile : la filière bâtiment est complexe, éclatée et opaque. Trois aspects méritent à mon sens une mise au point préalable.

La question du langage

Le terme projet est dans la langue française source de confusion :
- dans les missions de maîtrise d'œuvre, le projet correspond à une phase très précise de la conception (après l'avant-projet et avant la consultation des entreprises) ;
- pour les architectes, le projet évoque le concept ;
- pour les maîtres d'ouvrage, le projet correspond plutôt à l'ensemble des études.

Ce terme de projet recouvre donc des réalités très différentes. On imagine assez bien les difficultés de compréhension que peuvent poser ces ambiguïtés dans les débats.

Il s'est instauré en France également une grande confusion entre les termes *études* et *conception*. Les études ne constituent pas exclusivement une partie de la mission de maîtrise d'œuvre, puisque les études d'exécution sont le plus souvent, en France, réalisées par les entreprises. Les concepteurs ne sont pas exclusivement des acteurs de la maîtrise d'œuvre : lorsqu'une entreprise met au point un détail d'exécution ou qu'un industriel étudie un composant du bâtiment, ils participent également au processus de conception.

Le terme conception est galvaudé. Il est trop souvent assimilé aux phases qui s'enchaînent depuis l'esquisse jusqu'à l'appel d'offres. Or les phases de travaux sont de toute évidence des lieux de conception : mise au point des plans d'exécution, études de synthèse, intégration de produits d'industrie, intégration de méthodes et savoir-faire d'entreprise.

95

On pourrait éclairer le débat en distinguant d'un côté les prestataires de services, intervenant dans le cadre de prestations intellectuelles, et de l'autre les intervenants liés à la production du bâtiment [1].

En tous cas, on parlera ici d'ingénierie pour recouvrir au sens large toutes les prestations intellectuelles qui concourent, directement ou indirectement, à la fabrication du projet.

L'échantillonnage

La filière est formée d'une multiplicité d'acteurs qui ont des tailles, formes et caractères très contrastés. Le travail statistique n'existe pas, la représentativité non plus. Cette situation crée des erreurs et des malentendus : un cas d'espèce peut être présenté comme une constante ou une vérité universelle alors que ce n'est qu'un épiphénomène.

L'opacité des compétences constitue également une difficulté : on a beaucoup de mal à savoir qui fait quoi, et de quelles compétences parle-t-on exactement en termes d'acteurs.

Enfin, les conditions d'enquête ajoutent à cette complexité : quel est le degré de franchise de l'interviewé et quelle est la capacité du chercheur à rentrer dans le vrai sujet ? Celui qu'on interviewe raconte-il ce qu'il a fait, ce qu'il a envie de faire ou ce qu'il aurait voulu faire ?

Le cadrage de la conception

Les équipes de recherche s'intéressent à une partie des études qui va de l'esquisse au dossier d'appel d'offres. Cette épure ne correspond pas à la conception, qui commence bien avant l'esquisse et se termine à l'achèvement des travaux. Ce rétrécissement crée un grand nombre d'ambiguïtés.

Il faut également ajouter que les réflexions des chercheurs se placent le plus souvent dans un processus *classique* de maîtrise d'ouvrage qui donne un contrat de louage d'ouvrage à une équipe de maîtrise d'œuvre, en vue de faire réaliser cet ouvrage par une entreprise. Il est certainement réducteur d'en rester à ce schéma, qui a certes montré son efficacité économique tout en sauvegardant une certaine qualité, mais qui ne constitue pas le seul processus de production des projets, loin s'en faut : la maîtrise d'ouvrage privée en est souvent très éloignée, et la maîtrise d'ouvrage publique s'ouvre à des pratiques très différentes (partenariat public/privé, conception/réalisation).

Une fois ces préalables établis, et face aux interrogations sur les systèmes organisationnels, je proposerai dix questions destinées à élargir le débat.

Dix interrogations sur l'avenir des ingénieries

L'identification des compétences

Comment identifier les compétences de l'ingénierie, c'est-à-dire comment classer, clarifier, décrire les compétences de chacun des intervenants ?

En France, l'identification des acteurs de l'ingénierie est rendue difficile parce que l'on privilégie la qualification des structures par rapport à celle des personnes, ce qui, compte tenu de l'évolution des

---

1. Voir *Ingénieries de conception et ingénieries de production*, Recherche n° 102, PUCA, 1999.

marchés et donc des pratiques, entretient une confusion des genres. Qui a fait quoi sur chaque projet ? À quel moment est-il intervenu et avec quelles compétences ?

Au-delà des pesanteurs culturelles, qui jouent un grand rôle ici, cette opacité peut s'expliquer par un important déficit de formation, l'ingénierie du bâtiment en France étant un domaine où, pour l'essentiel, _on apprend à marcher en marchant._

Il n'existe pas d'outils de mesure des savoir-faire des personnes à l'intérieur des structures, qu'elles soient agences d'architectes, bureaux d'études, entreprises ou industries du bâtiment. C'est au travers d'un projet, généralement _a posteriori_, qu'il est possible d'évaluer les réelles capacités de tel ou tel acteur. Cela constitue un gros handicap dans la fluidité des savoirs, et par conséquent dans l'organisation des acteurs.

Tous les acteurs _de terrain_ admettent que les savoir-faire tiennent aux hommes et non aux structures auxquelles ils appartiennent. Or si dresser un état des structures de l'ingénierie est assez aisé, en collectionnant les différents annuaires de chacune des corporations, il est bien plus difficile d'imaginer un état des ressources humaines de l'ingénierie. Cela supposerait de pouvoir mesurer les savoir-faire.

La culture anglo-saxonne, qui privilégie la valeur des individus par rapport à celle des structures, pourrait nous éclairer sur ce point : l'analyse précise des missions effectuées, l'organisation d'un système référentiel, la généralisation des curriculum vitæ devraient permettre de cerner les réelles compétences de chacun.

Dans certaines professions, la mesure des capacités personnelles existe déjà (certifications OPQIBI pour les économistes, par exemple). Pour d'autres, un important travail reste à accomplir.

C'est sans doute pour les architectes que ce travail serait le plus difficile : la future licence d'exercice sera-t-elle suffisamment précise sur ce point ? Sans doute faudra-t-il lui adjoindre une mesure de la qualification personnelle des individus, fondée sur des critères précis et des références véritables, continuellement remise à jour. Encore faudrait-il que les architectes acceptent de privilégier l'efficacité de leurs complémentarités sur le réflexe corporatiste qui fait croire encore aujourd'hui à une universalité des compétences.

Ainsi pourrait-on imaginer un _marché de l'ingénierie_ réellement ouvert, grâce à des registres d'informations qui favoriseraient la transparence dans le _qui sait faire quoi_, facilitant la formation d'équipes d'ingénierie de qualité.

La capacité d'anticipation des concepteurs

Dans le domaine de la gestion de projet, et plus particulièrement pendant les phases d'études, la première mesure de compétence d'un acteur est sa capacité à anticiper à chaque phase les paramètres qu'il faudra intégrer à la phase suivante. C'est ainsi que, quelle que soit son intervention dans les études, aussi minime soit-elle, un acteur doit toujours conserver la vision et donc la pratique de la réalisation du projet.

Tout acteur qui se sépare d'une partie de cette vision globale perd très vite son savoir-faire. Depuis une vingtaine d'années, une grande partie de l'ingénierie de conception a perdu peu à peu la maîtrise des techniques de construction, et par conséquent la maîtrise de l'économie du projet.

C'est pourquoi tous les métiers qui se sont construits sur un découpage des missions entre _la conception_ et _l'exécution_ ont conduit à un appauvrissement de la capacité d'anticipation des acteurs, donc à une diminution de leurs compétences. Inversement, tous les acteurs qui ont conservé une maîtrise complète des phases d'études et de travaux ont démontré leur efficacité sur les marchés.

L'alternative au découpage séquentiel et homothétique

Dans le processus *classique* de mode de production du projet en France, les études de maîtrise d'œuvre sont séquentialisées en fonction des échelles de définition : on part de la vision d'ensemble, à une échelle réduite (esquisse), puis on progresse par paliers successifs pour terminer par les études détaillées à des échelles proches de la réalité (études d'exécution). C'est l'échelle de travail qui définit une esquisse, un avant-projet sommaire, un avant-projet définitif et un projet, et des études d'exécution.

Le dessin de l'objet en deux dimensions (plan-coupe-élévation), inventé par l'homme en fonction des outils disponibles et utilisé depuis des siècles, est-il aujourd'hui un instrument de communication, un outil d'analyse ou un simple mode de représentation ?

Finalement, y a-t-il une autre manière de découper la séquentialité des études, pour lesquelles un temps de plusieurs mois, voire de plusieurs années sur les projets importants, est nécessaire, et pour lesquelles les enjeux économiques imposent nécessairement des validations intermédiaires ? Y a-t-il une alternative au processus de conception homothétique, découpé par phase en fonction des échelles de travail ?

Comme à chaque apparition d'un nouvel outil, la numérisation a tout d'abord simplement reproduit ce qui se pratiquait auparavant. Le plus répandu des logiciels de dessin vectoriel est en fait un outil peu performant, employé par une grande majorité des utilisateurs pour reproduire en machine ce qui se faisait autrefois sur la planche à dessin : plan, coupe, façade.

Mais il existe depuis de nombreuses années des logiciels qui permettent une approche radicalement différente, et qui pourraient, à terme, rendre inutile la représentation traditionnelle. Cette évolution est à mon sens une tendance de fond : la fabrication des menuiseries PVC est déjà dans une représentation en trois dimensions, certains ingénieurs béton allemands ne travaillent plus qu'en 3D.

Un vrai sujet de réflexion consiste à s'interroger sur le processus de séquencement des études lorsque le mode de représentation ne permettra plus, à lui seul, de fixer la définition des limites de chaque phase.

À l'heure où l'on s'interroge sur la recomposition des ingénieries de conception et des ingénieries de production, et au-delà des simples enjeux de pouvoir de la gestion de projet, c'est à mon sens dans ces questions fondamentales que se trouveraient les ouvertures vers des pratiques réellement alternatives de production du projet.

La pluridisciplinarité

En à peine plus de vingt ans, la physionomie de la maîtrise d'œuvre a complètement changé de visage, pour passer d'une vision *unitaire* de la maîtrise d'œuvre au travers d'un *architecte*, voire d'un tandem architecte-ingénieur, à la notion d'équipes de maîtrise d'œuvre véritablement pluridisciplinaires.

La multiplication des réglementations, la diversification des techniques, l'augmentation de la complexité des projets et enfin l'abaissement du niveau technique des intervenants de l'ingénierie ont conduit à l'éclatement des métiers que pratiquaient l'architecte et l'ingénieur.

Ainsi la maîtrise d'œuvre peut devoir rassembler aujourd'hui beaucoup d'intervenants, dont le nombre n'est d'ailleurs pas forcément proportionnel à la taille de l'opération.

Cette évolution inéluctable est certainement positive parce qu'elle permet un travail plus précis, mais il est évident que l'apparition de ces nouveaux métiers suppose la nécessité, pour celui qui garde la vision globale du projet, de posséder un minimum de connaissances dans ces différents domaines ; la fonction de direction de projet s'en trouve d'autant plus complexe.

Il est bien évident que rassembler ces compétences et les faire travailler ensemble, tout en gardant une vision synthétique du projet, exige de la part des directeurs de projet (généralement les architectes) un minimum de connaissances sur les savoirs ainsi rassemblés, mais aussi un véritable savoir-faire de management.

Aujourd'hui, en l'absence de formation initiale adaptée, seule la pratique progressive sur le terrain permet, au prix d'investissements personnels importants, d'acquérir ce savoir-faire.

La césure entre les études et les travaux

Dans l'esprit d'un grand nombre d'acteurs de l'ingénierie, la _conception_ d'un projet se résumerait à son dessin, et l'_exécution_ ne serait que la mise en œuvre de ces dessins. Mais en fait, le dessin préfigure la construction, le dessin n'étant ainsi qu'un outil d'étude et de communication : la conception d'un projet, du point de vue d'un constructeur, c'est la préfiguration de ce qui va être construit, le dessin n'étant qu'un outil d'expression intermédiaire.

Pour dessiner correctement le projet, il faut savoir intégrer l'exécution des choses, donc savoir construire. Nombre de _concepteurs_ ayant pensé que leur talent se résumait au dessin ont délaissé les tâches d'exécution au profit du _dessin_, perdant ainsi petit à petit leur savoir-faire de constructeur. Ceux-ci sont aujourd'hui incapables d'assurer la direction de l'exécution des ouvrages qu'ils ont conçus, et incapables de prendre en charge la mission de synthèse, pourtant véritable mission de maîtrise d'œuvre, lieu de partage de compétences, d'échanges entre les acteurs et de mise en forme définitive du projet.

C'est pourquoi tout acteur de l'ingénierie, à quelque stade que ce soit, participe à la conception du projet. Par extension, on pourrait dire que l'architecture du projet, c'est le résultat des interventions successives de chacun des intervenants.

Cessons donc de vouloir scinder _conception_ et _exécution_, ceci n'a pas de sens si l'on souhaite concevoir et réaliser des projets de qualité.

La mutualisation des études

Une autre avancée contemporaine est le système de mutualisation des études : le processus séquentiel, avec son système de validation à cliquet, rend responsable l'ensemble de la maîtrise d'œuvre. Il faut assumer au stade _n_ ce qui a été décidé au stade _n-1_, que cela ait été décidé par un seul des acteurs, de manière consensuelle, décidée par l'ensemble des acteurs ou tout simplement oublié. De ce fait, le mode de travail entre les acteurs de l'ingénierie reste une question centrale : beaucoup d'entre eux sont persuadés que les rôles doivent être répartis suivant des missions strictement définies _a priori_. Mais on constate que c'est avant tout la logique des marchés qui prime, et qui finalement définit le véritable moteur de l'ingénierie : ainsi, on peut expliquer le rôle grandissant des industriels du bâtiment, par exemple.

Il n'est évidemment pas réaliste d'imaginer une organisation de l'ingénierie *universelle* qui serait opérationnelle dans tous les domaines. Bien au contraire, l'organisation même des acteurs est parfaitement contextuelle : elle dépend essentiellement du marché dans lequel elle s'inscrit, du type de projet, de la filière matériau, des produits et systèmes envisagés, etc.

On en déduira facilement que l'ingénierie devrait s'organiser logiquement à partir du contexte du projet, en assemblant des compétences, et non, comme le croient encore beaucoup d'acteurs, à partir des *métiers*, et encore moins des pseudo-qualifications des structures (voir ci-avant).

L'efficacité d'un acteur dans la filière tiendra non pas à la globalisation de son action mais plutôt à la continuité de son intervention dans le processus du projet, de son commencement à son achèvement.

Évidemment, aucun acteur de la filière bâtiment ne serait capable, à lui seul, de prendre en charge la totalité du processus. Et toutes les tentations hégémoniques de quelque acteur que ce soit se sont le plus souvent soldées par des échecs, au moins du point de vue de la qualité architecturale.

Il s'agit donc d'imaginer l'ingénierie comme un véritable partage de compétences, peu importe que ces compétences soient réunies au sein d'une même structure, à l'image des grandes ingénieries anglo-saxonnes, ou par le rassemblement de petites structures, même issues de métiers différents. Les règles de travail entre chacun des acteurs devraient, dans tous les cas, être sérieusement établies.

Il ne semble pas que cette vision de l'ingénierie soit contradictoire avec le principe de découpage des rôles entre maîtrise d'ouvrage, maîtrise d'œuvre, entreprises et industriels, ni avec les pratiques de la maîtrise d'ouvrage privée, ni encore avec les évolutions actuelles de la commande publique en France. Il semble en revanche qu'un important travail reste à accomplir sur l'organisation contractuelle correspondante – interfaces entre missions, conventions de groupement, règles de travail entre les acteurs – ainsi que sur les questions relatives à la capitalisation et à la transmission des savoirs de l'ingénierie.

Et en la matière, il paraît primordial que ce travail soit davantage le fruit d'expériences de terrain que d'un *partage du gâteau* : il faut donner la parole à ceux qui partagent vraiment les études et non à ceux qui partagent les contrats, parce que ces derniers donnent l'illusion de la pluridisciplinarité, mais en fait n'ont que peu d'expérience d'échanges entre les acteurs, ce qui fabrique la médiocrité du résultat.

La numérisation et le facteur temps

Le mode de gestion du projet est indissociable du facteur *temps*.

Or l'accélération de la vitesse de communication rendue possible par la mise en place de standards d'échanges et de réseaux universels constitue un des apports fondamentaux de la numérisation. Mais travailler plus vite permet-il de travailler mieux ?

Au fond, pourquoi cherche-t-on à travailler plus vite ? Comment la filière bâtiment gère-t-elle cette vitesse de communication, comment gère-t-elle l'accélération des échanges et des décisions dans la gestion de projet ? L'ingénierie doit-elle gérer cette accélération comme un entrepreneur, c'est-à-dire travailler plus vite pour gagner plus d'argent ou arrivera-t-elle à l'utiliser au profit de la qualité ? Le temps gagné par cette accélération de communication, de visualisation et de compréhension permettra-t-il d'augmenter la qualité du résultat ? Il semble que ce soit une des questions fondamentales posées par l'outil informatique aujourd'hui.

Prestations intellectuelles et fabrication du produit

Il serait incomplet d'aborder la question de l'ingénierie sans mentionner l'interaction entre maîtrise d'œuvre et mode de dévolution des travaux.

Rappelons qu'en France, la plupart des marchés de travaux sont des marchés *d'études et de travaux*, puisqu'ils incluent les études d'exécution. L'essentiel de ces marchés est constitué de marchés à forfait, ce qui crée, le plus souvent, une situation *a priori* conflictuelle entre la maîtrise d'œuvre et l'entreprise, même si ce conflit peut, d'une certaine manière, concourir à la qualité du résultat. [2]

Cette situation n'est pas neutre, loin s'en faut, sur l'organisation des ingénieries. Curieusement, il existe peu de réflexions sur les rapports entre la structure d'une ingénierie et les enjeux financiers liés au marché à forfait. Or les aspects contractuels, juridiques et financiers, des marchés d'études et des marchés de travaux sont fondamentaux dans l'organisation spontanée des ingénieries.

Le moteur du besoin est rarement un point commun entre les acteurs. Pour la maîtrise d'œuvre par exemple, le marché à forfait constitue généralement un frein à l'innovation, alors que c'est précisément le marché à forfait qui est souvent le déclencheur de l'innovation dans l'entreprise.

On pourrait aussi utilement se demander pour quelles raisons le niveau d'ingénierie est-il plus élevé dans les filières sèches que dans la filière béton franco-française ? Notons à ce sujet que lorsque l'objet prend la forme du moule, sa conception mobilise moins de compétences.

On peut également rechercher dans quelles conditions de production, voire dans quels contextes culturels y a-t-il prédominance de l'ingénierie d'industrie, c'est-à-dire de l'ingénierie de produit ?

De fait, il existe de réelles interactions entre le processus de production du bâtiment et l'organisation des ingénieries, l'ensemble étant fortement marqué par la dimension contextuelle du lieu : son histoire, sa culture technique, ses équilibres économiques.

Culture de la pensée, culture du produit

En privilégiant la protection des droits d'auteur, notre vieille société française renforce le poids de la pensée et le rôle du créateur. Mais l'évolution mondiale, qui favorise la multiplication de brevets au sens de la propriété industrielle, protège à l'inverse l'originalité du produit. Ne s'agit-il pas d'une évolution fondamentale de société, migrant progressivement de la culture de la pensée vers la culture du produit ?

Cette question recentre le débat sur la place du maître d'œuvre dans le processus global de construction : le schéma *classique* qui place le maître d'œuvre en tant que fédérateur de la pensée du projet, représenterait-il en fait un modèle social, dans lequel on protégerait la culture de la pensée par opposition à la culture du produit ?

De ce point de vue, l'interrogation sur les processus de gestion du projet renvoie à une question de société.

De quelle qualité parle-t-on ?

Les outils de gestion de projet visent évidemment l'aspect organisationnel, mais ils sont aussi indissociables de l'aspect conceptuel du projet.

2. Voir *Économie du projet et qualité architecturale*, Ph. Alluin, École d'architecture de Paris-Val-de-Seine.

Y a-t-il un rapport entre la gestion projet et la gestion de la qualité, et de quelle manière peut-on passer de l'un à l'autre ? Quand on parle de gestion de la qualité du projet au sens de la norme, vise-t-on le contrôle de l'efficacité, la rationalisation, la gestion des ressources humaines, ou recherche-t-on la qualité du résultat au sens de la qualité architecturale ?

Au-delà de toutes ces questions, on s'interroge encore sur le moteur du besoin : si le moteur de la filière, c'est effectivement gagner du temps et gagner de l'argent, les réponses ne seront pas les mêmes que si l'objectif est de construire un bâtiment de qualité et une architecture de qualité.

Mais quel que soit le système d'organisation, quel que soit le rôle des uns et des autres, ce qui sera fabriqué et construit, c'est bien l'architecture. C'est ce que nous, les architectes, nous appelons l'architecture de la ville du bâtiment, de tout ce qui est construit : tous les acteurs de la filière construction sont des acteurs de l'architecture parce que l'architecture, c'est ce que l'on fabrique ensemble, et c'est ce qui reste à la fin.

ARCORA : LA CO-CONCEPTION COMME PRATIQUE

OLIVIER CHADOUIN

La restitution de cet entretien de Dominique Queffelec réalisé par Olivier Chadoin est postérieure à une recherche menée sur le bureau d'études ARCORA [1] dans le cadre du programme *Pratiques de projet et ingénierie* initié par le PUCA.

Il manifeste de la pratique revendiquée d'une structure d'ingénierie spécialisée dans la conception de structures et enveloppes : la co-conception.

Pourquoi un entretien plutôt qu'un article pour aborder la question de la co-conception ? Plusieurs raisons ici se sont imposées : tout d'abord, la volonté de saisir la co-conception comme une pratique ; ensuite, la personnalité de Mme Queffelec, présidente actuelle de ARCORA, qui spontanément met en avant une relation réflexive quant à sa pratique. Enfin, du fait de son exemplarité, le cas valait mieux qu'une modélisation. Comme l'exprime Georges Canguilhem, *le singulier acquiert une valeur scientifique quand il cesse d'être tenu pour une variété spectaculaire et qu'il accède au statut de variation exemplaire* [2].

La forme de l'entretien permet de saisir la mise en place de savoirs d'interaction entre acteurs de la conception dans un bureau d'études œuvrant spécialement dans la filière métallo-textile et en conception d'enveloppe et de façade.

Les questions posées ici sont : comment une structure, dans une filière spécifique, développe-t-elle des relations particulières entre conception architecturale et conception constructive et comment des savoirs émergents de cette relation sont-ils capitalisés ?

---

1. Olivier Chadoin, *Une logique de marque et un capital technico-relationnel*, in S. Ben Mahmoud-Jouini (Dir.), *Co-conception et savoirs d'interaction*, Éd. PUCA, 2003, p. 117-133.
2. Voir *Du singulier et de la généralité en épistémologie biologique, Étude d'histoire et de philosophie des sciences*, Vrin, 1970.

Le propos qui suit montre que la conception repose d'abord sur des capacités relationnelles, sur un mode d'organisation du travail dans le déroulement des projets, et le développement d'outils spécifiques d'interaction et d'articulation des compétences.

L'expérience restituée met en lumière que les savoirs d'interaction, ceux qui permettent d'articuler conception technique et conception architecturale, se mobilisent essentiellement sous la forme d'un capital relationnel : *savoir-faire*, *savoir être* et *carnet d'adresses* pour le dire vite. De ce point de vue, le cas est une bonne illustration de l'aspect nécessairement *encastré* de l'économie du bâtiment [3] où la notion de confiance s'impose comme principe d'analyse [4]. Cette spécificité pose en corollaire la question de la capitalisation des expériences qui paraît se réaliser essentiellement au niveau des individus. Autrement dit, la construction de la compétence se fait par petites avancées d'essais – erreurs, essentiellement sur le mode incrémental. De fait, la co-conception présente un caractère de fragilité eu égard aux questions de renouvellement et de transmission des connaissances. De plus, si la conception technique en structure et enveloppe semble correspondre à un besoin plus particulièrement français, elle ne bénéficie pas encore de la reconnaissance qui lui est faite dans d'autres contextes nationaux.

Olivier Chadoin : *Qui est ARCORA ? Comment se développe un bureau d'études spécialisé sur des questions de façade, d'enveloppe et de métallo-textile ?*

Dominique Queffelec : La création du bureau d'études ARCORA remonte à 24 ans. Elle est intimement liée au développement de la filière métallo-textile elle-même. Le travail de Corentin Queffelec, qui est à l'origine de ce bureau d'études, a fait beaucoup pour le développement de ce secteur et a fait figure d'embrayage pour cette filière. Il était à l'origine dirigeant d'une entreprise de *manutention levage* et charpente métallique. Il a travaillé dès 1968 sur la toute première structure textile installée en France pour l'hôtel Palm Beach à Cannes. Son nom reste associé à celui des architectes qui ont innové en misant sur l'usage du textile tôt en France, tels que Freï Otto et Roger Taillibert. L'architecte Roger Taillibert et Corentin Queffelec ont en effet misé très tôt sur le développement de cette filière métallo-textile en montant un bureau d'études associé à une agence d'architecture (T 3A). Cette structure a eu pour premiers projets la piscine Carnot et la couverture du stade de Montréal.

Le bureau d'études s'est ensuite développé en affinant ses connaissances et en les élargissant. Parti au départ d'une réflexion et d'un engagement sur les structures métallo-textiles, il lui a fallu commencer par le métal, puis évoluer du métal à la charpente, et de la structure vers l'enveloppe. Progressivement, ARCORA s'est aussi adapté à tous les procédés de façade. Aujourd'hui, c'est donc un bureau d'études d'ingénierie spécialisé dans les ouvrages complexes et les questions d'enveloppe et de structure. Des questions qui engagent un travail de conception spécifique au stade de la conception, avec les architectes : il ne s'agit pas de dire : *moi je suis spécialiste façade et je m'arrête là !* Il faut une appréhension globale du projet.

ARCORA est un bureau d'études leader dans la filière du métallo-textile et les ouvrages complexes. Un bureau d'études spécialisé de taille moyenne par son effectif, qui n'en reste pas moins la référence de marque dans son secteur. Sa marque de fabrique est constituée par trois atouts essentiels : la maîtrise attestée par une histoire de procédés innovants tels que la membrane textile et les façades

---

3. Sur ce point, voir l'article de E. Brousseau et A. Rallet, *Efficacité et inefficacité de l'organisation du bâtiment – une interprétation en termes de trajectoire organisationnelle*, Revue d'économie industrielle, n° 74, 4e trimestre 1995.

4. Voir sur ce point, entre autres, les travaux développés par le réseau RAMAU (www.ramau.archi.fr) sur le thème, *confiance et dispositifs de confiance*, Interprofessionnalité et action collective dans les métiers de la conception, Cahiers RAMAU 2, Éd. de la Villette, 2000, p. 95-133.

verrières ; la connaissance du milieu des entreprises de la filière permettant la mise en place de partenariats éprouvés ; l'intégration du langage de la conception architecturale dans le travail d'ingénierie. En réalité, tout se passe comme si le bureau d'études fonctionnait sur une logique de marque [5].

| 1998 : 1,18 | 2000 : 1,22 | 2002 : 1,48 |
| 1999 : 1,07 | 2001 : 1,68 | 2003 : 1,55 |

Tab. 1 • *Chiffre d'affaire (hors taxes) d'ARCORA entre 1993 et 1998 (millions d'euros).*

Cette logique de marque et de spécialiste conduit le bureau à une intervention relativement large notamment en direction de l'exécution : *Nous ne sous-traitons rien. Les savoir-faire sont très larges dans notre champ d'action puisque nous faisons de la construction maîtrise d'œuvre, de l'exécution pour les entreprises et nous sommes consultés par les maîtres d'ouvrage sur des problèmes techniques. Nous sommes obligés d'avoir toutes nos compétences en interne. Donc on fait aussi bien de l'exécution que de la conception* commente Dominique Queffelec. En 1997, les études d'exécution représentaient un peu plus de 10 % (tous secteurs confondus : métallo-textile et autres) ; ce chiffre est en hausse depuis 1998. Cette position sur le marché des ouvrages spéciaux est confirmée par la liste des qualifications OPQIBI du bureau d'études.

Qualifications OPQIBI de ARCORA en 2004

1201 : fondations complexes ;
1205 : études de structures complexes ;
1204 : études de structures métalliques courantes ;
1213 : études de murs rideaux et éléments verriers incorporés.

Du point de vue des moyens humains, on note la présence de deux ingénieurs architectes. La répartition des tâches dans l'organisation se fait par chef de projet. Ces derniers prennent en charge les affaires et les équipes sont organisées en coordination avec les autres chefs de projet. Cette organisation conduit les ingénieurs-calcul à travailler sur plusieurs affaires en même temps. Un document d'organisation et un planning de travail par personne formalisent ce cadre. Comme l'exprime Dominique Queffelec, *il y a une grande souplesse dans tout cela puisque ces affaires n'en sont pas toutes au même stade d'avancement.* Quant à la circulation des informations par projet, elle est permanente et se concrétise lors de la réunion hebdomadaire consacrée à l'organisation, le planning des affaires, la qualité et l'échange (questions/réponses, restitution d'expérience, problèmes rencontrés, information sur les nouvelles technologies et logiciels, etc.).

---

5. On pense ici, du point de vue de la perception du produit, au modèle domestique décrit par François Eymard Duvernay et du point de vue de l'organisation, au modèle marshallien décrit par Robert Salais et Michael Storper.

Pour mémoire, voici les moyens humains de ARCORA en 1999

3 ingénieurs chefs de projet ;

1 architecte-ingénieur chef de projet ;

1 ingénieur, chef de projet, responsable informatique ;

2 ingénieurs assistants chef de projet ;

2 ingénieurs-calcul ;

6 projeteurs ;

1 responsable administratif ;

2 secrétaires.

Enfin, au niveau matériel, la position forte de ARCORA dans le domaine des structures textiles est liée à la maîtrise d'un logiciel spécifique aux calculs de membrane. Développé par ARCORA dès 1976-77, il a permis au bureau d'études d'augmenter le nombre de ses études de structures jusqu'en 1989, depuis celui-ci a évolué.

À compter de 1990, ARCORA a développé son logiciel en s'associant avec une société parisienne d'informatique (ESI). Aujourd'hui, ce logiciel expert place ARCORA en position de leader du secteur textile en Europe. Cette position lui permet de travailler depuis la recherche de forme jusqu'à la découpe et, surtout, de maîtriser les études d'exécution. Notons cependant que cet investissement fort conduit aujourd'hui ARCORA à envisager de vendre ce logiciel et à prévoir la formation des personnes pour l'usage de celui-ci. *Cela pose un problème parce qu'à partir du moment où on vend le logiciel, il faut vendre aussi des stages de formation. Et même si notre partenaire est capable de monter quelques stages sur la théorie de fonctionnement du logiciel, il ne connaît pas la structure métallo-textile ; c'est un développeur informatique*, explique Dominique Queffelec.

Pour une présentation de la structure, avec notamment des références de projet et des éléments bibliographiques, on pourra se reporter au site www.arcora.com.

Dès l'origine, il y a donc une proximité et une compréhension de la conception architecturale dans l'ingénierie ?

Dès sa création, ARCORA est engagé dans la conception architecturale. Le développement d'une filière métallo-textile est en effet fortement associé à tout un courant d'innovations architecturales apparu à partir des années 1970 auquel les noms de Freï Otto et Roger Taillibert, entre autres, restent associés. Le métallo-textile est en fait un matériau nouveau qui, au-delà de ses caractéristiques techniques, offre une possibilité et une opportunité de renouvellement de la forme architecturale. D'ailleurs, sa durabilité (la durée de vie d'une toile tendue est estimée à 30 ans) et son esthétique translucide sont aujourd'hui mises en avant par les revues professionnelles.

Cela a deux conséquences liées pour ARCORA : la nécessité d'un travail conjoint avec les architectes très tôt dans la conception du projet d'une part, et la mise en place d'une capacité à *concevoir avec* les architectes d'autre part. Les architectes qui ont la volonté de travailler avec nous sur l'image de leur bâtiment s'adressent relativement tôt au bureau d'études, généralement sur la base d'une esquisse. Il s'ensuit une discussion sur la possibilité technique de s'approcher de la forme voulue. Cette étape est d'autant plus importante que pour nous, le travail avec l'architecte est une manière de ne pas dissocier la mise au point technique et l'esthétique souhaitée par lui.

Peut-on parler à ce niveau, avec cette volonté de travailler sur le projet architectural, de travail de conception ? Doit-on départager travail de conception architecturale et mise au point technique ?

Cette tradition est relativement ancienne puisque Jean Prouvé disait déjà : _Tout objet à créer impose à la base une idée constructive rigoureusement réalisable._ C'est dans cette tradition qu'ARCORA s'inscrit. Il s'agit de ne pas séparer les différentes facettes du projet (techniques, fonctionnelles, esthétiques, économiques), mais de les aborder ensemble en les hiérarchisant dès la conception. On ne se situe donc pas dans une logique de type problème architectural = réponse technique. Lorsqu'on travaille en co-conception, on est dans une approche et une compréhension globale, holistique, du projet. Cela signifie que dès le stade de l'esquisse, un projet doit être assuré d'une conception pertinente.

En général, la structure est à l'étape de l'esquisse relativement bien définie. Évidemment, nous n'avons pas tous les détails mais nous sommes déjà très proches du réel. Ce travail est par ailleurs facilité par la présence de deux chefs de projet dans l'équipe ayant un profil d'architecte ingénieur. Ces derniers mettent en place les conditions d'un dialogue entre un architecte davantage centré sur l'image projet et un concepteur technique. Ceci est d'ailleurs assez révélateur d'une situation française dans laquelle les architectes sont moins sur les données techniques que sur l'image de leur bâtiment, comparativement à ce qui se passe dans d'autres pays européens où les formations sont plus imbriquées.

Vous avez évoqué un travail avec l'architecte très en amont, cela implique-t-il des manières de se comprendre et de travailler ensemble spécifiques ?

Cette spécificité des ouvrages complexes en général a amené ARCORA à intégrer dans l'équipe, dès l'origine, des compétences d'ingénieurs possédant une formation d'architecte, susceptible d'entrer en harmonie au moins au plan du langage avec ses clients architectes. En effet, il faut parvenir à passer du langage de l'architecte au langage technique et vice versa. Le travail se fait donc le plus souvent sur le mode de la _co-conception_ avec l'architecte. Ce mode de travail amène parfois le bureau d'études à innover ou à rechercher de nouvelles solutions techniques pour parvenir aux objectifs visés. Souvent, l'innovation technique se fait par le défi que pose la forme. Cela est particulièrement sensible aujourd'hui avec, par exemple, les architectures de Bernard Tschumi, Franck Ghery ou COOP Himmelblau... Même lorsque l'image est plus classique (par exemple Tadao Ando), l'exigence de simplicité est telle qu'elle nécessite un très fort dialogue pour établir les concepts techniques.

Pour autant, ARCORA demeure une structure d'ingénierie et ne songe en aucune manière à devenir une agence architectes-ingénieurs intégrée, cela d'autant que sa spécificité et sa réputation tiennent à ce partage et à cette relation compréhensive au travail des architectes extérieurs à la structure.

Avec cette méthode, on sort donc d'une logique de division du travail entre architecte et ingénieur, l'un attendant des réponses de l'autre sans véritable collaboration, pour entrer dans une logique où le problème est d'organiser la collaboration et de gérer la relation au niveau de la conception ?

Tout à fait. Cela suppose une manière de travailler mais aussi des qualités propres aux personnes pour concevoir ensemble. En fait, lorsqu'on travaille en co-conception avec un architecte, il s'agit de mobiliser chez les ingénieurs une capacité à concevoir qui se distingue de la capacité à développer. Évidemment, il n'est pas question de se substituer à l'architecte. Notre métier reste la conception technique et nos clients sont d'abord des architectes. Il faut alors pouvoir s'imprégner de ce que souhaite le client architecte, comprendre [6] son projet qui est plus ou moins défini par des mots ou des dessins, pour le traduire de manière technique. Il ne s'agit pas pour autant toujours d'innovation mais plus souvent d'invention, au sens où l'on compose avec ce que nous connaissons et maîtrisons déjà comme connaissance. Simplement, il s'agit de partir de là pour inventer quelque chose qui corresponde à la demande de l'architecte qui nous interpelle.

---

6. Rappelons ici que le terme _comprendre_ signifie littéralement _prendre avec soi._

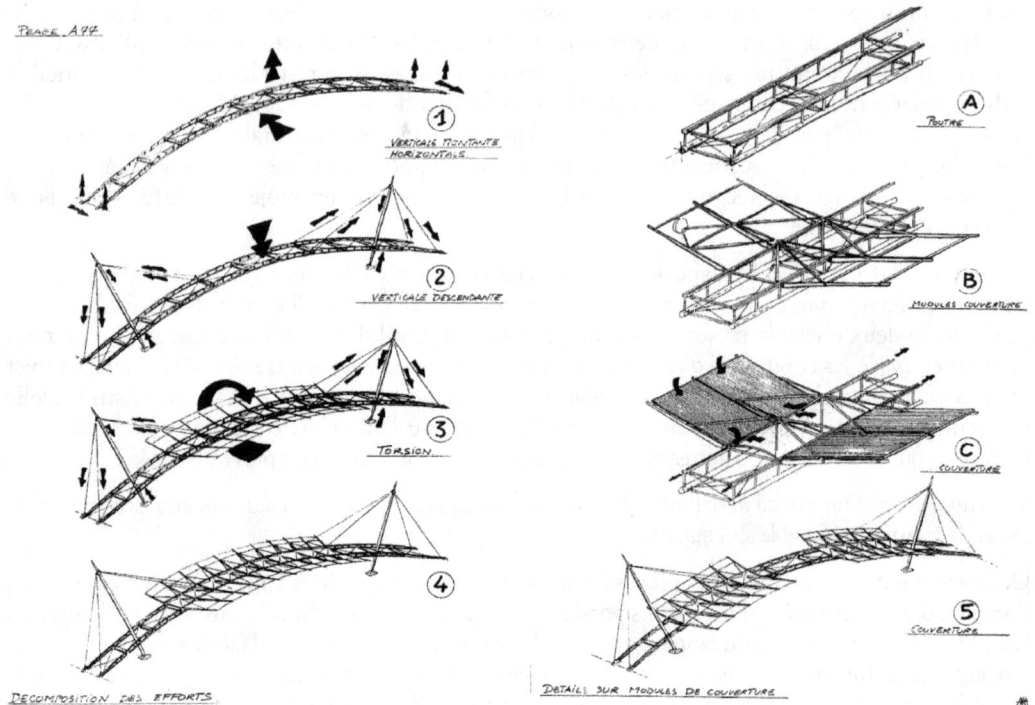

Fig. 1 • *Croquis de travail en co-conception. Péage de l'A77 (dessin Antoine Maufay-ARCORA).*

Il est donc vrai que l'on remonte d'un cran dans l'organisation habituelle du processus car nous sommes présents aux côtés des architectes très tôt. Lorsque les architectes viennent nous voir, ils n'ont généralement qu'une image ou une volonté conceptuelle. Nous travaillons alors avec eux à la manière d'aller au mieux vers cette image recherchée en termes de structure et d'enveloppe.

Cette méthode n'est cependant pas à sens unique ; elle est fondée sur une réciprocité. Si elle demande une posture particulière de la part des ingénieurs, il en est de même du côté des architectes. Cet échange est essentiellement fondé sur l'écoute active et le respect mutuel.

Cette spécialisation et ce travail proche de l'architecte vous placent en fait dans une situation particulière pour une équipe d'ingénieurs, vous vous trouvez davantage collaborateurs de la conception qu'ingénieurs autonomes en situation de prestation de service intellectuel ?

C'est effectivement le cas, et c'est particulièrement vrai pour ce travail sur la structure et l'enveloppe qui est le nôtre puisque là, on touche très directement à la forme du bâtiment. La collaboration peut alors débuter dès la phase concours ou juste après, au stade de l'avant-projet sommaire. On est alors dans la préconception. Lorsqu'on intervient sur la structure et sur l'enveloppe d'un bâtiment, il faut dès le départ prendre en compte le contexte qui entoure ces ouvrages et les interfaces qui en résultent. La complexité et la technicité croissante des enveloppes font qu'il n'est parfois pas possible de dissocier structure, façade et couverture. Les interfaces sont si importantes que l'ensemble doit être conçu dans le même temps.

De plus, nous apportons aussi, en situation de co-conception, une forme d'anticipation sur la réalisation et la vie du bâtiment :

- Un savoir de conception adapté à la mise en œuvre qui garantit la qualité du bâtiment et sa fidélité au vouloir de l'architecte.
- Une garantie de pérennité au niveau des matériaux notamment.
- Une prise en compte de la réglementation et de ses évolutions comme une connaissance du travail des contrôleurs techniques. Dans ce cas, la considération et la connaissance des éléments de l'exécution remontent jusqu'à la phase de co-conception.

Fig. 2 • _Nouvelle aérogare de Bâle Mulhouse, architectes : 3Farchitecture-Denis Dietschy, (source : ARCORA ingénierie structure métallique et enveloppe, 2003)._

La structure et l'enveloppe étant déterminantes dans l'image du bâtiment, nous sommes très proches de l'architecte. Notre champ d'action s'étend au-delà de la prestation d'ingénierie classique. Curieusement, ce métier est fréquemment exercé dans les pays où l'architecte a un profil plus technique, comme en Angleterre. En France, nous avons encore du mal à faire reconnaître une ingénierie enveloppe indépendante. Alors même que la forme des bâtiments contemporains appelle de plus en plus de co-conception. Cette question de la reconnaissance de la co-conception est d'autant plus importante que le travail en co-conception engage des rencontres et des réunions qui font que celui-ci a un coût. Néanmoins, il est très difficile à appréhender puisque l'enveloppe est traditionnellement du domaine de l'architecte et qu'on ne sait pas faire précisément la part des choses entre conception technique et co-conception. On retrouve là sans doute une expression de la division mentale commune entre technique et esthétique.

Le travail en situation de co-conception suppose donc des moments de travail en commun avec l'architecte et une capacité à traduire du langage architectural vers le langage technique. Pourtant, les ingénieurs ne semblent pas particulièrement formés à cela.

Cette compréhension commune passe en fait aussi par une politique de gestion du personnel au sein d'ARCORA. Nous avons des ingénieurs et des chefs de projet qui, en raison de leur expérience, maîtrisent la conception et l'intelligence constructive : ils sont capables très rapidement de traduire en éléments techniques une volonté de projet ou un style exprimé par un architecte. Nous avons également la volonté de faire perdurer et de transmettre cette expérience en investissant sur la formation du personnel. Travailler de cette façon réclame en effet un investissement de formation de 4 à 5 ans en interne pour un ingénieur. Aussi, ARCORA se doit de développer à l'égard de ses personnels un esprit et une ambiance de travail qui fait finalement que le savoir-faire développé reste attaché à notre entreprise.

Le savoir-faire dont on parle constitue donc un capital pour ARCORA qui est centré sur les hommes. Mais y a-t-il d'autres formes de capitalisation de vos méthodes ?

Nous ne sommes pas, compte tenu de la taille de notre structure, dans une logique de capitalisation sur le modèle industriel. Néanmoins, même si elle n'est pas formalisée, celle-ci se réalise par l'intermédiaire de lieux et d'actions spécifiques. Aujourd'hui, la capitalisation des acquis prend en fait trois grandes directions : matérielle, humaine, relationnelle.

La première direction est matérielle avec l'existence du logiciel de calcul des membranes textile utilisé par ARCORA pour son activité dans le métallo-textile, qui représente 10 à 15 % de son activité. Il permet la recherche de forme, le calcul des éléments de membrane, le calcul de structure, et constitue un outil essentiel dans la relation aux entreprises dans la mesure où il permet de calculer également les géométries de découpe des laizes de tissus. Qui plus est, le développement de ce logiciel s'inscrit dans une optique de développement de la filière comme de promotion.

Deuxièmement, une capitalisation des procédés et des expériences de projet existe, même si elle est faiblement formalisée. Un système de réunions hebdomadaires d'équipe permet la circulation de l'information sur l'ensemble des projets puis la synthèse des bilans par opération. Les enseignements sont alors partagés par l'ensemble des ingénieurs de l'équipe. Il y a donc forcément un partage des expériences et des erreurs comme des corrections possibles qui permettent de se constituer un stock de solutions partagées : en quelque sorte une *culture maison.*

Enfin, comme on l'a évoqué, la capitalisation des connaissances et des expériences passe par la gestion des ressources humaines. Dans la mesure où la capitalisation se fait essentiellement par la constitution d'un stock de solutions partagées et le développement d'un système d'attitude dans les relations, le capital humain devient un vecteur essentiel de la compétence mise en œuvre par le bureau d'études. Nous essayons donc de maintenir une stabilité forte des personnes dans la structure.

Du point de vue du processus, le principe général que l'on trouve régulièrement est celui de la prévisibilité et de la gestion des relations : il s'agit *d'assurer* au maximum en amont la faisabilité des ouvrages et de développer une politique affichée de gestion relationnelle. C'est toute une stratégie comportementale choisie que l'on a décidée d'adopter. Nous sommes partisans du zéro conflit. Et puis, très tôt, les échanges sont primordiaux, pour tout ce qui est innovant.

Vous évoquez la nécessité de bonnes relations et de partage de langage entre architecte et ingénieur, y a-t-il un terrain, des méthodes ou des outils favorables à cela ?

Il y a en effet un outil principal, c'est le dessin. S'il existe un terrain et un langage commun à l'architecte et à l'ingénieur, c'est bien celui-là. Nous avons la chance d'avoir dans notre structure des ingénieurs qui ont cette capacité à concrétiser très vite en dessin ce qui se dit dans les relations. Du coup, au centre des relations se trouve un échange *médié* par cet outil qu'est le dessin très rapidement. L'histoire des relations et des échanges pour un projet se lit d'ailleurs dans ces dessins qui, à chaque rencontre ou réunion, cristallisent un accord entre conception architecturale et conception technique. La transcription graphique est donc un outil essentiel dans la co-conception.

Par ailleurs, il y a une question d'organisation. Le plus souvent, le rythme de travail et la manière de s'inscrire dans le processus ne sont pas les mêmes chez les ingénieurs que chez les architectes. Aussi, chez ARCORA, nous avons progressivement adapté notre organisation au travail par projet tel que le pratiquent les architectes. Nous sommes structurés comme une ingénierie mais fonctionnons au plus près des agences d'architecture. Nous sommes en effet obligés de fournir à l'architecte les éléments en amont de son propre travail et en fonction de ses besoins et de son rythme d'élaboration du projet, ce qui réclame une relative souplesse.

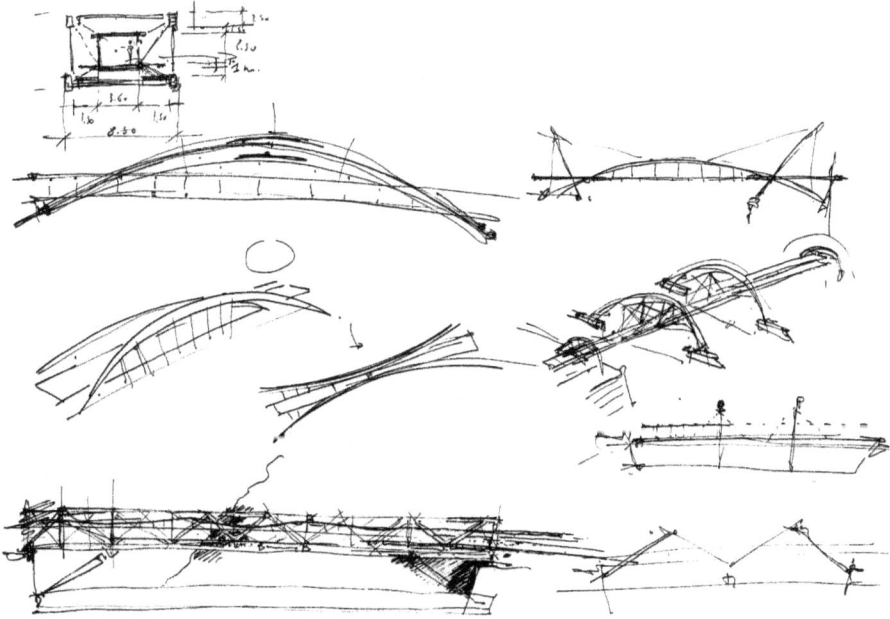

Fig. 3 • *Croquis d'échange en co-conception autour d'un projet de passerelle (dessin A. Maufay-ARCORA).*

Peut-on dire alors que la co-conception tient moins à des compétences techniques qu'à des compétences de type social, c'est-à-dire la compréhension de l'autre et la capacité à entretenir de bonnes relations ?

Les principes premiers sont la confiance dans les relations et le respect des compétences : il faut savoir écouter ce que dit l'autre. Bien sûr, l'expérience et la réputation sont des éléments déterminants pour fonder la confiance mais les bonnes relations entre les professionnels restent déterminantes. Au niveau d'ARCORA, nous sommes régulièrement présents auprès des architectes. Travaillant souvent sur des parties d'ouvrages, nous sommes amenés à rencontrer de nombreux architectes chaque semaine, donc de nouvelles sensibilités architecturales qui enrichissent notre travail. De plus, nous travaillons régulièrement avec certains architectes qui apprécient notre travail. Alors, le travail de co-conception peut s'effectuer pour partie sur le mode implicite. Un des autres aspects essentiels dans l'aménagement de la confiance est l'éthique et l'indépendance, notamment à l'égard des entreprises.

C'est finalement assez curieux mais il est vrai que ce travail se fait d'abord entre êtres humains : on se voit, on se parle, on dessine ensemble, on tente de communiquer d'un cerveau vers l'autre… on n'est assez loin d'un domaine formalisé ou informatisé. On peut donc considérer effectivement de ce point de vue, qu'en situation de co-conception, les enjeux sont tout autant de nature sociale, relationnelle, que technique.

PRATIQUES D'ÉTABLISSEMENT DES PLANS DE SYNTHÈSE

CLAUDE MAISONNIER

Pour comprendre les stratégies de coordination géométrique des plans d'exécution des entreprises en *cellule de synthèse*, Sihem Jouini et son équipe ont analysé deux cas concrets diamétralement opposés :

– le palais de justice de Grenoble pour lequel les plans de synthèse ont été établis, comme il est d'usage, pendant le chantier ;
– le hall d'expositions commerciales de Villepinte où un prestataire spécialisé, installé dans les bureaux du maître d'œuvre, a produit les plans de synthèse pendant la conception, donc avant l'appel d'offres.

À travers cet éclairage, posons d'abord la question du *comment faire* un plan de synthèse qui est déjà révélateur de stratégies, puis de *qui le fait et à quel moment* d'une opération en considérant l'influence des caractéristiques du projet sur les choix possibles pour monter contractuellement la cellule de synthèse.

Rappelons d'abord que la cellule de synthèse est le lieu où les entreprises coordonnent entre elles leurs plans d'exécution pour que les réseaux soient distribués convenablement dans l'espace, pour définir les réservations et percements de structure pour les passages de réseaux, pour *calepiner* les terminaux techniques sur les plans de second œuvre, enfin pour coordonner les interfaces entre lots. Pour les opérations de bâtiment présentant une certaine complexité technique, la production de ces études est généralement prise en charge par un intervenant, le directeur de synthèse, lequel mobilise du personnel propre et les participations des entreprises du chantier. Le maître d'œuvre collabore aux travaux de la cellule de synthèse pour arbitrer les problèmes cruciaux, compléter le cas échéant la conception et viser les plans de synthèse.

Ainsi, la cellule de synthèse peut-elle être une réunion de moyens des diverses entreprises titulaires de marchés séparés sous la direction de l'une d'entre elles, une entité intégrée à l'entreprise générale ou un prestataire missionné directement par le maître d'ouvrage ou encore le maître d'œuvre lui-même avec une extension de son contrat. Le moment de la synthèse est classiquement celui du chantier, mais il n'est pas à exclure que la maîtrise d'œuvre réalise une mission d'exécution totale ou partielle comprenant les plans de synthèse et que de telles prestations soient réalisées avant l'appel d'offre, solution rarissime en France. Ces différentes solutions ont cours tant pour les marchés publics que pour les marchés privés. La question est de savoir quelle organisation choisir suivant la nature du projet et son mode de déroulement opérationnel. De telles décisions revêtent un caractère stratégique et l'erreur de jugement peut s'avérer coûteuse pour l'ensemble des intervenants.

Méthodes d'établissement des plans de synthèse

Un plan de synthèse montre tous les ouvrages coordonnés entre eux dans leurs dimensions et leurs positions exactes. Pour des bâtiments complexes et fortement équipés, ces dessins sont difficiles à lire et le projeteur bute toujours sur le choix des modes de représentation graphique :

– Comment rendre lisible une accumulation de dessins d'objets techniques et architecturaux ?
– Selon quelle méthode pratique mettre en ordre les dessins des ouvrages et quelle est la valeur ajoutée propre du personnel de la cellule de synthèse ?
– Comment vont contribuer simultanément dans cette phase de conception tertiaire (dessin d'exécution) le maître d'œuvre, les entreprises et le personnel de la cellule de synthèse et quel est l'apport de l'informatique graphique ?

Méthodes graphiques manuelles

La synthèse était autrefois l'affaire des projeteurs d'exécution des entreprises, délégués dans le lieu informel dit *cellule de synthèse*, dans un baraquement de chantier. Le calque *tournait* de main en main dans l'ordre convenable des disciplines, chacun y ajoutait son dessin en tenant compte de ce qui était déjà dessiné.

Lorsque la complexité du projet l'impose, la cellule est structurée autour des projeteurs spécialisés en synthèse qui dessinent les ouvrages de toutes disciplines (plan, coupe et élévations des réseaux, des réservations et des terminaux). Le dessin n° 1 figure une représentation manuscrite et parfaitement lisible avec laquelle les différents projeteurs d'entreprises peuvent finaliser ensuite leurs plans d'exécution sans besoin d'autres instructions. Ce plan permet, en outre, de travailler sur le chantier pour le visa des plans d'exécution et pour contrôler la mise en œuvre ou pour étudier des modifications de projet. Le seul inconvénient de la méthode est de devoir redessiner tous les réseaux qui avaient déjà été une première fois représentés par les entreprises dans leurs *plans avant synthèse*.

De là provient l'idée d'utiliser des calques superposés pour en faire des tirages à plat et limiter ainsi la charge de dessin. Le projeteur pouvait ainsi rapidement travailler sur une compilation pour résoudre les éventuelles incompatibilités géométriques (voir dessin 2).

Cette méthode dite *overlay* s'avérait décevante par la qualité reprographique des documents (voir dessin 3) et par les risques d'imperfection de la coordination dus au travail simultané sur plusieurs calques.

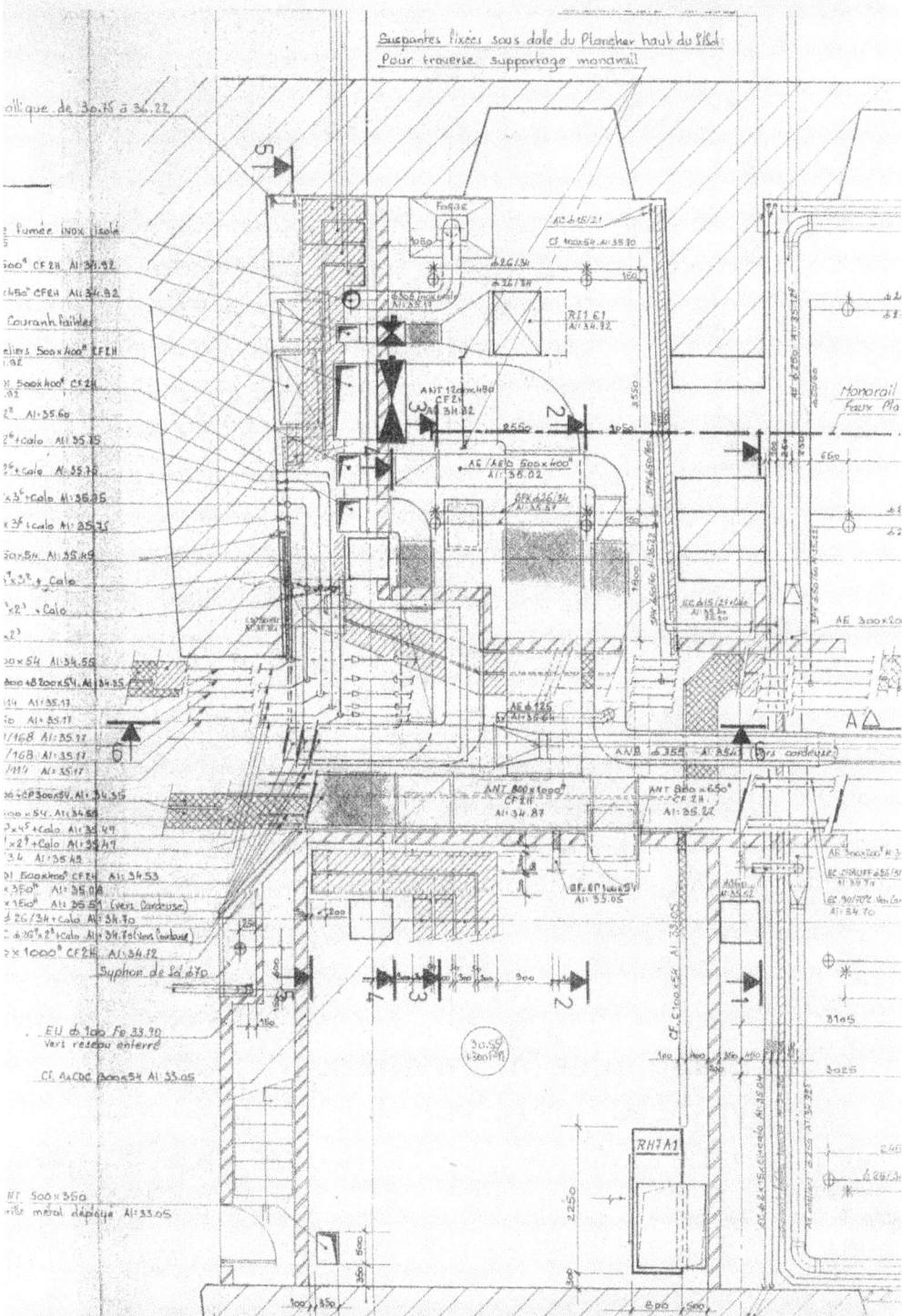

Dessin 1 • *Le Louvre, sous-sol de l'Aile Richelieu.*

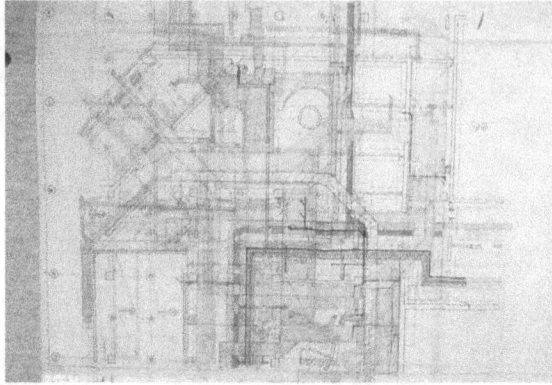

Dessin 2 • *Le Louvre, cour Napoléon.*

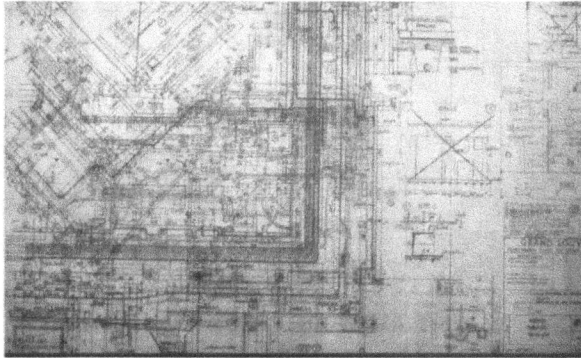

Fig. 3 • *Le Louvre, cour Napoléon.*

Méthodes graphiques informatiques (cas de la synthèse des réseaux)

L'informatique graphique a révolutionné les modes de représentation par les facilités de *compilation* de plans d'origines différentes, par l'usage de la couleur et le développement de logiciels de gestion de plans. Malheureusement, la compilation informatique, sans autre valeur ajoutée que la couleur, peut aboutir à des documents de lisibilité contestable et surtout, difficilement vérifiables, donc sources d'erreurs (voir dessin 4), comme la méthode overlay manuelle.

Les compilations sont parfaitement efficaces quelle que soit la complexité des avantages (voir dessins 5, 6 et 7).

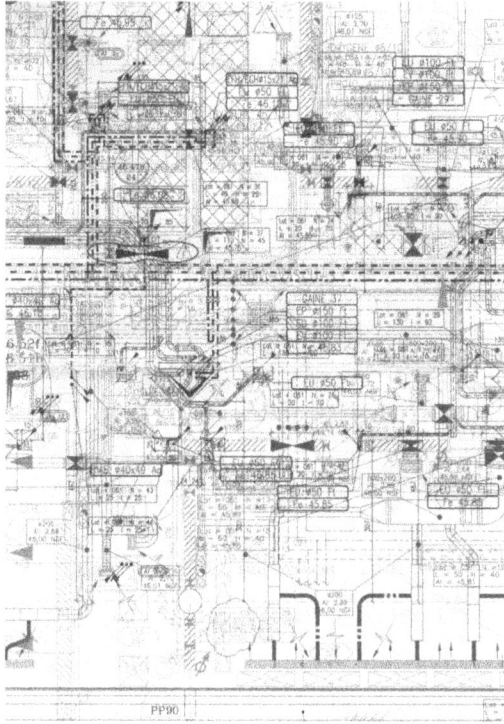

Dessin 4 • *Projet d'un hôpital.*

En fait, le vrai débat porte sur la manière de passer d'une compilation de plans non coordonnée à un véritable plan de synthèse. Le projeteur de synthèse est chargé d'analyser la compilation, de repérer les incompatibilités, de concevoir les solutions et de les transmettre aux entreprises pour qu'elles dessinent les plans modifiés dont la cellule de synthèse tirera alors une compilation coordonnée, le plan de synthèse réseau, puis le plan de synthèse des réservations. Deux méthodes sont employées :

– la compilation est annotée en pointant les lieux de conflits et en donnant des directives de modifications. Le document ainsi commenté sous forme numérique est adressé aux projeteurs d'entreprises pour action (voir dessin 8). Cette méthode peut nécessiter plusieurs allers et retours entre la cellule de synthèse et les entreprises pour des projets compliqués, ce qui se révèle coûteux en temps et en délais et peut poser problème au chantier ;

– la compilation est modifiée manuellement pour aboutir à un dessin totalement coordonné, complété de coupes (voir dessin 9). Ce dessin permet aux projeteurs d'entreprises de réémettre sans ambiguïté leurs plans définitifs. Une variante de cette méthode consiste à rendre les dessins sous forme informatique avec une représentation lisible exacte et cotée de tous les ouvrages ajustés.

Enfin, la compilation définitive des plans d'exécution devient plan de synthèse approuvé après vérification de la cellule de synthèse et validation du maître d'œuvre (voir dessin 10). La lisibilité de ces

Dessins 5 et 6 • *Extension du Palais des congrès de Paris, salle d'exposition.*

Dessin 7 • *Îlot Hachette, sous-sol.*

documents reste souvent difficile et l'existence d'un état intermédiaire, même manuscrit, exprimant la coordination spatiale traditionnelle facilite le travail.

Nous retenons de ces comparaisons les conclusions suivantes :

– La cellule de synthèse opère d'autant plus efficacement que la présynthèse du projet de conception a été pensée et dessinée et que le maître d'œuvre participe aux travaux des projeteurs de synthèse.
– Les diverses méthodes évoquées présentent leurs avantages et leurs inconvénients. Il convient de savoir les choisir en fonction des caractéristiques des projets ou plutôt des configurations des parties de projets, selon qu'elles sont plus ou moins compliquées à organiser.
– Les projeteurs d'entreprises ont besoin de dessins de synthèse explicites, lisibles et sûrs qui concrétisent le travail de conception spatiale de la coordination.

Quel intervenant de synthèse ?

Toutes les stratégies de maîtrise d'ouvrage coexistent :

– le promoteur d'immeubles tertiaires et commerciaux qui privilégie le délai court et l'initiative de l'entreprise générale consultée avec un dossier d'appels d'offres sur APD. Celle-ci met en place sa cellule de synthèse interne à l'entreprise ;
– le maître d'ouvrage public qui consulte le plus souvent en corps d'état séparés sur la base d'un dossier de *projet* très fouillé, selon la loi MOP. Il a alors le choix de confier la cellule de synthèse à l'une des entreprises, à une société spécialisée tierce ou au maître d'œuvre ;
– le maître d'ouvrage, public ou privé (ce dernier étant plus rare en France), qui veut exclure l'aléa du chantier et construire rapidement une fois les marchés passés. Il consulte sur la base d'un dossier de *projet* complété des plans de synthèse finalisés à 95 % au moins. Suivant cette dernière alternative, l'opération de Villepinte a valeur d'exemplarité : elle nous montre qu'il n'est pas besoin de confier les études d'exécution en totalité au maître d'œuvre pour obtenir un dossier de projet précis et totalement coordonné.

Nous ne prendrons pas parti pour recommander telle ou telle organisation ; elles présentent leurs avantages et inconvénients qu'il faut situer dans la cohérence d'une stratégie de maîtrise d'ouvrage relative à un projet donné avec ses caractéristiques, stratégie que le maître d'œuvre a la responsabilité d'éclairer

119

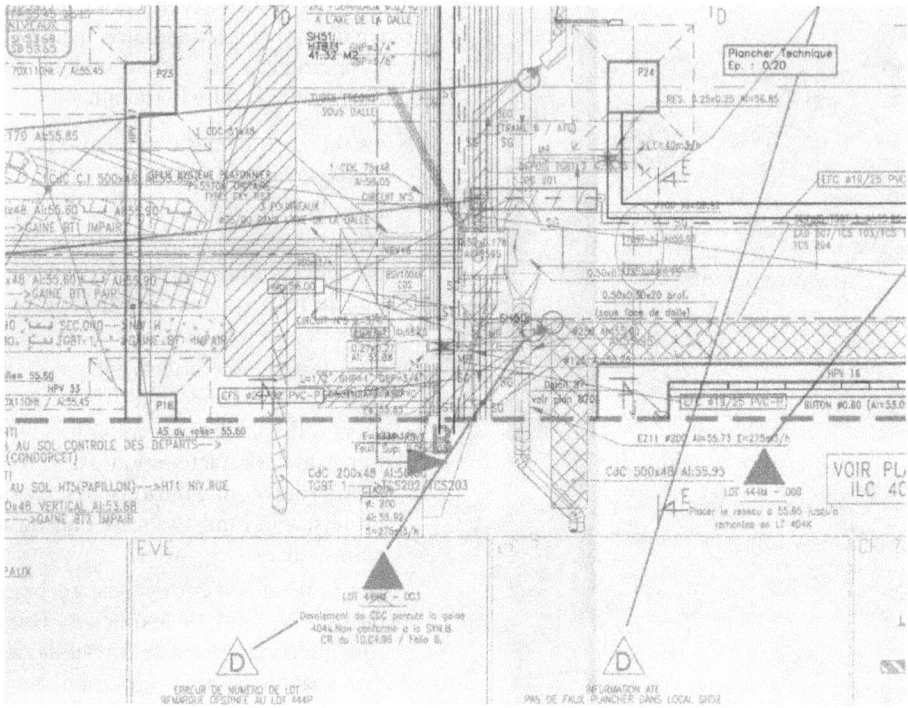

Dessin 8 • *Gare souterraine Magenta (RER E).*

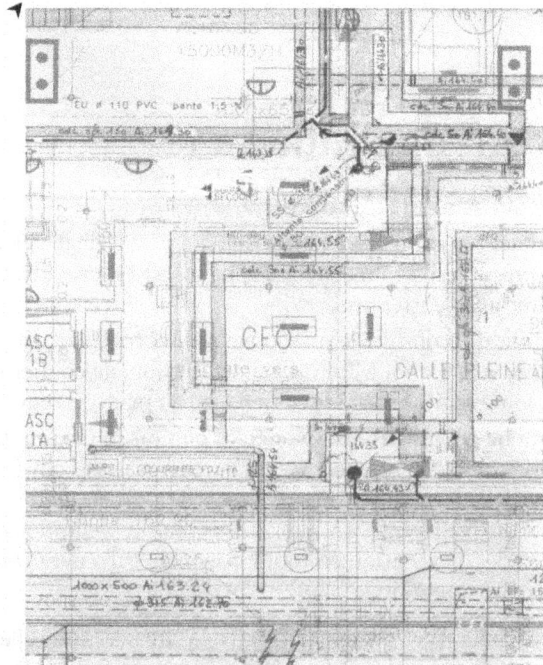

Dessin 9 • *Centre de design de PSA.*

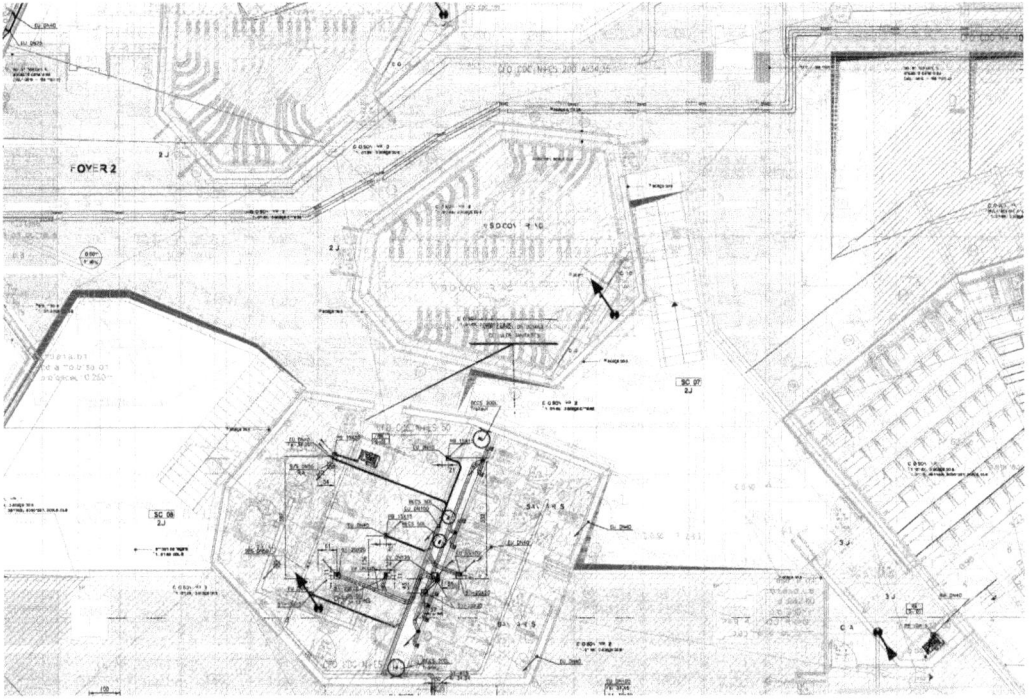

Dessin 10 • *Centre de communication de Renault.*

avec sa compétence. Attribuer la cellule de synthèse à un prestataire indépendant revient à créer une nouvelle catégorie d'intervenant. Les bonnes solutions ont en commun une organisation fondée sur une équipe de praticiens qui dessinent et savent conclure rapidement sans mobiliser de nombreux *constructeurs* à de nombreuses réunions. De ce point de vue, la théorie de la *concourance* comprise comme une synthèse partagée par plusieurs acteurs trouve là ses limites parce qu'il vaut mieux que quelqu'un tienne le crayon pour les autres (plutôt que la souris). Ceci dit, la cellule de synthèse ne peut avancer efficacement sans le concours permanent des entreprises et de la maîtrise d'œuvre, l'un des savoir-faire du directeur de synthèse résidant dans sa capacité à animer ces relations.

Ces observations de méthode pratique et de stratégie contractuelle invitent à considérer qu'à chaque situation de projet, les intervenants ont à choisir les réponses appropriées pour définir le montage de la cellule de synthèse. Cette fonction conditionnant le bon déroulement d'un chantier, il importe qu'elle apporte sa valeur ajoutée au projet par des plans de synthèse fournis aux entreprises offrant des représentations graphiques de qualité et constituant des directives fiables pour les entreprises et leurs bureaux d'études. En outre, pour le maître d'œuvre le plan de synthèse est un outil de travail pendant la vie du chantier, et pour le maître d'ouvrage pendant la vie du bâtiment.

La prise en charge de la synthèse par les maîtres d'œuvre, avec élaboration d'un projet coordonné et synthétisé pour la passation des marchés, représenterait une pratique intéressante pour certaines opérations et rapprocherait les professionnels français de la culture anglo-saxonne de l'ingénierie. Cela supposerait de reconsidérer le dogmatisme de la loi MOP sur ce point.

LES ENJEUX JURIDIQUES DE LA MAÎTRISE D'ŒUVRE TECHNOLOGIQUE DU PROJET IMMOBILIER

ÉRIC DURAFFOUR

L'acte de construire est une combinaison d'un ou plusieurs contrats qui produit un immeuble objet du droit réel de propriété. Il est par nature interactif dans son exécution, interactif dans son résultat l'immeuble qui est la propriété du maître de l'ouvrage. De plus, il prend généralement la forme juridique d'un ou plusieurs contrats d'entreprise qui lient un maître de l'ouvrage avec des concepteurs et des entrepreneurs. Plus les projets sont importants, plus le nombre d'intervenants et leur diversité sont élevés.

Les nouvelles technologies atteignent directement le principal support des contrats participant à l'acte de construire. L'interactif est sujet à recevoir les nouvelles technologies. Or l'irruption des nouvelles technologies dans l'acte de construire implique l'irruption du droit de la propriété intellectuelle et du droit de la propriété industrielle.

Il apparaît que selon la nature des outils technologiques, c'est à une redistribution des différents rôles des intervenants de l'acte de construire que conduisent les nouveaux outils principalement informatiques. Mais cette redistribution passera-t-elle par une nouvelle législation ou par la définition de nouveaux rapports contractuels ?

Ces outils se caractérisent à la fois par une aisance matérielle remarquable mais aussi par de lourds investissements financiers et techniques. L'aisance matérielle se concrétise dans la circulation de plus en plus rapide d'informations.

Ils vont permettre de formaliser et rendre sa noblesse à l'acte de construire, d'alléger les conditions de circulation de l'information et surtout de faciliter la conservation des preuves. Le contrat va pouvoir acquérir une nouvelle dimension, évolutive et cohérente.

L'armoire à plan est un outil remarquable de par la juxtaposition des informations qu'elle permet et l'amélioration de la circulation des informations à laquelle elle conduit. Elle a pour but de permettre une fusion échelonnée et régulière des études, en constituant une base de données dont l'interactivité se développe entre les membres de l'opération.

Au niveau de la conception du projet, deux groupes agissent en concours : les architectes et les bureaux d'études.

L'essor moderne de l'acte de maîtrise d'œuvre a détaché la conception de l'exécution de l'ouvrage tout en maintenant des liens entre elles.

L'architecte reste un artiste pour le législateur [1]. Le bureau d'études a, quant à lui, une vocation technique. Cette opposition née de la pratique n'est pas essentielle. Elle a vocation à devenir complémentarité par une utilisation commune des nouveaux outils technologiques.

Tous ressentent cette nécessité de parfaire un cadre commun de travail qui passe par un échange, mutualisé, des données.

Jusqu'à présent, l'utilisation d'un outil de gestion de projet informatisé est soit le fait du maître d'ouvrage qui impose son usage à l'ensemble des intervenants, soit celui d'un des membres de la maîtrise d'œuvre (BET ou architecte) qui a su s'approprier l'outil ; avec cette idée récurrente de rentabiliser très vite l'investissement qui peut être répercutée sur les autres intervenants par une facturation de l'accès à la base de données ou une facturation du service.

L'intervention du maître d'ouvrage semble déterminante pour valider et rendre exécutoire la gestion globale du projet. C'est une immixtion dans le fonctionnement de la maîtrise d'œuvre mais aussi un rappel nécessaire des rôles des différents intervenants. Il est perçu quelquefois comme une imposition.

Outre que l'on peut s'interroger sur l'intérêt pour le maître d'ouvrage de conserver ce pouvoir de déterminer le suivi de l'élaboration du projet qu'il entend voir mis en œuvre, peut-on prévoir une forme spontanée ou dépendante de la fonction projet, des seuls maîtres d'œuvre ? Il en va donc pour les maîtres d'œuvre de retrouver un intérêt commun à leur travail pour imposer leur propre norme commune, et ne pas laisser les maîtres d'ouvrage contrôler le processus de conception à travers l'imposition de moyens technologiques particuliers. C'est donc à une forme nouvelle d'indépendance technique que les outils technologiques peuvent conduire.

Les enjeux juridiques auront donc à comprendre le rôle de chacun, y compris élargi au maître d'ouvrage et les tâches dévolues mais modifiées par l'apparition des nouveaux moyens. L'analyse est donc statutaire, c'est-à-dire statique au vu de la place de chacun, et dynamique dans le fonctionnement et la circulation des données du projet qu'améliorent sensiblement les nouvelles technologies. Nous sommes en présence d'un acte collectif. Deviendra-t-il un acte juridique collectif et unitaire ?

---

1. Article 1er de la loi du 3 janvier 1977.

La dévolution contractuelle traditionnelle des tâches de conception est nécessaire

Le mécanisme contractuel de droit civil

Le contrat de maîtrise d'œuvre est habituellement un contrat conclu entre le maître de l'ouvrage et l'architecte. Longtemps l'hésitation fut permise entre la qualification de mandat et la qualification de louage d'ouvrage.

La Cour de cassation a finalement retenu la qualification de louage d'ouvrage pour le contrat conclu entre un maître de l'ouvrage et un architecte [2]. Cette qualification s'étend à tous les contrats conclus avec les autres prestataires. Elle n'interdit cependant pas des mandats ponctuels du maître de l'ouvrage au profit du maître d'œuvre. [3]

Le contrat de louage d'ouvrage est une dénomination ancienne à laquelle la doctrine moderne substitue les termes de contrat d'entreprise. Le changement sémantique n'est pas sans importance car il permet de rappeler que l'opération de construction est avant toute chose une entreprise au sens économique du terme, c'est-à-dire la réalisation d'un investissement dont il est attendu des revenus ou des bénéfices. Son corollaire réside dans la prise de risques des intervenants. Il ne porte pas en lui-même de trace d'interactivité. Il n'est donc pas facteur d'interactivité.

L'apport important de la loi sur la maîtrise d'ouvrage public et de ses décrets d'application

Pour la première fois, une législation et une réglementation d'application de cette législation vont faire apparaître les prémisses de tâches communes à tous les concepteurs.

L'arrêté du 21 décembre 1993 ne traite pas du maître d'œuvre mais de la maîtrise d'œuvre. C'est une notion unitaire qui ne fait pas de distinction entre l'architecte, le bureau d'études et l'économiste.

L'article 7 de la loi du 12 juillet 1985 définit les objectifs de la mission de maîtrise d'œuvre : *La mission de maîtrise d'œuvre que le maître de l'ouvrage peut confier à une personne de droit privé ou à un groupement de personnes de droit privé doit permettre d'apporter une réponse architecturale, technique et économique au programme mentionné à l'article 2.*

La réponse au programme est donc à la fois architecturale, technique et économique. Ces objectifs sont mis sur un même plan, ce qui implique une coordination entre les acteurs.

La clé de la mission de conception de maîtrise d'œuvre réside dans cette adéquation entre le programme défini par le maître de l'ouvrage et les études réalisées par l'équipe de maîtrise d'œuvre.

Le programme est défini comme une donnée technique par l'article 2 de la loi du 12 juillet 1985 : *Il lui appartient, après s'être assuré de la faisabilité et de l'opportunité de l'opération envisagée, d'en déterminer la localisation, d'en définir le programme, d'en arrêter l'enveloppe financière prévisionnelle, d'en assurer le financement, de choisir le processus selon lequel l'ouvrage sera réalisé et de conclure, avec les maîtres d'œuvre et entrepreneurs qu'il choisit, les contrats ayant pour objet les études et l'exécution des travaux.*

---

2. Civ. 1re 27 décembre 1960 bull. I n° 572.
3. Civ. 1re 9 avril 1962 bull. civ. I n° 201 D. 1963 som. 11 : *L'architecte qui passe des actes juridiques pour le compte du propriétaire, commande des travaux conclut ou modifie des marchés, agit en qualité de mandataire et engage celui-ci.*

La dimension contractuelle de la maîtrise d'ouvrage est affirmée puisque l'initiative de l'opération de construction comprend la conclusion des contrats de maîtrise d'œuvre et de travaux.

L'article 2 de la loi du 12 juillet 1985 élargit la notion de programme : *Le maître de l'ouvrage définit dans le programme les objectifs de l'opération et les besoins qu'elle doit satisfaire ainsi que les contraintes et exigences de qualité sociale, urbanistique, architecturale, fonctionnelle, technique et économique, d'insertion dans le paysage et de protection de l'environnement, relatives à la réalisation et à l'utilisation de l'ouvrage.*

La globalisation du projet est marquée dès la définition du programme qui opère une combinaison et une fusion entre les différents composants de l'opération projetée.

La réponse de la maîtrise d'œuvre à la programmation du maître de l'ouvrage opère une interactivité réelle. Cette interactivité s'articule entre tous les intervenants. Elle acquiert une dimension encore plus grande dans la possibilité de mise au point complémentaire du programme en cours d'exécution des missions de maîtrise d'œuvre. L'article 2 de la loi indique que *le programme et l'enveloppe financière prévisionnelle, définis avant tout commencement des avant-projets, pourront toutefois être précisés par le maître de l'ouvrage avant tout commencement des études de projet.* Lorsque le maître de l'ouvrage décide de réutiliser ou de réhabiliter un ouvrage, la programmation et la conception sont fortement imbriquées et conditionnées l'une et l'autre : *Le programme et l'enveloppe financière prévisionnelle, définis avant tout commencement des avant-projets, pourront toutefois être précisés par le maître de l'ouvrage avant tout commencement des études de projet. Lorsque le maître de l'ouvrage décide de réutiliser ou de réhabiliter un ouvrage existant, l'élaboration du programme et la détermination de l'enveloppe financière prévisionnelle peuvent se poursuivre pendant les études d'avant-projets ; il en est de même pour les ouvrages complexes d'infrastructure définis par un décret en Conseil d'État.*

La précision et la poursuite de l'élaboration du programme démontrent cette interactivité entre les intervenants.

La relation entre le maître de l'ouvrage et les maîtres d'œuvre est bilatérale.

L'intégration contractuelle actuelle des nouveaux outils de technologie de l'information

Les documents contractuels actuels permettent-ils une intégration des nouveaux outils ?

1°) Les dispositions du Cahier des clauses administratives générales des marchés de prestations intellectuelles applicables aux marchés publics de l'État et à ceux des collectivités locales quand celles-ci en ont décidé son application, doivent être complétées.

L'article 2-4 du CCAG-PI permet-il l'irruption des nouvelles technologies de circulation de l'information entre les acteurs ? Il ne prévoit pas les moyens technologiques de circulation. Mais la notion de remise directe (*dans le cas d'une remise directe, la notification est constatée par un reçu ou un émargement donné par l'intéressé*) semble permettre l'utilisation de la messagerie Internet, à condition qu'un procédé de certification de l'envoi ou de la réception des messages soit mis au point ou convenu entre les utilisateurs.

Une adaptation du CCAP s'imposera pour prévoir l'admission de la messagerie électronique et en définir les règles de fonctionnement entre les acteurs.

L'article 2-5 édicte des règles propres à l'élection de domicile. Il semble possible de prévoir une élection de domicile au sein même du site hébergeant la base de données, via une adresse e-mail dédiée au notifié. Une adaptation par le CCAP sera aussi nécessaire.

2°) La difficile coordination entre le CCAG-PI et la loi MOP, documents applicables dans les marchés publics de maîtrise d'œuvre.

L'article 3-1 du CCAG-PI indique que _les titulaires sont considérés comme groupés et sont appelés [cotraitants] s'ils ont souscrit un acte d'engagement unique._

Cet article dispense les équipes de maîtrise d'œuvre d'établir une convention de groupement. Or il apparaît comme un piège. Il est nécessaire que l'équipe de maîtrise d'œuvre ait la volonté d'établir une convention de groupement qui fixe les conditions de circulation et d'admission de l'information à l'intérieur même de l'équipe.

Le CCAG-PI ne contient aucun article dédié spécifiquement aux techniques de l'information. Mais il ne s'oppose pas à leur réception principalement pour la circulation de l'information entre le maître de l'ouvrage et la maîtrise d'œuvre.

Les conditions de réception des différentes études permettent une intégration que des dispositions spécifiques du cahier des clauses administratives particulières (CCAP) peuvent cependant préciser ou aménager.

Un rappel des principales modalités de la réception des documents d'études s'impose.

L'article 32 fixe les conditions de présentation des études et de leur réception par le maître de l'ouvrage.

La notion de vérification doit être adaptée à la mission de maîtrise d'œuvre. C'est en ce sens que l'article 32 doit recevoir une application modulée dans le CCAP pour permettre la prise en compte des dispositions de la loi MOP qui prévoit l'approbation de chacun des éléments de mission.

L'arrêté du 21 décembre 1993 précisant les modalités techniques d'exécution des éléments de mission de maîtrise d'œuvre confiés par des maîtres d'ouvrage publics à des prestataires de droit privé, rythme les différentes approbations en fonction de l'exécution des éléments de mission de maîtrise d'œuvre. La règle commune à chaque mission de maîtrise d'œuvre est le passage progressif de la définition d'ensemble à une définition détaillée du projet qui implique une intensification de la circulation de l'information entre les maîtres d'œuvre.

La technicité de l'information technologique et ses effets sur la relation entre le maître d'œuvre et le maître de l'ouvrage appellent la constitution d'un véritable cahier des clauses techniques particulières (CCTP) d'échange des données et des informations.

Pourquoi ne pas envisager un CCTP qui prenne en compte les moyens modernes de circulation de l'information et les contractualisent entre le maître de l'ouvrage et le maître d'œuvre.

3°) L'atout de l'intégration contractuelle subordonnée.

Le contrat de sous-traitance est très vite apparu comme le meilleur moyen d'assurer une parfaite coordination entre les intervenants puisqu'il repose sur une domination contractuelle du premier sur les autres.

Il repose sur l'obligation de résultat de chacun des sous-traitants envers le maître d'œuvre général, généralement l'architecte qui en vertu de son statut légal ne peut être sous-traitant des bureaux d'études. Le lien de dépendance juridique est donc une garantie absolue.

Mais il suppose la fourniture d'un ouvrage, en l'espèce les études et un rapport des plus simplifiés : fournir l'étude conformément à ce qu'exige l'architecte.

Or l'architecte sait-il réellement ce qu'il veut en s'adressant au bureau d'études techniques ?

Le contrat de sous-traitance, s'il est une sécurité, n'est pas adapté à une circulation de l'information égale et dynamique entre les interlocuteurs, qui conditionne une parfaite mise au point de la conception de l'ouvrage.

À une situation de conflit, le contrat peut répondre par une situation et une obligation communes de partage de l'information entre les intervenants.

Au stade de l'esquisse, l'architecte ne saura pas exactement ce qu'il attend des bureaux d'études techniques. La vision technique que le bureau d'études est un professionnel spécialisé à qui une tâche particulière est demandée, va subir une attaque et une déformation liées à l'apparition des nouvelles technologies. Il pourra intervenir très en amont pour projeter, simuler.

Il est probable que l'outil informatique permettra de développer la simulation, la projection de la construction. Il s'agit probablement d'une nouvelle étape propre à l'équipe de maîtrise d'œuvre quoiqu'elle puisse s'étendre au maître de l'ouvrage à qui seront présentées différentes versions du travail conceptuel.

Le bureau d'études techniques, par les validations ou invalidations qu'il effectue, conduit souvent à une reprise de l'esquisse. Est-il réellement en situation technique de subordination du maître d'œuvre général ?

L'économiste est en charge de valider le coût prévisionnel objectif du projet. Il est une pièce essentielle de l'information du maître de l'ouvrage et de la validation du contrat de maîtrise d'œuvre dont les conditions financières reposent souvent sur cette notion de coût objectif de conception et de coût objectif de réalisation. Est-il réellement en situation de subordination du maître d'œuvre général ?

La pratique de la gestion de projet induit un éclatement et un dépassement de la subordination juridique qu'établit le contrat de sous-traitance.

Les nouvelles technologies vont permettre un essor complet, déterminant de l'échange d'information et de l'instauration d'un devoir de coopération entre les membres de l'équipe de maîtrise d'œuvre. L'importance de ce devoir de coopération sera répercutée dans le contrat d'ingénierie.

L'acte collectif et juridique de l'opération de construction

Sortir des contraintes d'une relation contractuelle purement verticale et individuelle

Au mécanisme vertical de la juxtaposition où la coexistence des contrats entre le maître de l'ouvrage et les différents professionnels de la conception, doit pouvoir s'associer un outil juridique horizontal et commun à l'ensemble des acteurs, y compris peut-être au maître de l'ouvrage.

L'intégration technique qui n'est pas totalement achevée, conduira à un changement des pratiques contractuelles par la formalisation contractuelle des procédures de circulation et de réception de l'information technique et technologique pour lesquelles nous ne disposons d'aucun outil légal ou réglementaire. Elle entraînera inévitablement une fusion de ces données dans une base de données ; il conviendra de décider qui en assurera la garde. L'interactivité, prévue par les textes, et fondamentalement associée à l'exécution de la mission, se développe. Elle suppose un processus d'intégration contractuelle. C'est ici que le droit de la propriété intellectuelle, notamment le régime particulier des bases de données, fera son apparition. Il sera immédiatement concurrencé par le droit de la propriété industrielle qui tente aussi de protéger les systèmes informatiques complexes et les méthodes.

La technologie jouera le rôle de support commun ou de dynamique de l'échange commun. Mais elle ne changera pas fondamentalement le rôle de chacun. Elle vise à intensifier les échanges, à les formaliser. Elle est un apport de sécurité juridique par les traces qu'elle va permettre de conserver de cet échange.

Le cryptage, les sociétés de certification de transmission de données qui ne vont pas tarder à apparaître, seront autant de moyens de conserver la preuve que l'information technologique a été transmise.

Finis les bombardements intensifs de lettres recommandées avec accusé de réception, souvent le premier acte juridique que le concepteur novice découvre.

Si dans un premier temps, la technique contractuelle ne sera pas modifiée en apparence, fondamentalement elle opérera une mutation par la contractualisation des techniques d'informations croisées, superposées ou fusionnées entre les différents intervenants. C'est déjà le cas avec l'armoire à plan et les premiers outils Internet qui reçoivent une reconnaissance contractuelle bien fragmentaire.

Cette information croisée et juxtaposée ou superposée doit conduire à un résultat. C'est l'information fusionnée dans la base de données communes.

Or ce résultat pour être valide empruntera impérativement un cheminement contractuel. L'information est fusionnée lorsqu'elle a été reçue par les intervenants, digérée et adaptée par/et à chacun. Cette fusion, étape technique essentielle qui est une formalisation concrète de l'avancement du projet, découle de la notion de réception au cœur même du contrat de maîtrise d'œuvre.

Le contrat de maîtrise d'œuvre est rythmé par des stades intermédiaires qui formalisent l'achèvement de tâches particulières. La formalisation de ces tâches est la réception des études par le maître de l'ouvrage. Or cette réception opère une validation contractuelle de l'avancement des études. Elle suppose aussi une répercussion sur l'ensemble des membres.

L'importance que le CCAG-PI accorde à l'encadrement contractuel de la réception prouve qu'il convient de prévoir un document contractuel commun à l'équipe de maîtrise d'œuvre pour préparer une préréception technique du projet entre les différents membres.

Or cette préréception est la frontière de la mise au point commune. La réception est l'acte du maître de l'ouvrage qui marque l'achèvement d'une phase de conception. Mais cette réception n'est pas la simple livraison d'un document. Elle est le fruit d'une mise au point commune qui mérite d'être contractualisée entre les membres. Elle induit une redistribution immédiate de l'information du maître de l'ouvrage que celui-ci peut délivrer à la réception. Réserves, prescriptions nouvelles ou ajournement emportent modifications des tâches. La technologie de l'information va permettre la répercussion quasi immédiate de ces réserves.

À défaut d'acte collectif d'établissement des règles de circulation et de fusion de l'information, le contrat de sous-traitance restera le plus adapté pour impulser à chacun des intervenants cet effort de synthèse qui sera un véritable dictat contractuel exercé par le plus fort contractuellement.

La cellule de synthèse telle qu'elle est prévue dans la loi MOP et ses décrets d'application est un premier pas qui a certainement eu des effets sur l'apparition des nouveaux outils tels que l'armoire à plan.

Réciproquement, ces nouveaux outils justifient que la loi et le règlement restent très en retrait pour ne pas insérer ce lieu et ce moyen d'échange de données entre concepteurs et entrepreneurs dans un cadre trop étroit. C'est au contrat de prévoir les aménagements et les conditions d'application concrètes.

La circulation des données ne passera donc plus via l'architecte ou le leader du groupement, ou même le maître de l'ouvrage. C'était une incitation à maintenir un rapport contractuel vertical et dominant, notamment par le biais de contrats de sous-traitance entre l'architecte et les bureaux d'études, contrats qui ne sont pas forcément les mieux adaptés aux technologies nouvelles.

La technologie nouvelle n'est pas la circulation d'une information hiérarchisée ou subordonnée mais avant tout une information libre, circulaire, évolutive. Chacun se l'approprie en fonction de ses besoins et de la tâche qui lui est assignée. Nous sommes dans une dynamique collective.

La circulation sera réalisée directement entre intervenants. Un lien contractuel, parfois imposé par le maître de l'ouvrage ou les conditions du groupement de maîtrise d'œuvre formalisera les conditions de circulation, d'exploitation et plus généralement d'échange des informations. Ce lien contractuel, par la spécialisation qu'il va lui falloir acquérir à mesure du développement de la tâche de gestion du projet, est donc dépendant de l'évolution technique future.

Qui dit spécialisation technique dit modification et spécification des habitudes contractuelles.

Le groupement qu'il soit conjoint préservant ainsi l'indépendance de chacun de ses membres, ou solidaire liant les membres, est fondé souvent non sur une dynamique contractuelle de circulation et d'échange des données mais sur une responsabilisation de l'ensemble des acteurs vis-à-vis du maître de l'ouvrage. Le groupement est l'institution de la solidarité des concepteurs au profit du maître de l'ouvrage.

Or le groupement est le moyen contractuel de regrouper les compétences et d'établir une ventilation contractuelle des tâches de maîtrise d'œuvre entre les différents intervenants.

Cette ventilation peut se doubler d'une organisation technique des moyens de gestion du projet impliquant une reconnaissance et une validation contractuelle des moyens techniques multilatéraux.

Le groupement continuera donc d'acquérir une dimension horizontale et interne entre les membres au service de l'objectif commun qui est de livrer au maître de l'ouvrage un projet cohérent, répondant à ses attentes.

Peut-on imaginer que le groupement soit un lieu commun contractuel d'échange des informations entre tous les intervenants, et qu'il intègre tous les acteurs dans un seul rapport contractuel ?

La mission contractuelle de pilotage de la conception technologique du projet

L'acte juridique collectif a vocation à regrouper tous les interlocuteurs, qu'ils soient maître de l'ouvrage, architecte ou bureaux d'études. Par contre, il ne peut conduire à une fusion et une disparition de la diversité des responsabilités des interlocuteurs dont le régime légal respectif est impératif.

On peut donc imaginer qu'à la structure classique du jeu des contrats de construction ou de maîtrise d'œuvre, se superpose une structure contractuelle commune à tous pour fixer les conditions de circulation, d'échange des données liées à la conception de l'immeuble et au déroulement des différentes phases d'exécution du contrat de maîtrise d'œuvre.

Un contrat commun à tous et détaché des autres contrats peut être envisagé. Le mécanisme de la convention de compte de prorata des dépenses communes sur les chantiers est un exemple dont on pourrait s'inspirer, en lui assignant un esprit différent. Il s'agit de faire d'un contrat l'instrument d'une meilleure maîtrise de la circulation et de la réception des informations. L'acte de construire devient ainsi un acte juridique collectif.

La gestion de projet bénéficie à l'ensemble des participants ; elle suppose une fixation contractuelle de leurs droits et obligations dans et pour la circulation de l'information : lieu de réunion, clés d'accès aux données informatiques, protection des données du projet, contribution aux charges communes de l'équipement commun qui pourra être mis à disposition par l'un des membres, etc. Cette fixation contractuelle pourra intervenir par l'intermédiaire d'un document commun d'établissement des règles communes de gestion du projet.

Un simple renvoi à l'existence de ce document sera prévu dans chaque contrat des intervenants.

Ainsi la dissociation entre rapport vertical et classique et rapport horizontal, née des nouvelles technologies, ne se traduira pas par une antinomie ou des oppositions. Il y aura coexistence.

Techniquement, le contenu de cette mission de pilotage sera fortement influencé par la nature des technologies utilisées.

Il convient en application de l'article 1316 du code civil de désigner un pilote en charge d'authentifier la circulation et la conservation des documents électroniques. Il recevra par le contrat un véritable pouvoir d'authentification reconnu par tous. Il conservera et archivera les différentes étapes du projet.

Trois grands axes peuvent être retenus dans l'acte collectif de pilotage du projet :
- Organiser et gérer le flux de circulation de l'information. Cela suppose que le responsable détienne un pouvoir pour organiser le flux et l'identifier. Le contrat doit organiser ce pouvoir. Il opère une réglementation privée entre les membres.
- Authentifier les informations échangées tant dans leur condition de circulation (date d'envoi, date de réception) que dans la qualité de l'information véhiculée (nature du document échangé, typologie). Cette phase comprend une mission archivage.
- Délivrer, après visas de tous les membres de l'équipe, le document d'études finales au maître de l'ouvrage dans le cadre de la réception contractuelle prévue au CCAG.

Étendre aux entrepreneurs le pilotage technologique du projet

L'enjeu des nouvelles technologies réside dans la facilité de circulation et d'accès aux informations communes du projet. Cette facilité s'étend jusqu'à l'exécution de l'ouvrage.

Tant la loi MOP que le CCAG marché de travaux gèrent ce point important. La mission exécution de la maîtrise d'œuvre est, à notre avis, l'achèvement complet de la phase de conception. Elle opère le transfert sur l'entreprise de la charge de la réalisation de l'ouvrage sous le contrôle du maître d'œuvre.

Or c'est à ce niveau que sont apparus les premiers outils technologiques de circulation et distribution de l'information. Les armoires à plan ont eu pour vocation de faciliter les échanges entre les opérateurs et la synthèse des informations.

Toute la difficulté de la mission *exé* réside dans la synthèse des informations entre opérateurs. L'association de l'entrepreneur à cette phase délicate est prévue par les textes qui permettent une réception des nouvelles technologies.

L'article 15 du décret n° 93-1268 du 29 novembre 1993 indique que *font également partie de la mission de base l'examen de la conformité au projet des études d'exécution et leur visa lorsqu'elles ont été faites par un entrepreneur et les études d'exécution lorsqu'elles sont faites par le maître d'œuvre.*

L'arrêté du 21 décembre 1993 traite du problème de la synthèse des études d'exécution : *Les études d'exécution, pour l'ensemble des lots ou certains d'entre eux lorsque le contrat le précise, fondées sur le projet approuvé par le maître de l'ouvrage, permettent la réalisation de l'ouvrage ; elles ont pour objet, pour l'ensemble de l'ouvrage ou pour les seuls lots concernés :*

– *l'établissement de tous les plans d'exécution et spécifications à l'usage du chantier, en cohérence avec les plans de synthèse correspondant, et définissant les travaux dans tous leurs détails, sans nécessiter pour l'entrepreneur d'études complémentaires autres que celles concernant les plans d'atelier et de chantier, relatifs aux méthodes de réalisation, aux ouvrages provisoires et aux moyens de chantier ;*

– *la réalisation des études de synthèse ayant pour objet d'assurer pendant la phase d'études d'exécution la cohérence spatiale des éléments d'ouvrage de tous les corps d'état, dans le respect des dispositions architecturales, techniques, d'exploitation et de maintenance du projet et se traduisant par des plans de synthèse qui représentent, au niveau du détail d'exécution, sur un même support, l'implantation des éléments d'ouvrage, des équipements et des installations ;*

– *l'établissement sur la base des plans d'exécution, d'un devis quantitatif détaillé par lots ou corps d'état ;*

– *l'établissement du calendrier prévisionnel d'exécution des travaux par lots ou corps d'état.*

Lorsque le contrat précise que les documents pour l'exécution des ouvrages sont établis partie par la maîtrise d'œuvre, partie par les entreprises titulaires de certains lots, le présent élément de mission comporte la mise en cohérence par la maîtrise d'œuvre des documents fournis par les entreprises.

5. bis – L'examen de la conformité au projet des études d'exécution et de synthèse faites par le ou les entrepreneurs ainsi que leur visa par le maître d'œuvre ont pour objet d'assurer au maître de l'ouvrage que les documents établis par l'entrepreneur respectent les dispositions du projet établi par le maître d'œuvre. Le cas échéant, le maître d'œuvre participe aux travaux de la cellule de synthèse.

La synthèse des documents d'exécution constitue le domaine où les nouvelles technologies réaliseront la meilleure coordination de tous les acteurs. Elles prolongent le travail coopératif de la phase de conception. Maître de l'ouvrage, maîtrise d'œuvre et entrepreneur sont contraints de coordonner leurs efforts.

Il convient de rapprocher les dispositions de la loi MOP des dispositions de l'article 29 du CCAG marché de travaux :

29.1. Documents fournis par l'entrepreneur :

29.11 Sauf stipulation différente du CCAP, l'entrepreneur établit d'après les pièces contractuelles les documents nécessaires à la réalisation des ouvrages, tels que les plans d'exécution, notes de calculs, études de détail.

À cet effet, l'entrepreneur fait sur place tous les relevés nécessaires et demeure responsable des conséquences de toute erreur de mesure. Il doit, suivant le cas, établir, vérifier ou compléter les calculs de stabilité et de résistance.

S'il reconnaît une erreur dans les documents de base fournis par le maître de l'ouvrage, il doit le signaler immédiatement par écrit au maître d'œuvre.

29.12. Les plans d'exécution sont cotés avec le plus grand soin et doivent nettement distinguer les diverses natures d'ouvrages et les qualités de matériaux à mettre en œuvre.

Ils doivent définir complètement, en conformité avec les spécifications techniques figurant au marché, les formes des ouvrages, la nature des parements, les formes des pièces dans tous les éléments et assemblages, les armatures et leur disposition.

29.13 Les plans, notes de calculs, études de détail et autres documents établis par les soins ou à la diligence de l'entrepreneur sont soumis à l'approbation du maître d'œuvre, celui-ci pouvant demander également la présentation des avant-métrés.

Toutefois, si le CCAP le prévoit, tout ou partie des documents énumérés ci-dessus ne sont soumis qu'au visa du maître d'œuvre.

29.14 L'entrepreneur ne peut commencer l'exécution d'un ouvrage qu'après avoir reçu l'approbation ou le visa du maître d'œuvre sur les documents nécessaires à cette exécution.

Ces documents sont fournis en trois exemplaires, dont un sur calque, sauf stipulation différente du CCTG ou du CCAP.

29.2. Documents fournis par le maître d'œuvre :

Si le marché prévoit que le maître d'œuvre fournit à l'entrepreneur des documents nécessaires à la réalisation des ouvrages, la responsabilité de l'entrepreneur n'est pas engagée sur la teneur de ces documents. Toutefois, l'entrepreneur a l'obligation de vérifier, avant toute exécution, que ces documents ne contiennent pas d'erreurs, omissions ou contradictions qui sont normalement décelables par un homme de l'art ; s'il relève des erreurs, omissions ou contradictions, il doit les signaler immédiatement au maître d'œuvre par écrit.

Bien que le CCAG marché de travaux ne traite pas de la synthèse des documents d'exécution, ces dispositions impliquent une collaboration entre tous les intervenants.

L'échange et le traitement informatisé d'informations trouvent toute leur importance pour la mise en œuvre de la phase exécution.

Aucun ne s'oppose à l'introduction des nouvelles technologies. Par contre, les modalités de fonctionnement de la base de données, de l'armoire à plan constitueront autant d'adaptations qui devront être prises en compte dans le CCAP. On peut même concevoir une partie spécifique du CCTP pour traiter des aspects techniques de l'échange technologique.

Le dimensionnement du travail de synthèse s'en trouve modifié et revêt un aspect technique plus appuyé. Mais la ventilation contractuelle des responsabilités conservera toute son importance. Le pilotage du projet peut recevoir une application contractuelle à trois dimensions. L'architecture de la cohérence des rapports contractuels nécessite un guide pour le contrôle du flux régulier des informations.

À partir des documents contractuels existants, il est possible d'instituer une mission contractuelle de pilotage de la conception technologique du projet.

Pour une normalisation des relations contractuelles et des technologies

Les participants à l'enquête démontrent qu'ils ont le réflexe de la normalisation effective de leur échange technique lorsqu'ils évoquent des standards.

La directive européenne du 8 juin 2000, précitée, indique dans son article 49 que *les états membres et la commission doivent encourager l'élaboration de codes de conduite. Cela ne porte pas atteinte au caractère volontaire de ces codes et à la possibilité, pour les parties intéressées, de décider librement si elles adhèrent ou non à ces codes.*

Les professionnels de la maîtrise d'œuvre n'aspirent-ils pas déjà à l'élaboration d'un code des échanges informatisés et technologiques de la conception technologique des projets immobiliers ?

Le secteur de la construction est un des secteurs les plus sensibles à l'activité normative.

Les nouvelles technologies de l'information peuvent-elles recevoir une reconnaissance via la norme ISO ou via des normes de techniques de construction ?

La solution est possible mais a-t-elle un effet constitutif sur la pratique des nouvelles technologies ? L'attente de standards de fait communs peut trouver une réponse dans ces normes dont on rappellerait simplement l'existence. Nous ne pensons pas qu'elles incitent à la pratique des nouvelles technologies. La normalisation ne pourra intervenir qu'après une pratique généralisée qui permettra de connaître tous les paramètres utilitaires et admis communément.

L'atout de la norme ISO

Elle établit un standard collectif mais dont les modalités d'application permettent une réflexion individuelle.

L'effort de maîtrise des techniques contractuelles peut s'intégrer dans un cursus ISO.

L'individualisation normative à laquelle pousse l'application de la norme ISO permet de prévoir une standardisation des outils contractuels.

Mais cette standardisation ne pourra intervenir pour les nouvelles technologies qu'après une pratique bien établie. La norme ISO n'offre pas, à notre avis, d'indication précise pour une contractualisation des pratiques.

Une norme indépendante de l'utilisation des techniques de circulation de l'information

Un tel travail normatif présente l'avantage d'émaner des professionnels et de mettre à la disposition de tous des standards. Ces derniers sont un résumé des pratiques professionnelles. Ils sont élaborés après expérience et réflexions, mesures par les professionnels. Or l'expérience ne naît que de la pratique. Il est donc encore tôt pour penser à une telle normalisation, compte tenu des débuts de la mise en œuvre des nouvelles technologies.

Leur application reste dépendante de la volonté de chacun de l'appliquer à chaque contrat, comme l'est la norme NF P 03-001 de septembre 1991 sur les marchés privés de travaux. [4]

---

4. La pratique démontre que cette norme est souvent considérée comme d'application impérative ou substitutive. Ce n'est pas le cas ; elle suppose que les documents contractuels renvoient expressément à son application.

Il peut être envisagé une réflexion sur une norme appliquée à la circulation, la distribution de données informatiques des projets de bâtiment.

La propriété intellectuelle appliquée à l'opération de construction

Les architectes sont sensibilisés à leurs droits sur l'œuvre. Plus attachés à leur droit moral, ils méconnaissent parfois les enjeux de leur droit économique sur l'œuvre. La législation les fait bénéficier du régime des droits d'auteur, à condition que l'œuvre architecturale soit originale. [5] L'article L. 112-2 du code de la Propriété intellectuelle vise expressément l'œuvre architecturale. Mais la conception technologique du projet entraîne l'apparition de nouveaux outils de protection intellectuelle.

Les différentes protections possibles

On sait que la jurisprudence établit une subtile adéquation entre les besoins du propriétaire de l'immeuble pour adapter l'ouvrage et le droit moral de l'architecte sur son œuvre qui, à la différence du droit d'autres artistes, ne revêt pas un caractère absolu [6].

À l'opposé, les plans, devis, descriptifs techniques ne sont pas protégeables [7]. Ils ne sont que l'expression de règles techniques, de lois physiques dont l'originalité ne peut être relevée.

Le droit de la propriété intellectuelle établit une dissociation très forte entre les éléments techniques et l'œuvre architecturale, principalement dans son dimensionnement artistique.

Les nouvelles technologies de l'information risquent de modifier ce cadre, notamment par l'apparition de la base de données documentaire que constituerait l'hébergement des informations communes à l'équipe.

L'utilisation de l'informatique suppose la mise au point de logiciels spécifiques dédiés à la circulation et l'interactivité des éléments de mission de l'opération de bâtiment.

L'article L. 112-2 du code de la Propriété intellectuelle classe parmi les œuvres de l'esprit *les logiciels y compris le matériel de conception préparatoire.*

Les articles L. 112-3 et L 341-1 du code de la Propriété intellectuelle organisent cette protection qui établit un droit sui generis, dérivé du droit d'auteur.

Pour les bases de données, c'est l'organisation même de la base qui est protégée, à condition qu'elle *atteste d'un investissement financier, matériel ou humain substantiel.*

La base de données informatiques et technologiques dédiée à l'opération de conception de l'ouvrage immobilier relève de ce régime. Elle offre pour la première fois une protection de données techniques.

L'effet de la protection est de prévoir une autorisation impérative pour toute extraction substantielle ou non substantielle mais répétée des données conservées dans la base.

---

5. Huet Michel. *Architecture et droit d'auteur*, RIDA avril 1976, p. 3.
6. Voir TGI Paris 25 mars 1993, *Nikko*, RIDA juillet 1993, p. 354, qui applique une clause du contrat de maîtrise d'œuvre prévoyant que le maître de l'ouvrage tienne compte de l'avis du maître d'œuvre pour l'adaptation ultérieure de l'ouvrage.
7. TGI Nîmes 25 janvier 1971, Gaz Pal. 8-11 mai 1971.

Si le régime de la base de données répond aux attentes nées du process en cours de développement, la titularité de la protection réintroduit une question juridique de grande importance. Seul le contrat pourra répondre à cette question en attribuant individuellement ou collectivement la propriété de l'œuvre.

Par la fusion qu'opère la base de données, peut-on réellement maintenir l'absence de toute protection du travail réalisé par les bureaux d'études techniques ?

N'existe-t-il pas une protection dérivée de la protection de l'œuvre architecturale qui s'étendrait ainsi aux travaux complémentaires mais apparaîtrait indissociable de l'œuvre ?

En clair, l'absorption technique qui s'opère dans les éléments avant-projets et projets opérerait une absorption intellectuelle. Est-ce à dire que la titularité de la protection intellectuelle acquiert ainsi une dimension collective et échappe à la notion d'œuvre de collaboration ? Indirectement, la base de données que constituera l'outil technologique permettra une protection spéciale en faveur des bureaux d'études techniques s'ils maîtrisent la circulation, le stockage et la distribution des données informatiques communes. Ils géreront ainsi l'accès à la base.

Si le débat sur la propriété intellectuelle des bureaux d'études techniques est absent, il est possible que les nouvelles technologies le réintroduisent par la fusion technique et technologique qu'elles opéreront. Devenu indissociable de l'œuvre même, les calculs, plans techniques, descriptif, devis estimatif acquièrent-ils une dimension unitaire avec l'œuvre ?

Aux propriétés particulières, les nouvelles technologies vont ajouter la propriété de la base de données et les conditions de son utilisation. Le contrat se trouvera au cœur de la problématique pour traiter cette dimension juridique nouvelle.

Quid de la brevetabilité des méthodes de gestion de l'opération de construction ?

Le droit de la propriété intellectuelle est restrictif dans l'admission de la propriété collective d'une œuvre. Il est possible que l'œuvre collective reçoive une définition nouvelle et adaptée à l'acte juridique et collectif de construire.

L'enjeu de la brevetabilité du savoir-faire méthodologique

Derrière l'application des nouvelles technologies aux opérations de bâtiments, se dessine une amélioration, encore balbutiante, de la méthodologie de la gestion des projets.

Le droit d'auteur ne protège pas les méthodes, même originales. Elles appartiennent au domaine public par la connaissance que tous peuvent en avoir. La découverte n'est pas une œuvre de l'esprit. Mais la technicité acquise par le développement des bases de données numériques, la dimension fusionnelle de ces bases, changent la problématique. Le travail de méthodologie n'est plus simplement un travail d'esprit mais aussi un travail technique, surtout lorsqu'il opère via une retranscription par le langage informatique et la mise d'importants moyens logistiques.

La réponse est dépendante de la question de la brevetabilité des logiciels et accessoirement des méthodes commerciales, question qui oppose les États-Unis et l'Europe. Si l'on admet la brevetabilité des méthodes commerciales, pourquoi ne pas admettre la brevetabilité de la conduite des opérations de construction qui est beaucoup plus technique et dans la logique des process industriels ?

L'Europe ne semble pas s'engager dans cette voie, quelque peu aléatoire. Elle conduirait à une fermeture du marché. La tendance semble donc de rester dans le domaine des droits d'auteur. Mais attention, des brèches se créent. Dans un arrêt du 13 décembre 1990[8], la cour d'appel de Paris annule la décision d'opposition du directeur de l'INPI qui avait refusé d'admettre un brevet portant sur la structure de bâtiments industriels permettant d'obtenir une meilleure circulation des produits et des informations. L'INPI avait rejeté la demande au motif qu'il s'agissait de plans, principes et méthodes dans le domaine des activités économiques. La cour d'appel de Paris a annulé la décision d'opposition au motif que la méthode n'était pas abstraite compte tenu du résultat poursuivi qui consistait en un rapprochement des bâtiments pour raccourcir les circuits. Est-ce le bâtiment que l'on a breveté ou le processus immobilier, et plus éloigné, la manière d'avoir conçu l'ouvrage ? L'ingénierie de bâtiment a tout à gagner au développement du droit des brevets dans le domaine de la technicité constructive et fonctionnelle des bâtiments dont on sait qu'elles sont étudiées dès la programmation de l'opération.

La relation entre l'architecte et les bureaux d'études techniques risque de connaître une nouvelle évolution par le développement de la protection au titre des bases de données dont les bureaux d'études techniques, s'ils investissent dans ce secteur et développent des outils numériques puissants, acquerront la primauté. Le développement d'un savoir-faire méthodologique constitué autour des outils technologiques pose la question de l'admission de la brevetabilité des méthodes de conception des bâtiments, et peut-être même de l'ouvrage lorsqu'il présente un processus technique à vocation industrielle ou commerciale.

L'imbrication technique et créative est telle que l'architecture ne peut se passer de l'apport technique. L'apport technique devient déterminant de la praticabilité de l'œuvre architecturale. Or cette imbrication est synonyme d'une technicisation de l'acte de construire qui imprime jusqu'à la conception architecturale même. Le résultat technique acquiert une importance grandissante qui, si elle s'égalise avec la propriété artistique de l'œuvre architecturale, ouvrira la voie au brevet, si l'influence américaine pénètre notre droit. La maîtrise d'œuvre aurait ainsi évolué de l'œuvre graphique, artistique vers l'œuvre technique.

Les Américains ont une conception du brevet très large qui dépasse le cadre de la nouveauté et l'invention pour s'attacher aux effets techniques de la méthode :

Qu'un procédé soit brevetable, quelle que soit la forme particulière des instruments mis en œuvre, est incontestable. Un procédé est un mode de traitement de certains matériaux pour produire un résultat donné… Le procédé requiert que certaines choses soient utilisées avec certaines substances, et dans un certain ordre ; mais les moyens utilisés sont d'une importance secondaire. [9]

Pendant qu'une vérité scientifique, ou l'expression mathématique de celle-ci, n'est pas brevetable, une nouvelle et utilitaire structure créée avec l'aide de la connaissance de cette vérité scientifique, peut l'être. [10]

Les nouvelles technologies développent puissamment une méthodologie appliquée de la conception du bâtiment. Sous condition que cette méthodologie conserve une nouveauté et un caractère inventif qui la démarquent des autres inventions ou adaptations, elles pourraient relever du brevet. Sous cet angle, on continuera à discerner la propriété intellectuelle de l'architecte de la propriété industrielle du bureau d'études techniques, ce qui nécessitera une parfaite coordination contractuelle.

Le risque des brevets de méthodes de conception de bâtiments est d'opérer un renversement de la supériorité juridique au profit des bureaux d'études techniques et au détriment des architectes dont la protection, au titre des droits d'auteur, apparaîtra bien faible. Le brevet procure une protection

---

8. Ca Paris 13 décembre 1990, PIBD 1991, n° 497 III 126 ; RTDCom. 1992 p. 177 obs. Azéma.
9. Cocharne v. Deener, 94 US 780, 787-788 (1876).
10. MacKay radio & telegraph co. V. radio Corp. Of american, 306 US 86, 94 (1939).

technique, très étanche et très dynamique. Aux architectes de collaborer avec les bureaux techniques pour être partie prenante dans ce type de protection.

Quelle position du maître de l'ouvrage face à ces nouveaux enjeux ? Au moins sera-t-il tenté de se faire attribuer par le contrat toute licence nécessaire au fonctionnement et à l'adaptation du bâtiment.

Le CCAG-PI contient des schémas alternatifs de la propriété intellectuelle qui méritent d'être revisités pour leur application aux nouvelles technologies.

L'article 19 prévoit trois options : A, B, C. En l'absence de précision du CCAP, l'option B s'applique de plein droit.

Seule l'option C gère les données de propriété industrielle et est donc directement concernée par le problème des brevets de méthodologie.

Il convient de relire les prescriptions contenues dans le CCAG-PI pour l'application de l'une ou l'autre des options :

L'option A concerne les cas où la personne publique entend se réserver la libre utilisation des résultats ; elle s'applique principalement aux marches de prestations intellectuelles ne comportant pas de clause de propriété industrielle. il appartient à la personne publique de déterminer l'étendue des droits du titulaire.

L'option B concerne le cas où la méthodologie présente un caractère suffisamment original pour demeurer la propriété du titulaire ; elle peut comporter des clauses de propriété industrielle. Dans l'option B, les droits de chacune des parties sont strictement limités.

Les études de caractère administratif, économique, juridique, sociologique, artistique, littéraire, les études de logiciel d'application en informatique, les conseils en informatique, en organisation, en formation, en stratégie commerciale peuvent donner lieu à l'application soit de l'option A, soit de l'option B.

L'option C, quant à elle, est à utiliser pour les marchés de prestations intellectuelles à vocation industrielle ; elle comporte des clauses de propriété industrielle. Dans cette option, les deux parties peuvent, sous certaines conditions, utiliser assez librement les résultats des prestations.

Si l'option B apparaît comme étant celle adéquate à l'opération de conception, le maître de l'ouvrage aura intérêt à imposer l'option A qui lui ouvre un droit d'utilisation des résultats très large.

L'option B pose le problème de la qualification de savoir-faire appliqué à la méthodologie conceptuelle. Un tel savoir-faire, encadré par des dispositions de confidentialité, pourrait permettre d'appréhender toute la dimension innovante de la méthodologie conceptuelle.

L'article B-22 semble applicable directement : *inventions, connaissances acquises, méthodes et savoir-faire.*

B-22.1. La personne publique n'acquiert pas du fait du marché la propriété des inventions nées, mises au point ou utilisées à l'occasion de l'exécution du marché, ni celle des méthodes ou du savoir-faire.

B-22.2 Le titulaire est tenu de communiquer à la personne publique, à la demande de cette dernière, les connaissances acquises dans l'exécution du marché, que celles-ci aient donné lieu ou non à dépôt de brevet.

B-22.3 La personne publique s'engage à considérer les méthodes et le savoir-faire du titulaire comme confidentiels, sauf si ces méthodes et ce savoir-faire sont compris dans l'objet du marché.

B-224. Les titres protégeant les inventions nées, mises au point ou utilisées à l'occasion de l'exécution du marché ne peuvent être opposés à la personne publique pour l'utilisation des résultats des prestations.

Les nouvelles technologies appellent un développement et une adaptation des CCAP pour renforcer la titularité de la protection des méthodes au profit de l'équipe de maîtrise d'œuvre. Une meilleure combinaison des protections particulières pourra ainsi s'opérer sans toutefois que le problème de la différence de protection entre l'œuvre architecturale et le travail des bureaux d'études techniques ne puisse être complètement traité.

Propos jubilatoires d'un libre penseur

Michel Huet

> *La raison opératoire a ses raisons qui fréquemment défaillent,*
> *et elle-même a besoin d'être questionnée*
> *par la pensée alliée à l'expérience.*
> Kostas Axelos.

Être invité à participer à un colloque *estampillé* PUCA, sous la tutelle du ministère de l'Équipement, des Transports et du Logement, dirigé par Jean-Jacques Terrin, qui vient de nous rejoindre à l'École d'architecture de Versailles, et animé par de prestigieux enseignants chercheurs, est un honneur et un immense plaisir.

Plaisir d'abord à entendre la synthèse de travaux qui ont fait l'objet de cinq ans de recherches et de trois publications qui nous ont été offertes par Jean-Jacques Terrin.

Honneur d'être appelé à faire part de notre réflexion d'amateur *éclairé* par le quotidien sur les pratiques de projet et ingénieries.

Trois remarques préalables sont à noter.

La première concerne notre posture qui n'est pas celle d'un chercheur mais d'un acteur pensant sa propre pratique de juriste au contact de la pratique des autres acteurs de l'architecture et de l'urbain.

La deuxième tient à la méthode qui semble avoir écarté la démarche fonctionnaliste (maîtrise d'ouvrage, maîtrise d'œuvre) pour privilégier *trois grands moments de la vie des projets* qu'on pourrait caricaturer : avant, pendant, après le projet.

Enfin, la troisième remarque concerne les enjeux juridiques de la maîtrise d'œuvre technologique du projet immobilier (d'Éric Duraffour) qui, me semble-t-il, avant *de se prolonger par un travail d'échantillonnage auprès des professionnels* comme il le suggère, devraient être soumis à des questionnements d'ordre conceptuel qui seront le fil d'Ariane de notre propos.

Esquisses de réponses

Les nouvelles technologies sont-elles de nature à bouleverser l'ordre juridique traditionnel ?

Certains modes de communication *en temps réel* nécessitent sans doute une plus grande vigilance pour stocker les éléments de preuve nécessaires à d'éventuels contentieux. La dite *dématérialisation* suscite quelques inquiétudes mais concerne davantage de nouvelles techniques de représentation.

Est-ce pour autant que les principes généraux du droit sont ébranlés ? Je ne le pense pas et je ne le remarque pas. Voit-on même dans les domaines de la propriété intellectuelle des transformations radicales de notre droit ? ces transformations sont davantage le fait de la pénétration du droit des logiciels dans le droit d'auteur et de l'impérialisme du copyright anglo-américain qui réduit toute conception à un produit marchand.

Quid de la fonction du droit ?

Peut-on dire comme Éric Duraffour que :
- Le droit est devenu négatif. Il n'est plus cette mise en forme cohérente. Il a perdu sa fonction organisatrice. Il n'est plus que sanction et risque.
- L'irruption de nouvelles technologies permet un retour du droit du contrat au plus grand bénéfice des acteurs.

Je ne le pense pas non plus, encore faut-il ancrer ces assertions dans la problématique de la loi MOP.

La loi MOP est le produit d'un long cheminement historique qui, dans une première étape (décret du 28 février 1973) a réorganisé radicalement le rôle des acteurs d'une opération immobilière, en créant une équipe d'ingénierie et d'architecture et en privilégiant la dimension économique (coûts d'objectifs) par rapport à la dimension architecturale du projet.

La loi MOP est l'encadrement légal de pratiques contractuelles négociées avec un mode de dévolution spécifique (le concours d'ingénierie et d'architecture) toujours entériné (mais pour combien de temps) par le nouveau code des marchés publics.

Il est exact que la loi MOP a valorisé la relation contractuelle entre la maîtrise d'ouvrage publique et la maîtrise d'œuvre privée, négligeant les éventuels rapports contractuels entre les acteurs de la maîtrise d'œuvre. Ceci pose d'ailleurs quotidiennement des problèmes et j'observe que de plus en plus d'acteurs, au moment de signer leur acte d'engagement, souscrivent entre eux (sur mes conseils) une convention qui répartit non seulement les honoraires mais également les tâches.

Il est vrai que les contraintes des nouvelles technologies, dénoncées à juste titre par Éric Duraffour, vont accélérer ce processus sans modifier radicalement la nature de ces relations contractuelles.

Le droit n'est donc ni négatif, ni positif ; il fournit des outils qui donnent toujours une cohérence en fonction du processus choisi par le maître d'ouvrage public.

Y a-t-il risque de fusion entre programme et projet ?

La question posée dans le rapport toujours contractuel entre maîtrise d'ouvrage publique et maîtrise d'œuvre privée est celle du risque d'une fusion entre programme et projet, du fait de la nécessité d'avoir des outils informatiques, un langage de communication et des méthodes de stockage communs (armoires à plan).

Dans les pratiques privées, la relation programme/projet n'a jamais été un vrai problème.

Le programme c'est le marché, et le promoteur immobilier a besoin du projet du permis de construire pour obtenir les financements. Il associe donc le plus souvent l'architecte à l'élaboration du programme.

Dans le secteur public, la logique est différente. Il n'est pas possible de lancer une opération sans avoir longuement réfléchi aux besoins culturels, sociaux, économiques mais aussi aux financements nécessaires pour engager une opération d'essence toujours politique. Toutefois, le fait que dans les nouveaux contrats globaux, plus connus sous le nom de PPP depuis l'ordonnance du 17 juin 2004, l'entrepreneur devienne maître d'ouvrage pourrait dans le cas extrême où le décideur public n'est plus maître d'ouvrage, lui abandonner aussi la fonction de programmation.

Il y a donc scission entre la fonction programme et la fonction projet. Ce qui n'exclut pas – comme l'a parfaitement organisé la loi MOP – de l'acte d'engagement à la phase d'avant-projet sommaire ou parfois définitif, l'aménagement du programme, dans une relation dialectique et itérative avec le projet.

Quand naissent les risques de fusion/confusion ? Il nous semble que c'est dans le rapport entre conception architecturale et études techniques. Que les deux parties architectes et ingénieurs disposent des mêmes outils ne semble pas devoir être un problème.

Il ne faut jamais oublier que la conception architecturale est une des réponses que doit fournir la maîtrise d'œuvre au maître d'ouvrage mais dès la phase de concours, en fait, avant que ne soit contractualisé le rapport entre le maître de l'ouvrage et le maître de l'œuvre.

C'est durant cette phase que s'accroche le droit d'auteur.

Aussi, je ne crois guère (voir d'ailleurs l'échec des armoires de plan) au danger d'une confusion entre programme et projet dans la logique de la loi MOP, du fait des nouvelles technologies ou même des nouveaux modes de représentation.

En revanche, le danger est ailleurs, il est réel et présent. C'est celui de la libéralisation des rapports de production dans l'immobilier, y compris dans l'immobilier public, avec la résurgence du système conception-réalisation, comme un ver dans le fruit de la loi MOP (article 18) avec le nouveau système Participation Public-Privé, qui bouleverse le jeu des acteurs et faute de maîtrise d'œuvre, aspire la fonction ingénierie en amont dans le cadre de missions d'assistance aux décideurs publics.

Ces systèmes ébranlent notre monde immobilier qui depuis 30 ans, laborieusement, a construit un processus cohérent entre les trois fonctions : maîtrise d'œuvre, maîtrise d'ouvrage, entreprise.

Dans ce processus, la maîtrise d'ouvrage établit un programme donnant à une équipe de maîtrise d'œuvre le soin d'en élaborer le projet et d'en contrôler la réalisation confiée à une entreprise.

Dans le nouveau processus, inspiré de pratiques anglaises (PFI) qui ont toujours ignoré les notions de maîtrise d'ouvrage et de maîtrise d'œuvre, un établissement public souscrit avec une entreprise un contrat global pour financer, concevoir, réaliser et exploiter un bâtiment ou un espace public.

La fonction de maîtrise d'œuvre disparaît et celle de maîtrise d'ouvrage sans doute aussi.

Cette nouvelle donne constitue une transformation radicale du mode de production mais aussi du mode de pensée du droit immobilier et du droit d'auteur.

J'ai, dans un article récent [1] posé, à propos du droit d'auteur, les questionnements qui me semblaient s'imposer, même s'il est sans doute trop tôt pour y apporter des réponses. Je ne reprendrai que deux d'entre eux, y ajoutant un troisième né du sujet spécifique de ces recherches.

Quelques questionnements sur les pratiques de projet et ingénieries

Depuis plus de 30 ans, travaillant sur la conception architecturale et urbaine saisie par le droit, je suis fasciné concernant le projet, par les nouveaux modes de représentation auxquels il est soumis par les nouvelles technologies mais aussi par les enjeux juridiques qu'il révèle.

D'un côté son propre déploiement pose la question de la propriété intellectuelle, qu'il s'agisse du projet architectural ou du projet urbain.

De l'autre, son objet, la réalisation d'un espace bâti ou urbain, pose la question de la propriété matérielle d'un espace bâti ou déjà bâti à modifier ou étendre.

Enfin, le projet approprié, pensé plus en termes d'espaces que de temps, devient par le truchement des politiques environnementales, non seulement un projet qui doit durer mais un projet qui s'attache au vécu d'un bâtiment déjà réalisé et non uniquement au temps de la construction du bâtiment.

Les fondements du droit immobilier en seraient-ils bouleversés ?

Questionnement sur les propriétés

Des métamorphoses de la propriété matérielle

Il y a la propriété matérielle des plans, peu importe la nature du support (papyrus, papier, calque, disquette, etc.). Il y a la propriété matérielle du terrain (assiette foncière) et la propriété matérielle du bâtiment.

Ce droit de propriété, fondement même de notre droit, était porté par trois attributs fondamentaux : usus, fructus et abusus. L'histoire des cinquante dernières années masque l'éclatement du droit de propriété dont la charge entraîne la mise en place de montages financiers et juridiques tendant à diviser l'espace (co-propriété, nue-propriété, bi propriété) ou à diviser le temps (multi-propriété).

Le questionnement porte sur un constat : la société marchande continue-t-elle de donner à vendre la propriété d'un plan ou la propriété d'un bâtiment ? Ne considère-t-elle pas plutôt que la propriété est dévalorisée et qu'il faille dès lors vendre un usage ?

La notion d'utilisation des résultats du CCAG-PI peut être significative à cet égard pour les achats d'études par une entité publique.

Il en va de même pour les systèmes développés de concessions, de crédits baux, de baux à longue durée, y compris administratifs.

L'achat matériel porterait donc sur l'usage d'une étude ou d'un espace.

---

1. Droit d'auteur au regard d'un monde déjà construit et d'un monde à aménager, Lamy Immobilier, n° 106, octobre 2003.

La résistance et les limites de la propriété immatérielle

Malgré la déferlante du copyright qui appréhende la création du projet sous l'angle de l'achat d'un bien, malgré la pénétration des logiciels et des bases de données dans le champ du droit d'auteur, la jurisprudence confirme la résistance des auteurs, notamment sur le terrain du droit moral et tout particulièrement du droit au respect de l'œuvre.

Davantage, le droit d'auteur, depuis un arrêt de la Cour de cassation de 1997 investit le champ de l'urbain, de l'art urbain.

En outre, le droit d'auteur est reconnu dans la dévolution des marchés de définition qui concernent tout particulièrement les études de programmation de bâtiment ou d'espaces urbains.

Mais le questionnement porte aujourd'hui essentiellement sur la limite d'application du droit d'auteur face aux contraintes de sécurité, notamment dans le contexte de réhabilitation lourde comprenant des matériaux dangereux (amiante, plomb) nécessitant une modification radicale de l'œuvre architecturale et/ou urbaine.

S'imposent aussi, de la même manière, les contraintes sécuritaires obligeant à repenser certains espaces facteur de violence ou de délinquance.

Qu'en est-il de la pérennité de l'œuvre dans le temps ?

Questionnement sur la temporalité

Le projet urbain et architectural doit surmonter une contradiction délicate.

D'une part, au nom de l'urgence, le temps des études devient de plus en plus court, à la limite du réalisme et en même temps, le projet doit intégrer immédiatement non seulement les données temporelles de la construction mais surtout aujourd'hui, les données temporelles de durabilité du bâti. La notion de développement durable, relayée par celle de Haute qualité environnementale (HQE), et encore davantage par le système des PPP, transforme radicalement la démarche du projet. C'est la vie de l'espace bâti ou urbain qui devient l'enjeu principal. Ce n'est plus le temps de la construction de cet espace.

Comment maîtriser le coût mais aussi les missions concernant l'usage d'un bâtiment ou d'un espace urbain ? Sans doute peut-on, comme les Anglais, décrire un processus et non figer des missions, mais la tâche est délicate.

Pourtant dans les pratiques des contrats publics, il y aurait un avantage, celui de pouvoir déployer l'acte architectural au-delà de la phase construction et faire en sorte que le projet d'architecture anticipe et développe les problèmes de modifications, de suppressions ou d'extensions d'espaces sans qu'il soit nécessaire de procéder à de nouvelles mises en concurrence.

Si les nouveaux questionnements sur les propriétés et la temporalité sont pertinents, ils ont pour conséquence de faire apparaître deux phénomènes nouveaux : la naissance d'une quatrième ingénierie et la mutation même du droit immobilier.

L'ingénierie d'un quatrième type : l'ingénierie de l'usage

Jean-Jacques Terrin a distingué trois types principaux d'ingénierie : l'ingénierie de la maîtrise d'œuvre, l'ingénierie de la maîtrise d'ouvrage et l'ingénierie de la réalisation.

Si l'on s'appuie sur la définition de l'ingénierie, *l'ensemble des intelligences qui s'appuyant sur des savoirs, des savoir-faire et des instrumentations, participent à l'élaboration de projets architecturaux ou urbains* et si l'on veut bien observer que dans les schémas PPP :

– l'ingénierie de la maîtrise d'œuvre disparaît mais non la conception du projet ;
– l'ingénierie de la réalisation prédomine ;
– l'ingénierie de la maîtrise d'ouvrage risque de disparaître ou de n'être que le temps du montage de l'opération.

Il doit se substituer au maître d'ouvrage, un *maître d'usage* qui, sans être forcément propriétaire de l'espace bâti, en aura la jouissance et dans ce sens possédera un vrai savoir d'usage à intégrer dès le début de l'opération, dès la programmation.

La mutation du droit immobilier

Les jours du droit immobilier, au sens donné à ce terme par ses créateurs, notamment le professeur Philippe Malinvaud qui définit dans son ouvrage de référence la *promotion immobilière comme agent économique qui réalise un ou plusieurs immeubles afin d'en faire acquérir la propriété à une ou plusieurs personnes nommées accédants à la propriété* sont comptés.

La propriété n'est plus ni l'objet, ni le fondement d'un droit qui au demeurant a bien des difficultés à maintenir l'ancienne summa divisio entre mobilier et immobilier. Le droit est devenu en quelque sorte un *droit mobiliaire*, c'est-à-dire un droit *flexible*, voire éphémère qui pourtant doit s'adapter à des prises de position contractuelles fondées sur un *développement durable*.

C'est la raison pour laquelle nous avons esquissé l'idée qu'en réalité, la métamorphose des propriétés permettait de retrouver à travers les fondements des droits de propriété, l'essence même de l'usage.

L'article 544 du code civil ne définit-il pas le droit de propriété comme *le droit de jouir* de la manière la plus absolue d'une chose ? L'article L-101-1 du code de Propriété Intellectuelle ne définit-il pas cette propriété immatérielle comme le droit de jouir sur cette œuvre d'un droit de propriété incorporelle et opposable à tous ?

Aussi, le projet d'architecture n'est-il pas au cœur de cette double jubilation ou de cette filiation jumelle qui permet à son auteur de jouir de son œuvre et aux nouveaux maîtres de jouir de son usage ?

Le droit de jouir de l'être créant et de l'être habitant n'est-il pas le concept pertinent permettant de dépasser les contradictions que la propriété moribonde n'a pu résoudre ?

Le projet d'architecture n'a de sens que, si élaboré par une ou plusieurs personnes qualifiées d'auteur ou de coauteurs, il s'adresse directement à une ou plusieurs personnes qui ont pour destin de l'habiter.

Quelles que soient les nouvelles technologies mises en œuvre pour dessiner une œuvre, quelles que soient les dématérialisations des relations, il appartient aux droits de l'homme de fournir les outils nécessaires (législatifs, réglementaires, contractuels) pour que le projet fonctionne comme une utopie concrète fondatrice d'un nouveau droit de l'homme : le droit de jouir de l'espace habité.

Bibliographie

Axelos Kostas : Ce questionnement, Éd. de Minuit, 2001.

Carbonnier Jean : _Flexible Droit, pour une sociologie du droit sans rigueur_, LGDJ 10ᵉ éd., 2001.

Edelmann Bernard : _La propriété littéraire et artistique_, Que sais-je ? n° 1388, PUF.

Hubert Alfred : _Le contrat d'ingénierie conseil_, Masson, 1979.

Huet Michel :

Ouvrages :

L'architecte maître d'œuvre, 2ᵉ éd. Collection Guides juridiques, Le Moniteur, octobre 2004.

Le droit de l'architecture, 3ᵉ éd. Economica, 2001.

Le droit de l'urbain, Economica, 1998.

Articles :

Rôle du maître d'ouvrage dans la définition du programme, Revue de droit immobilier, novembre/décembre 2002, p. 442 à 450.

L'œuvre architecturale confrontée aux contrats globaux, Revue de droit immobilier, janvier/février 2004.

La maîtrise d'œuvre en prison, Le Moniteur, 3 juin 2003.

Maîtrise d'ouvrage publique et maîtrise d'œuvre privée, Revue de droit immobilier, octobre/décembre 1994.

Du programme au projet, Justice Construction, 30 novembre 1999.

Lombard François : _L'architecte programmateur_, Le Moniteur, 5 décembre 1986.

Malinvaud Philippe : _Droit de la promotion immobilière_, 6ᵉ éd. Dalloz, 2004.

MIQCP (Mission interministérielle pour la qualité des constructions publiques) : _Les marchés de définition simultanée_, 2004.

Moderne Franck : _La fonction de maîtrise d'œuvre dans la construction publique_, Dalloz, août 1997.

Onfray Michel : _L'art de jouir, pour un matérialisme hédoniste_, Grasset, 1991.

Passeron René (sous la direction de) : _La création collective_, Éd. Clancier-Guénaud, 1981.

Polland-Dollian : _Architecture et droit d'auteur_, Revue de droit immobilier, octobre/décembre 1990.

Vivinis Michel : _La problématique de l'évolution des métiers de l'ingénierie de bâtiments en Europe_, PUCA 1993.

DYNAMIQUES INNOVANTES ET NOUVEAUX ENJEUX POUR L'ASSUREUR

FRANÇOIS AUSSEUR, VINCENT MELACCA

Le contexte de la dynamique innovante

Dès 1999, le Plan urbanisme construction architecture, en collaboration avec le CSTB, initiait un programme de recherche intitulé *Pratiques de projet et ingénieries* inscrit dans le programme *Le futur de l'habitat*. L'objectif assigné était… *dans les projets de bâtiments, d'identifier et d'observer les ingénieries, traditionnelles ou nouvelles, qui agissent directement ou indirectement sur les pratiques de conception, et de déterminer les conditions de leurs évolutions.*

Dans ce contexte sensible, de nouveaux outils, comme les *logiciels de conception, de partage et de gestion de données*, propices à l'expression de nouvelles pratiques de conception, de nouvelles procédures, modifieront, à n'en pas douter, les relations entre les intervenants à l'acte de construire et leurs contributions respectives.

Ces modifications introduiront certainement, dans le champ des risques couverts par l'assureur (c'est-à-dire le chantier et les responsabilités des acteurs du chantier), un potentiel d'aggravation et de sinistralité.

L'assureur construction est directement concerné

Dans le processus classique de *conception-vie-disparition* du produit bâtiment, l'assureur est impliqué, par la responsabilité professionnelle des intervenants à l'acte de construire – maîtres d'ouvrage, maîtres d'œuvre, fabricants, entreprises de réalisation – mais aussi par les dommages à l'ouvrage lui-même.

L'assureur ne négligera pas plus le potentiel de réclamation représenté par l'utilisateur mécontent. Dès lors, tout facteur de *changement* dans ce processus classique est naturellement porteur d'itérations, de dysfonctionnements. La dynamique évoquée étant alors synonyme de risque de non-qualité, c'est-à-dire, pour l'assureur, un potentiel de sinistralité.

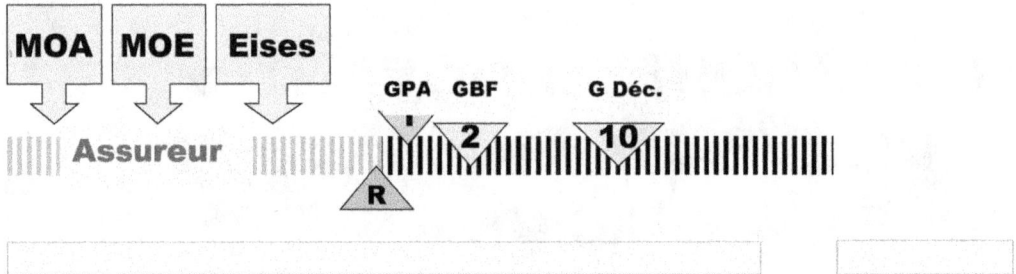

Fig. 1 • *Le cycle de vie du produit bâtiment et ses intervenants*.

MOA : maîtrise d'ouvrage/MOE : maîtrise d'œuvre/Eises : entreprises.
GPA : Garantie de parfait achèvement/GBF : Garantie de bon fonctionnement.
G.Déc.: Garantie décennale/R : Réception.

On rappellera que l'Agence qualité construction, en 2002, dans son observatoire annuel de la qualité, constatait que les défauts de conception représentaient près de 11 % des dysfonctionnements générant la sinistralité de la branche. Mais le contexte de l'assurance construction est particulier.

L'activité de l'assurance construction est sensible aux fluctuations de l'activité du bâtiment.

Ainsi depuis 1999, l'activité du bâtiment connaît une embellie certaine, qui se traduit par une augmentation du nombre de déclarations de sinistres. En effet, l'année 2003 se caractérise par une progression du nombre des déclarations, tant pour les sinistres relevant de la branche décennale, que pour ceux relevant de la branche dommages-ouvrage.

Type d'intervenant	2003	2003/2002	2002/2001	2001/2000
Entreprises artisanales	59 700	+ 9 ,0%	– 2 %	+ 11,5 %
Entreprises	60 000	+ 2,5 %	– 4 %	+ 7,5 %
Architectes	6 000	+ 1,5 %	+ 1 %	+ 2 %
BET et Ingénieurs conseil	11 900	+ 10,0 %	+ 6 %	↗↗
Autres	28 400	+ 9,0 %	– 2 %	↘
Ensemble	166 000	+ 6,0 %	– 2 %	+6,8 %

Source FFSA - 2004.

Tab. 1 • *Nombre de sinistres déclarés en 2003 et évolution 2002/2001/2000*.

TYPE DE CONTRAT	2003	2003/2002	2002/2001	2001/2000
Dommages-ouvrage	115 600	– 2 %	+ 5 %	+ 0,5 %
Police unique chantier et autres	19 600	– 2 %	+ 2 %	↘
Ensemble	135 200	– 2 %	+ 5 %	– 1,3 %

Source FFSA - 2004.

Tab. 2 • *Nombre de sinistres déclarés en 2003 et évolution/2002/2001/2000.*

Il faut certainement y voir les effets de la *confrontation* entre un dispositif fiscal incitatif, l'amortissement Périssol et la raréfaction de main-d'œuvre dans le bâtiment. (Pour que l'acquéreur d'un bien immobilier puisse bénéficier des avantages fiscaux annoncés par le plan Périssol, il fallait que le permis de construire de son opération soit délivré avant le 1er janvier 1999 ; que son achat soit intervenu au plus tard le 31 août 1999 et sa construction, achevée au plus tard le 1er juillet 2001.) Or entre 1999 et 2001, période de forte demande de la part des ménages, les entreprises éprouvaient les plus grandes difficultés à trouver une main-d'œuvre en nombre et de qualité. La *collision* entre le respect des délais et le déficit de main-d'œuvre est une des explications à cette augmentation de la sinistralité actuelle constatée.

L'activité de l'assurance construction est sensible, en raison du *nomadisme* de l'opération de construction

La plupart des opérations de construction sont *uniques*, liant les intervenants (maître de l'ouvrage, maîtrise d'œuvre, entreprises, etc.), pour la seule durée du chantier, avec des montages juridiques et financiers spécifiques, en utilisant des produits et techniques, des outils, modes de gestion dédiés. La diversité des opérations, leur non-répétitivité, rendent difficiles la collecte et l'historisation d'informations qualifiées et pertinentes, et représentent un obstacle majeur à la documentation, au partage et à la traçabilité.

Ajoutons à cela la relative ignorance de l'assureur sur la réalité quotidienne du chantier, sur l'intime concordance entre l'ouvrage livré et réceptionné et le projet qui lui a été soumis, par exemple lors d'une procédure d'appels d'offres.

Une activité sensible due à la diversité des intervenants, de leurs statuts et de leur rôle

Les opérations de construction se caractérisent par le nombre et la diversité des intervenants : maîtrise d'œuvre, d'ouvrage, fabricants de matériaux et produits, entreprises traitantes et sous-traitantes. Autant d'interfaces, de relations contractuelles et de dysfonctionnements potentiels, liés à cette forte coactivité.

L'assureur rencontre ici de grandes difficultés à collecter, à temps, les informations relatives aux chantiers et qui lui sont nécessaires, soit pour apprécier le risque, soit pour établir les pièces contractuelles formalisant les garanties d'assurance.

La maîtrise de la donnée, de l'information, est donc essentielle, et le contexte actuel ne permet pas leur mise à disposition aisée et concertée, pour les meilleures gestion et historisation, des données techniques, administratives et comptables.

Une activité sensible aux contraintes légales et réglementaires

On citera les exigences nouvelles et croissantes liées au concept de développement durable : lutte contre l'effet de serre, préservation de la qualité de l'eau et de l'air intérieur, l'environnement sonore, l'impact des matériaux sur la santé ainsi que la gestion des déchets de bâtiments. Sans négliger les réflexions en cours sur le concept de *durée de vie des bâtiments* et les notions qui s'y rattachent : flexibilité, usage, valeur patrimoniale, qui posent l'inévitable questionnement sur la relation entre cette durée de vie et la durée des garanties légales, c'est-à-dire un ensemble d'exigences qui vont *complexifier* les relations entre les différents intervenants à l'acte de construire, en *enrichissant* le champ des responsabilités, puisque vont s'y attacher des objectifs de performance dont la portée différera de la classique garantie décennale.

Dans ce contexte, il paraît évident que l'assureur doit observer les réflexions et expérimentations sur les pratiques professionnelles, apprécier les modifications de ces pratiques, et en mesurer les impacts sur sa propre pratique professionnelle : la garantie et la gestion des risques qu'il couvre.

Les enjeux pour l'assureur

Dans la présente contribution, si l'analyse privilégie l'impact des NTIC dans l'activité de la maîtrise d'œuvre, il est évident que les rapports que celle-ci entretient avec la maîtrise d'ouvrage et les entrepreneurs subiront avant, pendant et après le chantier de profondes mutations ! Les enjeux nous paraissent d'importance pour l'assureur et sont déterminés par :

- L'introduction croissante des nouveaux outils dans les structures des professionnels assurés. On citera par exemple :
- les équipements informatiques bureautiques, pour la gestion administrative et comptable ;
- les équipements informatiques de communication, pour accéder aux banques de données (produits-produits-conseils…) ;
- les équipements informatiques permettant la conception, la représentation en volume, la simulation mais aussi le métré et le calcul de coûts ;
- les équipements informatiques pour le partage d'informations et de données favorisant le travail collaboratif, le travail en réseau.
- L'introduction progressive des nouveaux outils sur les chantiers :
- Il s'agit ici des équipements permettant de commander des matériaux, mais aussi d'effectuer la gestion du chantier, de partager les informations/données entre les différents acteurs concernés.
- L'introduction progressive des équipements informatiques dans la gestion et la maintenance des bâtiments (GTC/GTB/GMAO/…).

Le développement de ces outils, fournisseurs de données et d'informations à destination des propriétaires, des exploitants, des utilisateurs, sont de nature à enrichir l'histoire et la connaissance des ouvrages, et à être pertinents pour l'assureur.

Ils posent toutefois questions. La présence de ces équipements constitue-t-elle des indicateurs de qualité à intégrer dans l'analyse de risque ? Sont-ils des critères positifs pour les règles de souscription ? Peut-on légitimement considérer qu'un ouvrage *piloté*, *assisté*, c'est-à-dire entretenu et maintenu, verra sa durée de vie prolongée, les performances et rendements attendus atteints ?

La vraisemblable évolution, eu égard à ce qui précède, des rôles et missions des différents acteurs est la modification du contenu de leurs inter-relations. Le développement de ces outils, fournisseurs de données et d'informations à destination des propriétaires, des exploitants, des utilisateurs, est de nature à favoriser la mise à disposition d'informations objectives, actualisées, historisables, traçables ; c'est-à-dire plus de _transparence_ et d'instantanéité dans les relations, donc plus de responsabilisation attendue pour les acteurs mais aussi peut-être plus de difficulté à identifier et partager les responsabilités, la modification des traditionnelles responsabilités professionnelles et l'évolution possible vers de nouvelles formes de partage.

De ce qui précède, on déduira peut-être une modification des comportements, donc vraisemblablement une nouvelle configuration du champ des responsabilités.

Les paramètres des enjeux

Le paramètre du temps

La nature et le partage des responsabilités entre MOA, MOE et entreprises dépend des modalités retenues par le MOA pour la dévolution et l'attribution des marchés. Ces partenaires interviennent dans un contexte de garanties légales et/ou contractuelles, qui se trouve être fortement conditionné par le paramètre temps :

— le temps employé par le maître d'ouvrage pour monter son projet (choix et disponibilité du terrain, nature du projet, _tour de table_ financier…) ;
— le temps laissé, attribué à la maîtrise d'œuvre pour concevoir et contrôler ;
— le temps laissé aux entreprises pour réaliser l'ouvrage.

La maîtrise du temps est une des clés de la qualité dans la production du cadre bâti. Or l'assureur constate, fréquemment, que le temps _laissé_ aux différents intervenants est rarement égal au temps nécessaire à la réalisation _normale_ des missions. La sinistralité en cours de chantier trouve souvent

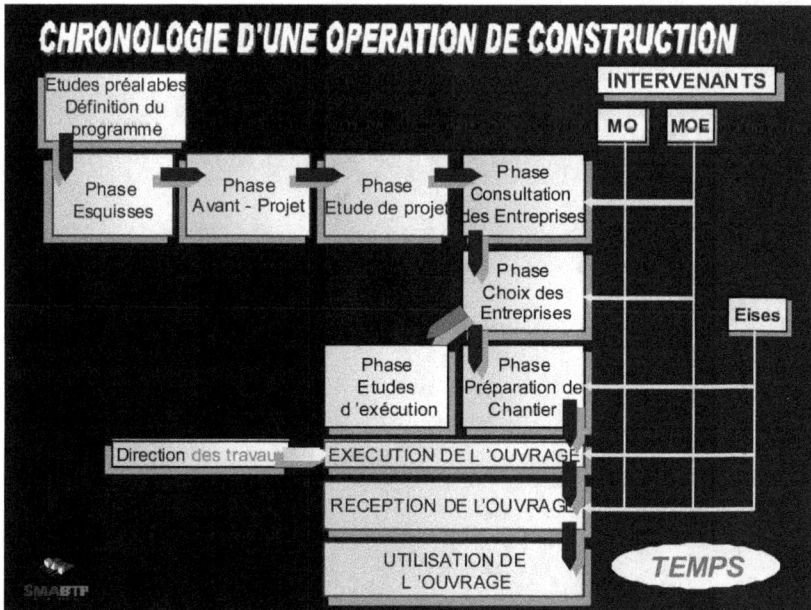

Fig. 2 • _Le paramètre temps._

sa source, dans le manque de préparation du chantier, dans des études partielles ou absentes (missions géotechniques, par exemple), dans des transferts de tâches abusifs et imprévus entre corps d'état, etc.

Les paramètres données/informations

La conception des bâtiments se caractérise par l'important volume et la diversité des informations manipulées, échangées, partagées, modifiées (sources, formats, dates, atomisation, etc.) illustrant la complexité croissante de l'identification et de la qualification des statuts de leurs propriétaires, un des problèmes étant la juxtaposition des représentations des *vues* et perceptions de chaque acteur. Il pose la question cruciale de l'identification et de la répartition des responsabilités au sein du processus.

La qualité et la maîtrise des données/informations sont une des clés de la qualité dans la production du cadre bâti. Les différents acteurs doivent disposer d'une information claire, objective, pertinente et actualisée. Cet objectif doit être recherché par la compatibilité et la cohérence des différents outils producteurs de données. Les travaux engagés sur les IFC sont à ce sujet porteurs d'espoir.

Le paramètre processus de conception

La conception est une activité complexe. Le processus de conception s'inscrit dans des logiques à la fois technique/technologique, économique et juridico-sociale, et il est difficile de concilier les exigences de ces trois logiques.

La logique technique/technologique

Les nouveaux outils d'accès aux connaissances proposent à l'ensemble de la chaîne de nouvelles solutions, pour résoudre leurs problèmes. Ces solutions imposent aux concepteurs de s'adapter en acquérant ces nouveaux savoirs, développant ainsi des spécialités inédites, de nouvelles expertises. Cet accroissement des connaissances peut paradoxalement conduire à un cloisonnement des savoirs, répartis entre différents acteurs.

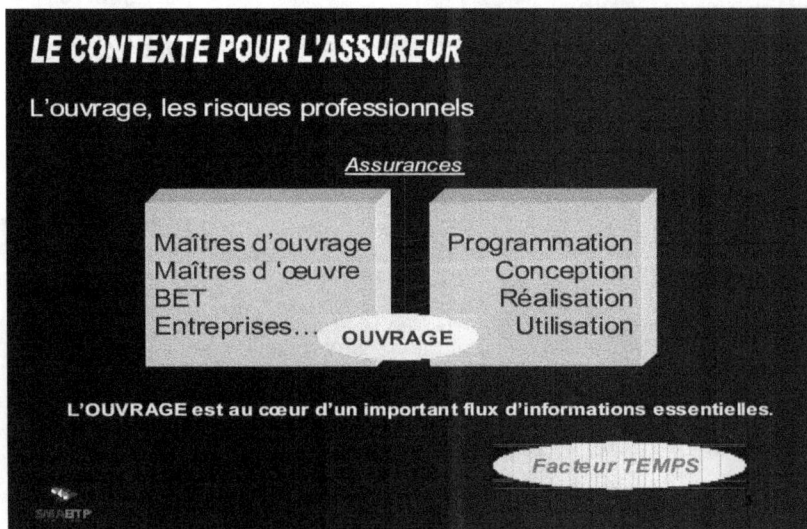

Fig. 3 • *Les paramètres données/informations.*

La logique économique

L'acte de création (le maître d'ouvrage est le créateur de risque initial) et l'acte de conception (exercé par la maîtrise d'œuvre mais aussi parfois par la maîtrise d'ouvrage et l'entreprise) sont aujourd'hui confrontés au cycle de vie d'un produit. Dans les nouvelles pratiques de chantier qui apparaissent – ingénierie concourante, ingénierie simultanée, conception intégrée –, les rôles des maîtres d'ouvrage et des maîtres d'œuvre dans les entreprises vont très certainement encore plus qu'hier *s'interpénétrer*.

Ces nouveaux modes interpellent l'assureur, car ils compliquent ses méthodes d'analyse du risque : comment apprécier la paternité d'une *idée* dans une ingénierie simultanée ? L'échange *simultané* d'idées entre un maître d'ouvrage et son maître d'œuvre ne modifiera-t-il pas le rôle du premier en le faisant *glisser*, c'est-à-dire s'immiscer dans l'acte de maîtrise d'œuvre ? S'il est vrai que les outils évoqués apporteront certainement une *traçabilité* des informations, leur partage et leur interprétation réservent encore quelques difficultés.

La logique juridico-sociale

Ces nouvelles approches favoriseront des relations inédites, de nouveaux rôles et fonctions, appelant à des formes de groupements qui modifieront les relations contractuelles et d'échanges jusqu'alors pratiquées. L'ensemble produisant certainement des formes de relations contractuelles inédites, avec de nouvelles responsabilités, qui viendront interpeller les schémas classiques de garanties.

Les questions pour l'assureur

Pour l'assureur, il est raisonnable d'envisager que cette dynamique innovante soit un vecteur de qualité ; à la fois pour les relations et productions des intervenants à l'acte de construire, mais aussi pour la réalisation de l'ouvrage dont ils ont la charge. La disponibilité et la pertinence des données et informations promises par les NTIC devraient avoir un impact.

Sur les règles de souscription

C'est-à-dire, l'analyse et l'acceptation des risques professionnels des intervenants et des risques chantiers (tous risques chantiers et dommages-ouvrage) :

- par une meilleure identification des acteurs présents (relations traitance/sous-traitance, intérim) ;
- par une identification plus objective des techniques et produits mis en œuvre ;
- par une meilleure connaissance du déroulement du chantier (plannings, situations, avenants…) ;
- par un accès possible à l'historisation des chantiers, qui permettra une optimisation des actes de réception et points de départ des garanties légales ou contractuelles.

Sur les modalités de gestion et suivi des risques

- par une optimisation de l'observation de l'évolution des activités et modes d'exercice des professionnels de la maîtrise d'ouvrage, de la maîtrise d'œuvre, des entreprises, etc. permettant de consolider et systématiser un retour d'expérience, profitables aux exercices de souscription ultérieurs ;

– par une optimisation, de la gestion des sinistres : données fiabilisées, tracées, expertises plus pertinentes, identification plus objectifs du siège, des causes et des responsabilités des désordres ;

– par la nécessaire réflexion sur l'évolution des frontières entre l'entretien et la réparation, entre la durée de vie et le remplacement programmé d'un composant, posant ainsi leur confrontation avec la durée des garanties, sans omettre leur coïncidence avec les garanties du produit apportées par les fabricants.

La démarche appartenant, bien évidemment, au champ de plus en plus étendu des exigences performancielles, générées par les impératifs environnementaux et leurs dispositifs contractuels ou légaux (par exemple HQE, directives produit, etc.). Ces nouveaux outils apportant instantanéité, transparence, objectivité et traçabilité sont les éléments constitutifs d'une démarche qualité, de nature à améliorer la gestion des dysfonctionnements et des interfaces, et à renforcer les dispositifs de prévention.

Les questions sont *a priori* simples

Comment sont traitées les données et informations circulant entre les différents intervenants à l'acte de construire ?

Comment traiter cette masse importante de données, à quel moment sont-elles pertinentes ? Sont-elles toutes pertinentes ?

De nouveaux acteurs apparaîtront-ils dans le champ de la fourniture et de la gestion des informations ?

Comment seront abordés les problèmes de propriété, de validation, de confidentialité/habilitation, de partage, de fiabilité, d'actualisation, d'historisation, de sécurisation et d'archivage.

Comment protéger les données (propriétés, pertes, destruction…) ?

Mais pour l'assureur, ces nouvelles pratiques interviennent dans un système juridique encore *étroit* et certainement inadapté aux nouvelles exigences, qu'elles favoriseront. Ces nouveaux outils, flexibles, *instantanés* ne risquent-ils pas de modifier les rapports contractuels entre le maître d'ouvrage et son équipe de maîtrise d'œuvre, et les entreprises ? Il sera tentant de solliciter l'architecte en lui demandant, en cours de chantier, de faire évoluer un parti initial, de simuler une variante, de changer des options agréées par tous. Il faudra alors identifier le responsable de la décision, de la coordination, de la validation, etc.

Ces nouveaux outils permettant le *travail collaboratif*, l'ingénierie concourante, expriment des formes d'association, de groupement inédites, dont le cadre contractuel ne semble pas à ce jour clairement disponible. Les rôles, statuts et missions devront être clairement explicités, si l'on veut que l'assureur exprime objectivement le contenu et la portée de ses garanties, d'autant plus, nous l'avons vu, que les NTIC sont de nature à matérialiser et objectiver les engagements performanciels, qui devront dès demain répondre aux demandes de la maîtrise d'ouvrage et des utilisateurs, mais aussi aux contraintes fortes des dispositifs légaux et réglementaires, nationaux et européens.

Dès lors, quelques questions fondamentales et plus complexes se posent à l'assureur et ses partenaires. Si ces nouveaux outils proposent, demain, la plus grande accessibilité aux données et aux informations d'une opération, cela implique :

– que l'assureur souhaite avoir accès à l'information de chantier ;

– que les partenaires à l'acte de construire autorisent l'assureur à accéder aux données et informations partagées, grâce par exemple à sa connexion au serveur de chantier.

Mais qui décidera cette connexion, le maître de l'ouvrage, la maîtrise d'œuvre, les entreprises ? Dans l'affirmative, quels assureurs seront intéressés ? Ceux qui assurent le chantier, ceux qui assurent les intervenants à l'opération, les deux ? N'y a-t-il pas alors un risque de conflit d'intérêts ? Qui refusera la ou les connexions ? Un refus pourra-t-il être considéré comme un indicateur comportemental négatif ou un critère de non-qualité. La connexion de l'assureur sera-t-elle profitable au bon déroulement du chantier, sera-t-elle génératrice de transparence et d'objectivation des rapports contractuels ?

À supposer que l'unanimité soit atteinte, l'assureur veut-il avoir accès à cette information en temps réel ? Dispose-t-il des ressources pour traiter les informations proposées ? Sa *participation* à l'intimité du chantier pose le problème de son statut. Ne risque-t-il pas l'immixtion dans un chantier dont il n'est que l'assureur ? Que peut-il faire des informations auxquelles il pourra avoir accès ? Aura-t-il légitimité à refuser un produit non garanti, dont il constaterait la mise en œuvre par son assuré ? Quelles seraient, dans le même cas de figure, les conséquences de son silence ?

Nous touchons là à un des fondements de l'assurance, qui oblige l'assuré à déclarer à son assureur, tout élément de nature à modifier la consistance du risque déclaré à la souscription. Faute de quoi, l'assureur est fondé, en cas de sinistre, soit à refuser sa garantie, soit à appliquer une règle proportionnelle, c'est-à-dire à ne prendre en charge qu'une partie du coût du sinistre. À supposer que plusieurs assureurs bénéficient de la connexion, comment envisager la réaction de chacun d'entre eux, face à une information potentiellement préjudiciable ou avantageuse à l'équilibre du risque couvert par lui reformuler ?

À supposer que l'unanimité soit atteinte, l'assureur veut-il avoir accès à cette information de manière différée ?

L'intérêt de l'assureur semble ici plus évident, et apparemment plus aisé à mettre en œuvre. Il s'agit ici, plus simplement d'accéder, dès le début des périodes de garantie, et pendant leur durée, à la mémoire informatique d'un chantier (banque de données, historisation…). Cet accès aux informations archivées, historisées, devrait permettre, d'objectiver les expertises, de réduire les contentieux, les coûts et le délai de traitement des sinistres.

Conclusion

En l'état actuel de nos dispositifs juridiques, l'introduction des NTIC risque de rendre plus complexe l'analyse des risques de chantier ou professionnels. Il serait souhaitable, afin d'approfondir les questions posées et les esquisses de réponse, et si cela n'a pas déjà été réalisé, qu'une exploitation et/ou un suivi *assurance* des opérations expérimentales qui ont pu être réalisées soient envisagés.

DU PRODUIT INDUSTRIEL AU BÂTIMENT : LES BÉNÉFICES DES NOUVELLES TECHNOLOGIES DE L'INFORMATION ET DE LA COMMUNICATION

JEAN-MICHEL DOSSIER

Les nouvelles technologies de l'information et de la communication (NTIC) ne cessent d'apporter des services de plus en plus variés qui deviennent très vite indispensables, dès que leurs utilisateurs en découvrent la facilité d'emploi, l'efficacité et les multiples bénéfices. Ainsi Internet, les réseaux, les ordinateurs, fixes ou portables, les téléphones mobiles et multifonctionnels, les assistants personnels, la photographie et la vidéo numérique, les puces miniaturisées et intégrées à une très grande variété d'appareils *intelligents* et *communicants*, les CD-Rom, les DVD, les courriels, les sites d'information sont devenus des outils familiers.

Contrairement à l'industrie, on constate qu'en 2004, les technologies de la communication et de l'information modifient de façon encore superficielle le bâtiment. Avant de détailler les conséquences de cette différence, soulignons qu'il ne s'agit pas d'accuser un responsable précis ou une profession particulière. L'objectif est de rassembler les éléments structurels d'une critique générale, pour en repérer les effets pernicieux, à tous les stades de la filière qui relie l'industrie au bâtiment, de manière à préparer dès maintenant, l'ensemble des intervenants concernés par le changement concomitant de leurs métiers, formations et responsabilités.

Constat : le retard du bâtiment sur l'industrie

En bref, on constate que très tôt, l'industrie a su percevoir tout l'intérêt des NTIC, et qu'elle a été la première à y recourir. Au début, la pénétration y est restée partielle. Elle a porté en interne sur la gestion des stocks, l'automatisation de la paie et le contrôle de la comptabilité, et en externe sur les communications avec les fournisseurs, les sous-traitants et les clients. Elle s'est ensuite intégrée aux processus eux-mêmes, au travers par exemple de plates-formes d'ingénierie concourante pour la conception, de robots et de systèmes de contrôle, de commandes numériques pour les machines outils, de l'optimisation conjointe du travail des hommes et des machines pour la réduction des coûts. Récemment, elle a encore étendu les gains de productivité qu'apportent les NTIC, en les imposant en amont, à la logistique de la production, et en aval à celle de la distribution. De manière à actualiser et combiner simultanément, dans toute la filière, les notions de flux tendu et de chaîne continue d'information, de gestion et de production.

Cette croissance des marchés informatiques de l'industrie contribue au développement symétrique de NTIC diversifiées et adaptées aux spécificités du secteur. Non seulement la plupart des industriels recourent aux NTIC pour la conception, la gestion et la production, mais ils sont aussi nombreux à les intégrer d'origine au sein même de leurs produits et à vendre eux-mêmes les services complémentaires qu'elles apportent. Ces services, en *fidélisant les clients*, ajoutent des profits récurrents aux gains ponctuels de la vente *sèche* des produits, plus aléatoires. Les NTIC ont donc transformé le secteur industriel en profondeur en faisant surgir la notion de réseau coopératif, en amont et en aval de la production. Ces récents progrès de la communication interactive conduisent les industries vers des rôles combinés de production et de services.

En 2004 dans le bâtiment, la pénétration des NTIC n'est qu'extensive. Certes, maîtres d'ouvrage, ingénieurs, architectes, distributeurs et entreprises sont presque tous équipés d'ordinateurs et de logiciels, voire de sites Internet. Le dessin et le calcul des projets bénéficient de la numérisation des données, de la conception assistée par ordinateur (CAO), de logiciels adaptés à tous les calculs techniques. Les échanges entre les intervenants sont passés du téléphone fixe au mobile et de la télécopie aux courriels, tandis que la photo numérique arrive enfin sur les chantiers. Les industriels et les distributeurs sont nombreux à faire connaître leurs produits par *catalogues électroniques* sur CD-Rom ou sur Internet et les distributeurs présentent aux *bricoleurs* des vidéos de montage. Les constructeurs de maisons individuelles montrent aussi à leurs clients des maquettes numériques de leur rêve futur et des promoteurs *offrent* des visites virtuelles d'appartements. La plupart des entreprises se sont dotées d'outils de gestion, souvent dérivés de ceux de l'industrie et suivent en temps réel le déroulement de leurs chantiers. L'État, les collectivités locales, publient *en ligne* de nombreux documents et dès 2005, tous les appels d'offres publics et leurs réponses pourront être dématérialisés. Les organismes et les centres techniques professionnels sont également mis en ligne nombre de données pour se faire connaître ou diffuser la réglementation. Le Centre scientifique et technique du bâtiment (CSTB) a réalisé une véritable plate-forme d'ingénierie concourante, avec sa salle d'immersion virtuelle. Enfin, l'enseignement progresse grâce à la mise en ligne de cours ou de procédures d'examen.

Cependant, force est de constater que le bâtiment ne bénéficie pas, comme les industriels, des effets d'une chaîne continue de traitement de l'information. Ceci se vérifie auprès de tous les intervenants, handicapés, malgré leurs moyens, leurs bonnes volontés et leurs intérêts de coopération, par un équipement informatique structurellement *étranger* à celui des autres acteurs. N'ayant ni les mêmes métiers, ni les mêmes intérêts, ils s'équipent chacun d'outils spécialisés qui ne réduisent que les coûts de leurs tâches propres et n'ont pas de rapport *automatique* de traitement ou de transmission avec celles de leurs partenaires. De plus, les équipements informatiques sont conçus dans une optique propriétaire, procurant des rentes de situations centrales, voire monopolistiques. C'est pourquoi d'un acteur à l'autre, il n'y a aucune fluidité de l'information.

Le coût global de possession

Le coût total des bâtiments ou des ouvrages d'art ne se réduit évidemment pas au *coût global de construction* : conception, travaux, contrôle d'exécution, entretien, maintenance. Pour connaître leur *coût global de possession*, il faut ajouter à ce premier ensemble la somme des coûts de financement, de loyer de l'argent et d'ingénierie financière ainsi que les frais d'administration de l'opération, d'acquisition de terrain, d'assistance à maîtrise d'ouvrage, d'assurances, de contentieux, de commercialisation, de gestion du personnel d'exploitation, de fidélisation des clients. Or, même si des outils de gestion patrimoniale commencent à étendre leurs fonctionnalités vers d'autres raisonnements que le seul entretien des surfaces construites, aucun logiciel ne permet, aujourd'hui, d'évaluer ce *coût global de possession*. Les outils actuels, inadaptés à cette notion transversale, ne permettent pas d'apprécier *objectivement*, par exemple, l'effet d'un financement moins cher sur l'amélioration de la qualité de la construction ou la réduction des prix de vente du service final. Même si la logique naturelle des outils de gestion patrimoniale est d'aboutir un jour au *coût global de possession*, ils ont encore à surmonter le fait que les logiciels dont ils récupèrent les données, sont, aujourd'hui, rigoureusement *étrangers* les uns aux autres.

En 2004, il faut saisir les données à la main pour synthétiser les résultats de chacun. L'optimisation d'un élément dans un logiciel, n'a pas de traduction automatique dans un autre, pour évaluer, par exemple, l'intérêt réel de recourir à un partenariat privé public pour financer, construire et exploiter un ouvrage de service public. Faute de logiciels adaptés, les maîtres d'ouvrage sont contraints de recourir, sans contrôle objectif, à une foule d'assistants dont le coût est mal pris en compte dans le bilan financier, les responsabilités rarement définies correctement et l'efficacité essentiellement liée à l'expérience de management de projet du coordonnateur de ces assistances disparates. Malgré la garantie décennale attachée aux ouvrages, la capitalisation de ces savoirs reste liée aux configurations irrégulières et toujours momentanées des intervenants.

La programmation ne prend pas en compte le coût global de construction

Les programmes des opérations nouvelles ne bénéficient pas de la mémoire des réalisations précédentes, notamment en ce qui concerne les coûts d'entretien et d'exploitation des bâtiments similaires, sauf au travers de l'expérience de leurs maîtres d'ouvrage si ces derniers en sont eux-mêmes gestionnaires. D'une part, les rares données externes sont inutilisables, car elles sont établies sans systématisation, par équipement séparé, hors contexte et sur des références hétérogènes de loyer de l'argent, de durées d'amortissement et d'évolutions des taux d'intérêts. D'autre part, la comptabilité analytique des gestionnaires, toujours mal articulée avec celle des investisseurs, est trop rarement appuyée sur des logiciels de gestion patrimoniale étayés eux-mêmes par des saisies automatisées de données d'entretien. Les coûts d'entretien et de maintenance ne sont donc pas pris en compte systématiquement, ni dans la définition des nouveaux programmes pour en prévenir la répétition, ni dans la conception des produits pour en améliorer les performances.

La maîtrise des coûts de construction est limitée par l'opacité de la chaîne d'informations

La maîtrise des coûts en est encore au stade des ratios. Les prix et les quantités des produits, de la main-d'œuvre et des moyens de manutention et d'assemblage, la durée des travaux, sont toujours systématiquement déduits de l'analyse des déboursés globaux, fourniture et main-d'œuvre. Les économistes de la construction confrontent leurs bases de données aux indices issus des séries statistiques et à l'analyse de chantiers supposés similaires réalisés à proximité des projets, pour mieux cerner la *vérité des prix locaux*. Cela n'est possible que plusieurs mois, voire quelques années après que les opérations ont été terminées, alors que les prix ne cessent d'évoluer. Non seulement la ventilation réelle des coûts d'achat de main-d'œuvre, de matériaux, de moyens de manutention et d'assemblage, de logistique et de fourniture n'est appréciée que par des résultats passés, mais les gains de productivité des entrepreneurs ne sont pris en compte que très longtemps après leur acquisition, au travers d'indices indirects.

Cette reprise des données de prix observés intègre en même temps les coûts cachés du niveau de qualité moyen de la construction, c'est-à-dire de la tolérance habituelle aux désordres *normaux* que sanctionnent si chèrement aujourd'hui les assurances. Jusqu'en 2004, aucun logiciel ne permettait de cerner dans un chantier, par entreprise et par phase, les quantités de matériaux, de produits, de ressources logistiques, de main-d'œuvre, d'outils de manutention et d'assemblage, de temps passé. Les logiciels de planification de chantier sont mal articulés à ceux de métré, et ces derniers ne s'appliquent qu'aux projets entiers tels qu'ils doivent être livrés. Il était donc impossible, jusqu'à maintenant, de préciser les coûts de mise en œuvre d'un produit ou d'un système, à une phase précise du chantier, en décomposant analytiquement l'achat des produits, le travail, le contrôle d'exécution et les qualifications des intervenants. Non seulement les entreprises de construction ne divulguent naturellement pas la ventilation des prix réels et *privés* qui leur ont été consentis par leurs fournisseurs, leurs loueurs de matériels ou leurs sous-traitants, mais il en va de même pour les industriels vis-à-vis de leurs distributeurs, des distributeurs vis-à-vis des prescripteurs et des entrepreneurs, et, finalement, de l'ensemble vis-à-vis des économistes et des maîtres d'ouvrage. Dans ces conditions, les ratios des économistes ne peuvent que refléter régulièrement l'opacité de la chaîne d'information qui relie l'industriel au chantier.

La conception n'est transformée qu'en surface et les concepteurs communiquent mal avec leurs partenaires naturels

Le processus de conception des projets de construction n'est pas mieux loti. Ces dernières années, les architectes comme les ingénieurs se sont dotés individuellement d'équipements informatiques spécialisés, de logiciels de dessin ou de calcul, de machines de numérisation des plans, de téléphones mobiles, d'appareils de photographie et de caméras numériques. Toutefois, ces équipements restent encore très inégalement répartis. Sous l'effet d'une concurrence exacerbée, la rapide obsolescence des logiciels et des ordinateurs accroît la disparité initiale de leur équipement en NTIC. De plus, l'ergonomie des logiciels, dont les fonctions ne cessent de se multiplier, est devenue si complexe qu'elle impose des formations spécifiques, longues et coûteuses.

La plupart des logiciels de CAO utilisés actuellement ne traitent le dessin qu'en deux dimensions si bien que, la synthèse en trois dimensions se limite au dessin, n'a pas de relation immédiate avec la technique et dépend uniquement de la compétence du dessinateur. De plus, faute de formats communs et de structures de communications compatibles, les logiciels de dessin ne coopèrent toujours pas avec les logiciels de calcul. Aucune présentation standard des caractéristiques des produits ne permet de comparer, dans le détail, leurs performances, coûts d'entretien, pathologies, contraintes de mise en œuvre, d'entretien et de réparation, ou leurs origines et conformités réglementaires. Aucun agent intelligent ne permet de vérifier leur disponibilité et leurs prix de *catalogue* chez les distributeurs ou fournisseurs situés à proximité du futur bâtiment. La réglementation publique est devenue si touffue, si diverse et si rapidement renouvelée, que de nombreux éditeurs privés s'emploient à la rendre accessible numériquement sans que les concepteurs ou les contrôleurs puissent obtenir toute l'information applicable à chaque élément du projet. Il leur est difficile d'être alertés sur les conséquences parfois contradictoires du respect d'une règle sur les autres, ni même d'être certains de leur actualisation.

Le contexte des autorisations est, quant à lui, tout sauf transparent. La plupart des plans d'urbanisme ne sont pas accessibles en ligne, et s'ils le sont, ils sont limités, si bien par exemple, qu'on ne peut connaître en même temps la constructibilité d'une parcelle, son sous-sol et les équipements de voiries et réseaux divers qui la desservent. Il n'existe pas d'agent intelligent qui permette de vérifier *immatériellement* que la maquette numérique du projet respecte les exigences locales du permis de construire auprès de l'ensemble des autorités politiques et techniques concernées. Faute de format commun de données et de structures de communications compatibles, il n'y a aucune relation directe entre la description numérique des produits, la réglementation, la maquette numérique des projets, le plan d'urbanisme de la commune, son système d'information géographique, le cadastre. Les concepteurs sont donc *condamnés* à un travail individuel de recueil, d'intégration et de synthèse des données.

L'industrie n'a pas de retour d'information direct et détaillé

L'industrie consiste à produire, régulièrement, en série, des produits ou des composants *modélisés*, avec des méthodes de production et de conception rationalisées, dans des unités dédiées, adaptées et situées aux mieux des ressources et des marchés, en transformant, avec des précisions constantes, des matières premières en produits finis, grâce à des machines outils spécialisées. Elle n'a aucun retour d'information venant des chantiers. D'une part, la distribution fait écran entre le bâtiment et l'industrie, d'autre part ni les prescripteurs, ni les entrepreneurs ne sont bien informés. La traçabilité des produits industriels s'arrête donc en réalité à la seule distribution, qui est le premier acheteur, absolument nécessaire, de la production industrielle. De plus, l'identification des produits mis en œuvre n'est jamais absolue, car comme le marquage n'en empêche pas la contrefaçon, leur traçabilité suppose que chacun des intervenants qui relient l'industrie au chantier ait une conscience professionnelle parfaite. Aucun distributeur ne répercute vers les industriels les informations détaillées sur ses ventes, ses acheteurs, leurs motivations, d'autant que la distribution ignore ce que deviennent réellement sur le chantier les produits qu'elle a vendus aux entrepreneurs.

Les prescripteurs ne sont pas mieux renseignés sur ces conditions. Ils sont mal informés des disponibilités des produits qu'ils prescrivent, et ignorent les prix réellement consentis par les distributeurs aux entrepreneurs. En dehors des services après-vente et des procès, la seule information qui remonte de la filière du bâtiment reste : pour les industriels, les ventes à la distribution, pour les distributeurs, les ventes aux entrepreneurs, et pour les concepteurs, les contrôles d'exécution. L'optimisation des produits industriels ne peut être que floue et les flux tendus, relâchés.

163

Les spécificités de la filière du bâtiment et des réseaux de l'industrie

Pour surmonter ces défauts, il est tentant de penser que le bâtiment pourrait être rationalisé comme l'industrie. Or, comme on l'a montré, la pénétration observée aujourd'hui dans le bâtiment n'a toujours pas bouleversé la filière, même si elle a permis à tous les acteurs concernés de bénéficier de gains substantiels, à chaque phase de leur travail particulier. Cela est d'autant plus étonnant que le bâtiment et l'industrie partagent de nombreuses caractéristiques structurelles de conception et de production.

Les deux secteurs impliquent des processus, des fonctions et des actions très similaires

Dans le bâtiment comme dans l'industrie, il existe une multitude d'entreprises, qui transforment des matières premières, ajustent et assemblent des composants, et créent des produits finis. La production des produits industriels et des bâtiments obéit aux mêmes phases de conception et de production. Pour un produit industriel, comme pour un bâtiment, il faut d'abord définir le programme, arrêter la conception, la décomposer en supports et en équipements fonctionnels supportés, rechercher les composants correspondants, fixer les processus d'assemblage, organiser la logistique d'assemblage, assembler, contrôler la régularité et la qualité de l'exécution, produire un marquage, une identification et un dossier de l'ouvrage exécuté, fournir un mode d'emploi, un service après-vente, fixer des prix, distribuer, vendre, réagir aux réactions de la clientèle et optimiser le programme. Simultanément, il faut optimiser chacune de ces fonctions, pour y dépenser le moins d'énergie, de temps, de ressources humaines, de moyens techniques de logistique et de réalisation. Dans les deux secteurs, il faut traiter et transmettre l'information issue de chaque phase précédente à la suivante, de manière directement parallèle à la circulation des composants auxquels elle est indissociablement liée.

Il y a donc une parenté profonde des processus, des fonctions et des actions de l'industrie et du bâtiment qui devrait conduire à une même rationalisation par les NTIC, puisque dans tous les cas, il s'agit de concevoir et d'assembler des composants.

Aucun chantier de bâtiment ne sera entièrement industrialisé

Puisque l'industrie est capable de produire en série des avions, des automobiles, des trains, des navires, puisque les NTIC peuvent apporter leurs progrès, puisque les entrepreneurs peuvent investir et optimiser leurs chantiers, il devrait être possible d'industrialiser le bâtiment. Or, l'absence d'industriels produisant des bâtiments comme des automobiles, la nécessité des chantiers d'implantation des maisons mobiles, des caravanes et des baraques de chantier, la permanence universelle de l'artisanat des chantiers de bâtiment et de travaux publics témoignent que, nulle part, jamais, cela n'a été possible. Il faut donc chercher ailleurs que dans les processus industriels, la raison du caractère artisanal des chantiers du bâtiment et des travaux publics.

Il s'avère que celle-ci tient exclusivement aux sites. En effet, même si un jour de cauchemar, tous les projets pouvaient être *modélisés*, il faudrait encore *implanter* les bâtiments ou les ouvrages d'art et par conséquent tenir compte des spécificités des sites d'implantation. Dès le départ, les spécificités locales commandent et fédèrent le projet, les travaux et les acteurs. Dans ces conditions, les différences l'emportent toujours sur les répétitions.

Chaque projet prescrit un assemblage spécifique de produits, qui implique, à son tour, des configurations de corps de métiers spécialisés particulières. Cela présuppose qu'à proximité, la main-d'œuvre des divers corps de métiers soit mobilisable, que la distribution soit suffisamment dispersée, que les stocks de produits soient adaptés aux besoins locaux. Cela implique que le volume et la masse des composants soient compatibles avec les moyens de transport, de manutention et d'assemblage, que les infrastructures ne limitent pas les transports, que l'énergie nécessaire soit localement disponible.

Ces pratiques expliquent la résistance au changement de la filière du bâtiment et des ouvrages d'art, d'autant que d'un chantier à l'autre, les intervenants sont rarement les mêmes, si bien que la rationalisation des savoirs et l'intensification capitalistique que permet la fixité des sites et la constance des processus de l'industrie restent inaccessibles. Cela confine les entrepreneurs à un métier de fournisseurs _mobiles_ de moyens de réalisation, de coordinateurs de main-d'œuvre, d'experts en méthodes de travail, d'acheteurs de produits, d'exécuteurs de plans d'assemblage prédéfinis, de gestionnaires du temps, des moyens et des ressources, nécessairement et définitivement artisanaux. À défaut de pouvoir industrialiser les bâtiments, ceci limite l'industrialisation aux produits, aux processus de mise en œuvre et aux logistiques d'alimentation des chantiers.

La filière BTP reste éclatée et ne connaît pas de cercle vertueux en matière de qualité

Cette diversité des terrains et cette immuabilité d'un processus de réalisation n'interdisent pas seulement d'industrialiser les chantiers, elles organisent aussi, à l'amont des opérations, toute la filière du bâtiment et des ouvrages d'art. À l'inverse, l'industrie _produit_ ses produits avant de les vendre, avance pour cela les financements et prend le risque de ne pas les vendre.

Chaque nouveau bâtiment, chaque nouvel ouvrage d'art doit être financé avant même sa réalisation par un client final identifié, qui court le risque, personnellement ou par l'intermédiaire de ses substituts, de ne pas _en avoir pour son argent_. Chaque opération de bâtiment ou d'ouvrage d'art suppose donc une maîtrise d'ouvrage qui investisse et calcule le coût global de possession de son investissement, à partir de son terrain et de son programme. Elle choisit les concepteurs, les entrepreneurs et les contrôleurs, arrête les projets après avoir optimisé le coût global de construction, fait jouer la concurrence en allotissant ses marchés, et décompose l'ensemble des tâches de conception, d'exécution et de contrôle, en autant de sous-ensembles séparés qui lui permettent d'économiser sur chaque tâche.

Chaque opération résulte alors d'une cascade de mises en concurrence et suscite des configurations d'intervenants variées, formalisées par une panoplie de contrats particuliers censés triompher de la divergence des intérêts individuels de chacun des acteurs. Les marges, qui conditionnent la survie de tous ces intervenants et impliquent leur autonomie, se forment au travers de pratiques qui les opposent et qui structurent les difficultés de leur coopération. Dans cet environnement concurrentiel, s'il n'y a pas de contrôle externe, la qualité des travaux fait nécessairement les frais de la maximisation de la marge de chacun et n'a pour contrainte que le respect des déontologies, le souci de la notoriété et le renouvellement potentiel des marchés.

Comme chaque intervenant s'assure séparément et que les maîtres de l'ouvrage prennent des polices de dommage-ouvrage qui les assurent globalement, cela multiplie les assurances, et en cas de désordres, les procès et les experts. Comme, faute de contrôles des pratiques, de traces assignables des actions de chaque intervenant, d'accords des experts, personne n'est individuellement responsable, les procès attribuent solidairement les responsabilités, impliquent systématiquement les acteurs les plus solvables et ne permettent donc pas de redresser les errements constatés. Il n'y a donc pas de bonus malus individuels, et comme les chiffres *objectifs* sur les sinistres par acteurs ne sont pas publics, l'assiette des assurances est incontrôlable. Il est, par exemple, impossible de savoir dans quelle mesure la qualité d'exécution souffre, comme il est logique de le supposer, des conditions de sous-traitance des entreprises générales. Les assurances n'ont donc pas plus d'effet de cercle vertueux que les réglementations et les contrôles, sur les pratiques, les travaux et l'organisation de la filière du bâtiment et des travaux publics.

La régularité de la demande justifie l'industrialisation des fabrications

Pour minimiser l'investissement amont de l'industrie, tous les produits industriels, qu'ils soient ou non habitables, font l'objet de recherches d'économies sur les volumes, les poids et les composants, au plus près des ultimes contraintes de la matière. Ce progrès des performances augmente d'autant le rapport valeur ajoutée/volume des produits, et facilite, en retour, leur production, leur conditionnement et leur distribution. De ce fait, il devient possible d'optimiser sur site, les machines en fonction des produits, et, réciproquement, les produits en fonction des machines. Cette optimisation réciproque permet aux industriels de bénéficier de l'intensification capitalistique des moyens de production ; il devient rentable d'investir dans des machines outils spécialisées et coordonnées, de les doter de systèmes de contrôle réagissant en temps réel aux variations de nature, de formes ou de quantités des produits à usiner, de construire des usines adaptées.

De la même manière, la localisation des sites peut être choisie afin de bénéficier des apports externes d'énergies, de main-d'œuvre, et de logistiques les moins coûteux, tandis que sur place, les bâtiments peuvent être aménagés pour, d'une part y diminuer les coûts de production, et d'autre part y améliorer les conditions de travail des ouvriers. Ainsi, les postes peuvent être rationalisés, dans une durable division *taylorienne* du travail, au plus près des gestes que les machines n'accomplissent pas, accompagnés de formations adaptées, surveillés à la seconde près, et répartis temporellement et spatialement de façon que le flux de production ne subisse ni arrêt ni retard. Avec un même objectif : assurer la régularité maximale de la production industrielle.

L'unité de direction organise entièrement l'industrie et ses partenaires

Cette régularisation des produits et des productions, qui justifie la rentabilité des investissements sur site, structure entièrement l'industrie et ses partenaires. Car pour chaque industriel, c'est le même centre décisionnel qui doit prendre en compte, ensemble et au même moment, les analyses de marché, la concurrence, les évolutions des techniques et qui doit définir les orientations stratégiques, conduire la recherche et le développement des innovations, programmer les campagnes publicitaires. C'est le même centre qui doit coordonner la définition des fonctions et des formes des produits, faire procéder aux essais et contrôles de conformité aux réglementations, définir la gamme des produits, les décrire dans les catalogues, fixer les tarifs de vente, organiser la production en fonction des campagnes de commercialisation. C'est le même centre qui doit déterminer la taille des unités de production en fonction des quantités à produire, choisir la localisation des sites par rapport aux marchés et aux ressources, acheter ou créer les usines adaptées, définir le processus de production, acquérir et organiser les machines, former les ouvriers, gérer l'ensemble. Si bien que ce processus de rationalisation intensive des industriels s'étend à tous leurs fournisseurs, sous-traitants et distributeurs, ainsi qu'à tous leurs circuits logistiques.

En retour, cette coordination, cette localisation et cette optimisation extensive des conceptions, des productions et des produits, stabilisent les configurations des concepteurs, suscitent des réseaux fixes d'informations réciproques, rationalisent les méthodes de conception, homogénéisent le classement des archives, créent une base de données intelligentes interactives et partagées de la même manière, par tous les concepteurs. Alors, l'ingénierie peut devenir concourante entre fournisseurs, sous-traitants et assembleurs finaux, si bien que l'unité de conception leur permet de concevoir ensemble les maquettes numériques des produits en temps réel, de manière interactive et multicontrôlée.

Cette régularisation justifie la fixité des sites de production et l'unité de direction. Elle distingue définitivement le réseau *convergent* des industriels, de l'archipel *divergent* des acteurs du bâtiment, qui restent, eux, toujours soumis, en plus, à l'incontournable irrégularité *fondamentale* des terrains, des climats et de la géologie.

La qualité structurelle des produits industriels

L'organisation de l'industrie en réseaux n'a pas seulement pour effet de favoriser son intégration, d'optimiser les productions et de coordonner les interventions amont et aval de la production, elle structure aussi la qualité des produits industriels parce qu'ils sont vendus sur étagères, soumis à une succession de contrôles de fabrication, qu'ils peuvent faire l'objet de protections, de brevets, de contrefaçons, de procès, qu'ils doivent obtenir des autorisations de mise sur le marché ou d'exportation, des vérifications d'origine ou de qualité de la part de multiples autorités. Les produits industriels doivent être rigoureusement conformes aux spécifications techniques, agréments, certificats, normes et réglementations qui leurs sont applicables.

Dans ces conditions, la qualité est un impératif qui s'impose à tous, de proche en proche et tout au long de la chaîne de production et de distribution, puisqu'elle s'impose à l'amont comme à l'aval, aux fournisseurs, aux sous-traitants et aux ensembliers. Ainsi, la précision de l'assemblage des composants, des machines et des processus de production, devient l'enjeu structurel de chaque industriel et de chacun de ses partenaires. Elle appelle des conceptions concourantes, des contrôles de tolérance, des processus vérifiables à chaque instant, elle impose une régularité des matériaux à transformer, elle stabilise les circuits d'approvisionnement, elle fixe les modes d'assemblage et elle suscite, partout, une rationalisation corrélative des emplois, des qualifications et des temps de travail des ouvriers, de l'encadrement, de la direction. Parce que la matière réagit encore un peu différemment par rapport aux modèles scientifiques qui la théorisent, la notion de tolérance devient l'enjeu de la précision, et il faut donc la prévoir, la calculer grâce à des logiciels évolués, l'intégrer dans les processus d'assemblage, régler les machines en conséquence. Avec les machines, ce sont les industriels qui deviennent leurs propres assureurs en matière de qualité de leurs fabrications. La production en série recourt en effet à des machines outils de précision, le caractère détaillé et draconien des cahiers des charges se substitue aux contrôles externes et les processus de gestion de la qualité peuvent être efficaces, au sein d'ensembles d'acteurs coopérant régulièrement sur les mêmes processus et les mêmes sites. Ainsi, à la différence des assurances payées à l'avance par les clients dans le bâtiment, ce sont les industriels qui *avancent* leurs garanties, ce qui les conduit à être vertueux et attentifs à la qualité pour minimiser les coûts de l'après-vente.

Les bénéfices des NTIC

Ce retard du bâtiment sur l'industrie doit évidemment être nuancé. D'une part, les industriels sont encore à des degrés très inégaux d'informatisation, d'optimisation de leurs process et de coordination avec leurs partenaires. D'autre part, en 2004, la filière du bâtiment est désormais presque entièrement équipée et chacun des intervenants en profite séparément. Cependant, même en s'informatisant totalement et également, la filière du bâtiment et les réseaux de l'industrie devront toujours tenir compte des contraintes physiques du réel. Ne serait-ce que parce que les produits et composants nécessiteront des matières premières et que par conséquent, ils en auront les compositions, les masses et les volumes. Qui exigeront des sites, de l'énergie, des machines, des ouvriers, du temps, des matériaux, des industriels pour les fabriquer, des infrastructures, des engins et des machines, des transporteurs et des manutentionnaires pour les transporter, des entrepôts pour les stocker, des magasins pour les montrer et les vendre. Tandis que les terrains régiront toujours les fondations des bâtiments et que les chantiers comme les usines assembleront toujours des produits pesants et volumineux avec tout un ensemble d'outils et de machines adaptées.

Si efficaces qu'elles deviennent, les NTIC ne changeront donc qu'à la marge la plupart des contraintes physiques qui pèsent sur le bâtiment comme sur l'industrie. Cependant, même confinées au domaine virtuel, elles peuvent apporter à ces deux secteurs économiques, trois gains structurels : le temps, l'espace et la transparence. Tout d'abord, le temps passé à recueillir des informations et à les traiter peut être considérablement réduit par la puissance des logiciels, des ordinateurs et des réseaux ; ensuite, l'espace, qui sépare *physiquement* les acteurs, les sites de production et les chantiers peut être *ignoré* pour la transmission des informations. Enfin, la transparence réciproque qu'instaure la communication entre émetteur et récepteur peut s'étendre très vite et très loin.

Les limites des NTIC

Le développement des NTIC est théoriquement illimité du fait que la logique mathématique qui les structure est abstraite et que la transformation des données en une série aléatoire de 0 et de 1 s'applique à n'importe quel domaine du réel ou de la pensée. Cependant, cette abstraction rencontre inévitablement les contraintes du réel au travers des machines, des réseaux, des états de la matière, des êtres humains, des images, des sons et des mots. Ainsi, dans leur propre développement, les NTIC rencontrent une première série de limites matérielles.

Tout d'abord, les réseaux de communication appellent des infrastructures continues, réparties mondialement et de très hautes technologies. Or, la distribution de l'information rencontre des limites *physiques* réelles qui tiennent à la propagation des signaux dans la matière. Le développement des réseaux a donc pour limites les coûts d'investissements, les moyens des utilisateurs finaux, les performances techniques de leurs supports physiques, les contraintes géographiques, les ressources énergétiques et les statuts juridiques des lieux à desservir.

Ensuite, à chaque point d'accès aux réseaux, les outils de communications doivent être adaptés aux traitements des données, images, sons, textes, chiffres, dessins, à un même niveau technique. Or, les technologies de fabrication des puces électroniques se heurtent aux contraintes de stabilité de l'information, aux limites quantiques de la matière. Les outils ont donc pour limites, leurs relations fixes ou mobiles aux réseaux, leurs coûts de fabrication, les moyens des utilisateurs et les performances coordonnées des puces, circuits, logiciels et des outils de reproduction – gravure, visualisation – associés.

En troisième lieu, le développement des réseaux, la répartition et la disponibilité des outils, l'importance des investissements correspondants conduisent à l'intégration des fabricants et distributeurs de contenus, des opérateurs de réseaux, des fabricants de machines, des éditeurs de logiciels. Or, les modèles économiques *où l'usager doit payer* pour utiliser les NTIC ont pour objet de rentabiliser les investissements amont.

Cette rentabilité interne a pour limite les intérêts des clients, qui eux, se concentrent essentiellement sur celui des données, qui attendent que les NTIC soient à leur service exclusif et réclament pour cela, un accès immédiat, public et illimité, partout et à tout moment, à l'information. Or, aux yeux des clients, cet accès doit être gratuit puisque le transport de l'information ne leur paraît pas avoir de prix du fait qu'il s'agit toujours de transférer *immatériellement des zéros et des uns* d'un outil d'émission et de traitement à un autre outil, et que la lecture ou la jouissance visuelle ou sonore de l'information sont de perception immédiate pour l'être humain. Les NTIC sont donc soumises à une contradiction entre le coût de distribution de l'information et l'apparente *gratuité* de sa réception.

Les NTIC rencontrent une autre série de limites. Les barrières d'accès à l'information sont fragiles puisque les technologies ne cessent d'apporter de nouveaux modes de distribution et de traitement, et que la concurrence qui joue entre les producteurs de données, les opérateurs de réseaux, les éditeurs de logiciels les poussent à mettre en œuvre ces nouvelles technologies, indépendamment les uns des autres. Les utilisateurs, aidés en cela par des éditeurs de logiciels et des industriels intéressés par les marchés de la reproduction, cherchent constamment à ouvrir les barrières, à organiser des communications indépendantes des systèmes centralisés et à reproduire et distribuer *gratuitement* des informations *payantes*. Il n'y a donc pas de captivité durable des utilisateurs à l'égard des offres coordonnées d'infrastructure, de machines et de logiciels ni de modèle économique durable qui permette de prévoir à long terme l'amortissement des énormes investissements nécessaires. Pour combattre cette instabilité structurelle, les offres se spécialisent en fonction des marchés, des métiers et des besoins particuliers, ce qui entraîne une segmentation de plus en plus fine des marchés et un rétrécissement corrélatif des différentes clientèles ciblées. Il en résulte que les contraintes d'archivage et d'accès aux anciennes données deviennent de plus en plus aiguës, d'autant que la durée de mémoire de la multiplicité croissante des supports, des logiciels et des systèmes d'exploitation est encore inconnue.

À ces limites d'instabilité des modèles économiques et des systèmes de distribution et de conservation, s'ajoutent des contraintes qui naissent de la structure même des informations numériques. Ces dernières rencontrent trois infinis qui tiennent *par nature* à l'intelligence humaine : l'imprécision des désignations d'objets, la variété des acceptions et des sens d'un même mot et la multiplicité des mots pour un même objet. Comment déterminer, au moment même où il le pense, ce qu'a réellement en tête celui qui désigne un objet et comment savoir si le mot qu'il emploie désigne l'objet tout entier, une partie de cet objet ou une partie de cette partie ? Nombre de bons esprits, nominalistes sans le savoir, sachant qu'en revanche l'infini est un outil mathématique, croient qu'il est possible de résoudre les difficultés de communication des NTIC, par une codification exhaustive des noms des objets. Dans le monde entier, les nomenclatures, les taxinomies, les ontologies se construisent et s'emboîtent à l'infini dans des sous-ensembles d'ensembles toujours plus vastes, plus génériques, plus *métaphysiques*. Celles-ci doivent être reprises et reconstruites logiquement à chaque nouveau mot et à chaque phrase puisque l'incertitude initiale des désignations et des acceptions humaines n'est toujours pas levée par ces démarches purement théoriques.

Les diverses codifications des produits de construction peinent à faire face à l'innovation permanente des industriels, à décrire des systèmes de produits, à traduire les nomenclatures des gammes dans des langues différentes. Aucune base de données n'a pu triompher des infinis de nomenclatures des objets et de leurs désignations ; aucun système de traitement de l'information ne s'est imposé, ni en système d'exploitation, ni en format de transmission, ni en modalités de protection des données ; aucun système de conservation et d'archivage ne garantit que dans 10 ans, les données numériques seront encore accessibles.

Les effets révolutionnaires de la conception en objets et attributs

Ces difficultés ont toutefois commencé à céder lorsqu'est apparue, au cours des années 1970, une première révolution qui a consisté à associer des attributs à un même objet. D'une part l'*objet* ne nécessite plus aucune nomenclature préalable puisqu'il peut être repéré *humainement* par le dessin, aussi bien que par les images, les chiffres ou les mots, au travers de systèmes de désignation continus ou discontinus, particuliers ou universels, ouverts ou fermés. D'autre part, à chaque objet, il est possible d'associer des attributs, à l'infini, chaque fois, à tout moment, dans tous les domaines imaginables, avec toutes les relations potentielles ou constatées et dans toutes les catégories descriptibles. Au point que n'importe quel concept peut devenir un objet doté d'attributs, qui eux-mêmes peuvent être définis comme des objets dotés d'attributs, à l'infini de la pensée. Il peut s'agir de concepts sans substance comme le zéro, l'infini, la beauté, et de leurs relations respectives avec les mathématiques, les limites humaines ou le jugement de goût, ou d'un produit industriel et de ses diverses caractéristiques.

Cette généralité absolue de la liaison des attributs à un objet a fait subir une révolution au domaine informatique, en permettant de l'organiser sémantiquement. Aussi, une association internationale nommée IAI (*International Association for Interoperability*) s'est-elle constituée dans les années 1990 afin d'appliquer la notion d'objets attributs au dessin et au calcul. À la suite des travaux de l'IAI et de ses *chapitres* nationaux, un format de description des données du bâtiment appelé IFC (*Information For Construction*) a été établi et amélioré internationalement, si bien que la version IFC 2.x de ce format a été labellisée par l'Organisation internationale de standardisation (ISO) sous le n° 16739 en novembre 2002. Ce format, qui décompose le bâtiment (ou tout ensemble de produits) en sous-ensembles de traits identifiés comme des objets et qui leur associe chaque fois des attributs qui permettent de les paramétrer, a enfin triomphé de l'impossibilité de passer d'une description graphique d'un projet au calcul de ses performances.

Il devient possible par une simple addition de *dessiner* en trois dimensions l'ensemble du projet, en conservant, à tous les niveaux d'agrégation, les attributs et les facultés de paramétrages spécifiques des objets qui le constituent élémentairement. Et symétriquement, il est également possible de calculer chaque objet, de renvoyer au dessin les résultats du calcul et de le modifier automatiquement, sans que, dans les deux cas, il ait été nécessaire de saisir manuellement les données. Si bien qu'aujourd'hui, de très nombreux et très importants éditeurs de logiciels, soit de CAO, soit de calculs techniques, ont adopté ce format de description en objets attributs des données, dans leurs logiciels, en natif et de manière transparente pour l'utilisateur. Il est donc désormais possible d'établir la maquette numérique d'un projet de bâtiment ou d'ouvrage d'art en bénéficiant de la coopération *automatique* de logiciels de CAO et de calculs techniques qui recourent ensemble à ce même format des IFC.

Pourtant, ce serait limiter considérablement l'impact de cette révolution du domaine informatique que de la réserver au bâtiment, aux ouvrages d'art et aux infrastructures et à la coopération entre logiciels de CAO et de calculs. Celle-ci s'étend, comme l'information, de proche en proche, à toutes sortes de domaines, où elle apporte des solutions à des difficultés jusqu'ici insolubles. Tout d'abord, en associant toutes les caractéristiques possibles d'un produit à un même objet, elle surmonte l'infini du travail de Pénélope qui consiste à en dresser la nomenclature, puisque l'association du dessin d'un objet à une série extensible d'attributs : photographie, dimensions, matériaux, propriétés physiques chimiques, etc., devient la chaîne spécifique des déterminants du produit. Il est alors possible d'associer à cette concaténation *absolue* n'importe quel nom, dans n'importe quelle nomenclature et n'importe quelle langue, en sachant toujours ce que désigne ce nom, puisque l'objet est identifiable par son dessin et par une infinité d'attributs différents.

Ainsi, en géographie, tout point de l'espace terrestre peut être désigné comme un *objet*, repéré par ses coordonnées en x, y et z de latitude, longitude et altimétrie, auquel peuvent être associés : dessins, cartes, photos, codes, noms, statuts, propriétaires. L'IAI a d'ailleurs entrepris d'étendre les IFC dans le domaine géographique en construisant les *IFCsites*, les *IFClandparcel* et les *IFCgeographicspace*. De manière à établir un même format de données conçu en objets attributs, pour les maquettes numériques, les définitions cadastrales, les systèmes d'informations géographiques, les plans d'urbanisme, les délimitations des parcelles, les expressions des risques climatiques ou naturels, les plans d'organisation des transports, d'aménagement du territoire.

La conception en objets et attributs peut décrire tous les produits de construction, quelles que soient leurs formes ou leurs noms. Elle peut aussi s'appliquer, pour les mêmes raisons, à tous les produits destinés à l'industrie, indépendamment, aussi bien des variétés d'équipement des utilisateurs que des attitudes *propriétaires* ou *banalisées* des éditeurs de logiciels spécialisés. Car la généralisation de la conception en objets attributs, qu'elle soit appliquée aux formes des produits ou à la définition des concepts, n'a d'impact que sur la transmission des données, d'un système de traitement à l'autre. Or, cette neutralité des IFC s'avère particulièrement adaptée aux domaines du bâtiment et de l'industrie, car elle n'impose pas dans les deux cas un modèle centralisé, hiérarchique et *monopolistique*, à une multiplicité perpétuellement renouvelée d'intervenants. Au contraire, elle permet à chacun d'intervenir, à tout moment, librement et sur un pied d'égalité dans le réseau industriel ou dans la filière du bâtiment. Peu importe qu'il soit petit ou grand, indépendant ou subordonné, proche ou éloigné de ses partenaires, chacun peut acheter son logiciel spécialisé, coopérer avec l'un comme avec l'autre, bénéficier à plein des progrès des NTIC.

Des bénéfices considérables pour la filière du bâtiment

Certes, les NTIC ne résoudront pas toutes les difficultés de la filière du bâtiment. Cependant, l'arrivée de la conception en objets attributs, apporte une nouvelle source de progrès considérables, qui ne portent plus extensivement sur les métiers de chaque intervenant, mais intensivement sur le système de leurs relations. Il devient possible de développer des outils de gestion patrimoniale complets qui permettent aux maîtres d'ouvrage de cerner le coût global de possession de leurs projets. Ce progrès est en cours aux États-Unis, où l'OSCRE (*Open Standard Consortium For Real Estate*, www.oscre.org) a pris l'initiative du projet *Real Estate Cost Recovery* qui s'appuie sur les IFC pour les échanges alimentant les applications financières.

Une étude récente (2003-2004) du NIST US (*National Institute of Standards and Technology*) chiffre à plus de 16 milliards de dollars par an les économies potentielles qu'apporterait la fluidité générale de l'information dans la seule filière du bâtiment. La programmation peut bénéficier de l'expérience des réalisations passées, intégrer les divers coûts de construction, d'entretien, d'exploitation, d'usage, de recyclage. Chacun peut extraire des réglementations les *bonnes* spécifications applicables à chacun des éléments des programmes et des projets. Il devient possible de tirer leçon des opérations passées, pour proposer des méthodes de résolution, des références et des modes de comptabilisation standardisés des conséquences des choix effectués faces aux contraintes rencontrées. Les données provenant des géomètres, des règles d'urbanisme, des systèmes d'informations géographiques, du cadastre, peuvent être exploitées collectivement. L'évaluation des ouvrages, de la qualité des travaux, des démarches de conception et de production peut être enfin organisée, de manière itérative et cumulative.

La maîtrise de coûts de construction peut bénéficier *en temps réel* des renseignements fournis par les marchés de matières premières, les producteurs de matériaux, les industriels, les distributeurs, les transporteurs. Les coordonnateurs peuvent disposer d'outils de pilotage fins et intégrer automatiquement les évolutions constatées dans l'avancement des travaux. Le prix de revient réel des travaux peut être apprécié, ce qui permet de limiter les effets de l'adjudication au moins disant tant pour les entrepreneurs que pour les maîtres d'ouvrage. Le coût d'une construction *correctement réalisée* peut être distingué du coût des désordres, sur la base d'une comptabilité analytique fine, nourrie par de multiples sources de données, ce qui peut enfin contribuer à la baisse du coût des assurances. Le recours généralisé à la conception en objets attributs au travers des IFC, a aussi un effet spectaculaire sur la phase conception des projets. Elle met en question la traditionnelle séparation entre architectes et ingénieurs en permettant que ceux-ci coopèrent, quasiment en temps réel, sur la maquette numérique, au fur et à mesure de sa définition. Chaque dessin peut être immédiatement soumis au calcul, et chaque calcul peut modifier le dessin, sans être retardé par la ressaisie des données entre ces différentes étapes. Chaque spécification technique peut être déterminée, *en temps réel*, bénéficier des réglementations pertinentes, intégrer les données des industriels, les retours d'expériences des chantiers précédents, les innovations de conception, et s'adapter aux conditions de disponibilité des produits à proximité des chantiers.

L'ensemble des dessins, calculs et spécifications techniques peut alors faire l'objet des contrôles croisés quasi simultanés des architectes, des ingénieurs, des bureaux de contrôle, des économistes, des coordinateurs, des maîtres d'ouvrage, des géomètres, des services d'urbanisme, des autorités compétentes. La maquette du projet ainsi contrôlée peut être décomposée en phases de réalisation permettant de préciser, pour chacune, l'ensemble des moyens nécessaires, et reconstituant l'avancement logique des travaux. Ceci permet aux concepteurs d'utiliser un outil *objectif* d'analyse des offres des entrepreneurs, ce qui facilite l'organisation de l'avancement des travaux.

Tandis que pour les entreprises, ce même outil apporte le moyen de ventiler au plus près du réel leurs dépenses futures, de construire des offres étayées, de structurer leurs comptabilités analytiques en fonction des particularités de chaque chantier. Elles peuvent également lutter contre les tentations de *prendre* des marchés en dessous de leurs prix de revient et assainir la concurrence en ne la faisant plus porter que sur l'intelligence de l'organisation du travail et sur les achats de produit, tout en s'approvisionnant auprès d'un cercle élargi de distributeurs. Elles ont aussi le moyen de suivre au plus près le déroulement de leurs travaux, d'en prévenir au plus tôt les dérives, d'en mieux contrôler la qualité et d'intégrer *automatiquement* tous les résultats dans le dossier des ouvrages exécutés. Tandis que les photographies et les vidéos numériques, non seulement *objectivent* les résultats des travaux, à chaque phase, et permettent d'identifier enfin les responsabilités entre conception, fourniture et exécution, mais aussi améliorent la qualité des travaux en montrant aux ouvriers, à l'endroit exact de leur travail et juste avant l'exécution des gestes, les bonnes pratiques à suivre.

Enfin, l'enseignement peut devenir réellement interdisciplinaire car la conception en objets attributs permet d'unifier la transmission des données entre toutes les disciplines. Les apprentis et les étudiants, qu'ils soient ouvriers ou architectes, ingénieurs, économistes coordinateurs, juristes ou commerciaux peuvent donc coopérer, quasiment en temps réel, sur la maquette numérique, apprendre les logiques et les contraintes d'actions de chacun des intervenants et comprendre que la qualité des travaux dépend de leur coopération et de la circulation de l'information, du plus *intellectuel* au plus *manuel*.

Vers la fin de l'opacité du bâtiment pour l'industrie

C'est donc la filière du bâtiment et des travaux publics tout entière qui devient beaucoup plus transparente pour l'industrie. Puisqu'elle peut obtenir des retours d'information auprès des prescripteurs, des entrepreneurs et des maîtres d'ouvrage et non plus seulement des distributeurs ; tant en termes de quantités que de typologies détaillées d'acheteurs, que de ventes de produits, que de conditions réelles d'alimentation sur chantier, d'entreposage, d'ajustage et d'assemblages. Surtout, si l'industrie prend soin de décrire informatiquement ses produits en utilisant la conception en objets et attributs et les IFC, ce qui lui permet de transférer *automatiquement*, l'ensemble des informations pertinentes, aussi bien :

– dans le bâtiment et les travaux publics, les distributeurs, la logistique, les prescripteurs, les entrepreneurs, les maîtres d'ouvrage, les clients, les gestionnaires, les *recycleurs* et les responsables de déchets ultimes ;
– dans l'administration, vers les autorités et instances chargées de délivrer les certificats, les marques et les autorisations de mise sur le marché nécessaires, ou chargées d'effectuer les essais, les contrôles de conformité et les analyses de provenance des innovations ou des importations ;
– dans l'industrie elle-même, vers les processus de fabrication, les sous-traitants, les fournisseurs, les logisticiens, les distributeurs.

Chaque produit décrit comme un objet IFC peut recevoir une quantité infinie d'attributs, notamment ceux qui proviennent de l'alimentation, de la fabrication et de la gestion des unités de production. Cette description en IFC libère également les industriels des contraintes de codification et de nomenclature de leurs produits et leur permet d'éditer leurs catalogues numériques, en les spécialisant par publics, au moindre coût.

La chaîne d'information que représente la définition en objet attribut de chaque produit permet de leur ajouter autant de noms dans autant de langues qu'il est souhaitable, de traduire tous les termes de leurs descriptions dans ces langues et d'ajouter ces traductions aux attributs du produit. Elle permet de représenter le produit, à toutes ses phases de fabrication, d'emballage, de transport et de mise en œuvre par des dessins, des perspectives, des photographies, des vidéos, sous tous les angles imaginables et d'associer ces *attributs* visuels aux *objets* et aux noms correspondants. Elle s'exonère alors des contraintes de codifications, puisque toutes les codifications, si hétérogènes qu'elles soient, se rattachent à un même objet repérable par son dessin, indépendamment de ses noms, codes ou autres attributs.

Partout dans le monde, chaque être humain, chaque outil informatique peut reconnaître ces dessins et identifier le produit. Les noms d'origine pourront être traduits, et les codes correspondants établis localement par chaque utilisateur. Cela permet également aux industriels de décomposer librement leurs produits en composants, chaque attribut pouvant devenir lui-même un objet doté d'attributs. Symétriquement, et pour les mêmes raisons, il devient possible de décrire n'importe quel assemblage de produits comme un système, de le désigner comme un nouvel objet auquel est associé l'ensemble des attributs de ses composants. Objet, qui, en outre, bénéficie de son propre dessin, d'un nom particulier, d'un code spécifique, à quelque degré de synthèse que conduise l'assemblage des composants, des produits, des systèmes. Les industriels peuvent alors apporter aux concepteurs des *solutions* de plus en plus globales et complètes.

Les spécifications techniques détaillées peuvent être diffusées aux prescripteurs, ce qui leur permet de choisir enfin les produits sur l'ensemble de leurs qualités, performances et caractéristiques et non plus seulement sur leurs prix, ce qui homogénéise la concurrence, améliore son niveau, prévient le recours aux produits sans marque ni origine. Ces descriptions, accessibles chez les industriels, imposent aux distributeurs de présenter des comparaisons complètes, conduisent les entrepreneurs à n'acheter que des produits comparables et permettent de vérifier l'identité des produits qui circulent. Les assureurs peuvent contrôler que ces produits ont été prescrits, achetés et mis en œuvre conformément aux prescriptions de la maîtrise d'œuvre. Elles permettent enfin d'améliorer la continuité de la transmission des informations entre les industriels, la distribution, la logistique, les prescripteurs, les entrepreneurs, les gestionnaires.

Conclusion : le futur est déjà là !

Certes, bien des outils cités ne sont pas disponibles, la description numérique des produits industriels n'est pas encore aux IFC, et l'ignorance des bénéfices potentiels est bien réelle. Cependant, d'ores et déjà, il existe une panoplie d'outils qui permettent de réaliser nombre des tâches d'intégration intelligente du traitement de l'information évoquée précédemment. Car, en 2004, de grands industriels, tout autant que des PMI décrivent informatiquement leurs produits au format IFC et les rendent ainsi directement accessibles aux prescripteurs et entrepreneurs.

De très nombreux logiciels de CAO, de calculs techniques, de gestion patrimoniale, de métré et de maîtrise de coûts de construction adoptent ou ont déjà intégré, en natif, les IFC. Le domaine des IFC a été récemment étendu aux ouvrages d'art grâce aux travaux du SETRA français et de l'*International Association for Interoperability* (IAI), tandis qu'à l'international, l'IAI a décidé d'étendre le domaine des IFC aux *objets géographiques*. En France, l'Institut géographique national, le cadastre, et les éditeurs de logiciels de SIG se rapprochent et cherchent à standardiser leurs échanges, le ministère de l'Agriculture *numérise* la production agricole française à partir de photographies aériennes, le ministère de l'Intérieur tente de créer un système unique d'adresses, et l'État comme les collectivités locales développent de multiples initiatives en faveur des NTIC.

Le Centre scientifique et technique du bâtiment, en France, a entrepris de très importants travaux allant dans le même sens, avec sa salle d'immersion, ses efforts en matière de publications d'informations réglementaires sur Internet, sa participation aux travaux de normalisation internationale et de standardisation par les IFC, etc.

De très importants efforts sont aussi consentis pour dématérialiser l'achat public.

Par ailleurs, les outils *matériels* qui permettent la communication, l'audition et la visualisation ont fait l'objet de progrès considérables et sont désormais accessibles à des prix et des conditions d'utilisation qui ne cessent de baisser et de se simplifier. Ainsi, les liaisons à haut débit se généralisent et deviennent accessibles partout, avec des débits croissants et des services associés de plus en plus performants. De même, les vidéoprojecteurs, les grands écrans, couplés à un réseau d'ordinateurs travaillant en partage d'interventions grâce à des logiciels de travail partagé et les webcams orientables en fonction des interlocuteurs, sont sur les rayons des distributeurs.

Pour faire connaître l'intérêt des IFC, en France, le ministère de l'Économie, des Finances et de l'Industrie et le Plan urbanisme construction et architecture du ministère de l'Équipement ont financé et soutenu des actions et des outils communs. Avec par exemple, un outil très simple de partage et d'archivage des données d'un projet, nommé *Batibox* qui a été développé avec l'aide de l'association Mediaconstruct, des organisations professionnelles adhérentes de cette association et de l'administration. Complémentaire des outils informatiques beaucoup plus riches et complexes qu'ont développé les principaux éditeurs de logiciels, il est accessible sur www.interbat.com tous les acteurs d'une opération, quasiment sans coût et sans apprentissage. De même, grâce aux organisations professionnelles et à leur prise en compte des résultats du contrat d'études prospectives sur la *maîtrise d'œuvre*, la notion de formation interprofessionnelle est devenue un objectif commun qui suscite de nombreuses initiatives. Ainsi, un autobus, nommé *Batibus* embarquant des ordinateurs, des *batibox* et des formateurs a circulé en 2003 dans 30 villes en France pour permettre à des professionnels différents d'apprendre à coopérer sur un même projet. Cette formation itinérante, qui rapproche les outils et les formateurs des lieux de travail des architectes et des ingénieurs et tient compte de leurs plans de charge de travail, est particulièrement adaptée à l'éparpillement des intervenants, aussi bien dans la filière du bâtiment que dans les réseaux de l'industrie.

Simultanément, en France, l'idée de la collaboration des écoles d'architecture et d'ingénieurs, à la formation initiale croisée des étudiants, est suivie et soutenue par les organisations professionnelles, le collège spécialisé de Mediaconstruct et l'administration. Cette collaboration réunit dès maintenant plusieurs écoles d'ingénieurs et d'architectes ; à l'instar, notamment de celles-ci, parmi d'autres, de plus en plus nombreuses : l'École des Mines d'Alès et l'École d'architecture de Marseille Luminy, l'École des Ponts et Chaussées et l'École d'architecture de Marne-la-Vallée, l'École de Travaux Publics de l'État à Vaulx-en-Velin et l'École d'architecture de Vaulx-en-Velin.

Les mêmes mouvements s'observent à l'international, si bien que la conception en *objets et attributs*, les IFC, la standardisation des échanges, l'ouverture des logiciels spécialisés deviennent un objectif commun, au niveau mondial.

Quels enseignements peut-on retirer de ces analyses et de ces exemples ? Tout d'abord, il s'avère que le simple fait de supprimer les doubles saisies de données entre deux logiciels différents a des conséquences considérables. Presque en temps réel, chaque intervenant peut adapter ses raisonnements à ceux d'autrui, respecter d'autres logiques, partager données et archives, dialoguer et coopérer. Au service d'un projet qui devient le véritable coordonnateur des intelligences réparties de tous les intervenants. Ce changement induit alors, inéluctablement, celui des métiers, des responsabilités et des relations contractuelles entre acteurs différents et implique par conséquent une révolution de l'enseignement, pour que celui-ci offre enfin des formations croisées, interprofessionnelles, théoriques et pratiques, ouvertes à l'international.

Ensuite, l'emploi des IFC, qui a des effets si sensibles sur le bâtiment, ne peut que renforcer les relations de l'industrie vers ses marchés aval. Au point qu'il est possible que la complexité du bâtiment, réduite par la généralisation des IFC, apporte à l'industrie des modèles d'amélioration encore insoupçonnés. Les deux secteurs se heurtent en effet aux mêmes obstacles de temps perdu, de séparations spatiales, d'hétérogénéité des systèmes d'informations et de définitions isolées.

Cette collaboration intelligente est beaucoup plus proche que les acteurs concernés n'en ont conscience, c'est pourquoi, il convient de s'y préparer maintenant. Or, elle n'est pas limitée et peut s'étendre aussi bien à la recherche scientifique, à la philosophie, qu'à la stratégie militaire ou diplomatique. Il devient donc de plus en plus important de faire voir ce futur aux organisations professionnelles, aux administrations et aux organisations de standardisation internationale, afin qu'elles se coordonnent pour étendre les domaines des IFC et généraliser leur emploi.

Simultanément, ce futur rappelle que si les buts appellent toujours des moyens, ces derniers ne sauraient devenir à eux seuls des buts, et qu'en particulier, les NTIC sont au service du bâtiment, de l'industrie, de la science, et non l'inverse. Que, par conséquent les intérêts *propriétaires* et *centripètes* des éditeurs de logiciels doivent *servir* les acteurs à qui ils apportent leurs gains de productivité. Car, même si un grand nombre de produits industriels *s'évanouissent* dans l'éphémère de l'usage et de la consommation, une grande part s'accumule dans des immeubles et des ouvrages d'art et bâtit ainsi, progressivement, notre patrimoine durable. Il n'est donc plus de mise d'attendre, il faut se battre pour la généralisation de la notion d'objets et attributs et pour les IFC, inciter les éditeurs de logiciels à les intégrer dans leurs outils. Il faut inciter tous les intervenants à s'équiper, à se doter des formations adaptées et à se préparer à de nouvelles pratiques, de nouveaux métiers, de nouvelles coopérations.

Car l'industrie et le bâtiment ont un intérêt commun à s'emparer activement des NTIC afin de bénéficier de l'intelligence répartie qui naît d'une chaîne continue d'informations.

ANALYSE DE CYCLE DE VIE ET COOPÉRATION DISTRIBUÉE : LES NOUVELLES LIMITES DE SYSTÈME

NIKLAUS KOHLER

La pratique architecturale en Europe est de plus en plus dominée par deux problématiques liées à la dynamique du patrimoine :
– les activités situées en amont du projet (programmation) (Champy, 2001) ;
– les activités pendant la durée de vie du bâtiment (entretien, rénovation, gestion, déconstruction).

D'autre part, toutes les activités de conception, réalisation et gestion ont été transformées par l'introduction de nouvelles techniques d'information et de communication. Les professionnels ont adopté ces outils de manière pragmatique, en général sous la pression des clients ou des autres acteurs (ingénieurs, entreprises de construction).

Malheureusement, l'apparition de ces nouvelles activités et méthodes de travail a été précédée par très peu de travaux de recherche réalisés par et pour des architectes. De même, la formation des architectes est encore largement dominée par l'image héritée du mouvement moderne de l'architecte, projeteur héroïque de bâtiments, neufs bien entendu. Peu de groupes de recherche en architecture sont reconnus par la communauté scientifique et professionnelle. La scène est dominée par des *recherches* d'architectes formant une avant-garde autoproclamée qui utilisent des logiciels provenant d'autres domaines (de la visualisation ou de l'animation) et dont ils ne comprennent pas le fonctionnement interne. L'utilisation se rapproche plus du jeu d'ordinateur que de la conception consciente. Celle-ci est remplacée par des routines aléatoires qu'on arrête au moment magique (*freeze it*). Les objets étranges qui en résultent (*blobs*) sont ensuite construits n'importe comment par des bureaux d'études des entreprises adjudicataires, au meilleur prix, dont on peut imaginer la compétence et l'enthousiasme. Indépendamment de cet aspect somme toute marginal, le point crucial pour la profession d'architecte dans son ensemble est l'absence du point de vue de l'architecte qui englobe le déroulement du projet aux différentes échelles (du plan d'aménagement urbain au détail de construction) et dans le temps (cycle de vie). Ce point de vue d'ensemble que, comble d'ironie, les ingénieurs en aéronautique considèrent comme primordial et qu'ils appellent eux-mêmes le *systems architect* (Rechtin, 1991), manque cruelle-ment au niveau de la recherche architecturale ainsi que dans la conception des outils de concep-tion et de simulation. La recherche sur les modèles de produits, sur l'ingénierie distribuée et concordante, sur les espaces de coopération virtuels, sur les nouvelles bases de données tempo-relles et spatiales (GIS) est le fait des ingénieurs, des informaticiens, des géographes (Raper, 2000). Le problème se pose pour les architectes – au moins ceux qui se considèrent comme faisant partie d'une tradition *polytechnique* – de s'intégrer dans ces recherches, d'y apporter une contribution spécifique et d'assurer un transfert de leurs connaissances vers la pratique professionnelle. Contrairement à ce que pensent beaucoup de praticiens, le rôle des chercheurs n'est pas de résoudre les problèmes que pose la pratique. Le critère de qualité de la recherche n'est pas son applicabilité pratique mais sa consistance théorique et son caractère inédit. Les problèmes difficiles qui se posent aux praticiens sont résolus par d'autres praticiens plus avancés (qui ont, il est vrai, souvent une expérience de recherche ou de recherche et développement). Le rôle des chercheurs est d'anticiper les problèmes qui pourraient se poser en pratique dans 10 ans. En effet, le temps entre invention (recherche) et innovation (c'est-à-dire le début de la pénétration massive d'une invention qui devient ainsi une innovation) est de l'ordre de 10 à 20 ans. La diffusion des innovations peut être plus rapide (10 ans). Ces ordres de grandeur se confirment aujourd'hui, plus que 10 ans après le début de recherches, par le début de diffusion large de nouvelles pratiques de coopération sur Internet.

Définition du domaine de recherche

La délimitation d'un domaine de recherche, en l'occurrence celui de l'architecture, nécessite d'abord une définition de l'architecture. Toute définition de l'architecture qui se fonde sur la déli-mitation d'un domaine (et non sur une notion de qualité qui reste par ailleurs difficile à définir de manière stricte), se trouve confrontée à la taxinomie du terme *architecture*, signifiant en même temps objet et processus (Hanrot, 1999). Les objets en question sont les bâtiments, les places, les jardins, et les processus sont les activités de conception, réalisation et gestion. Cette délimitation a été considérablement élargie par la prise en compte du cycle de vie (Kohler et Russell, 2000). En se réfé-rant à la terminologie de l'écologie de système, on peut parler d'un élargissement des limites de système. Font partie de l'architecture non plus seulement les bâtiments, places et jardins neufs mais l'ensemble du patrimoine bâti existant. En plus des objets existants (actuels), on doit ajouter des objets virtuels (espaces de conception, bâtiments virtuels jusqu'aux paysages de données). De même, les activités de projet et de réalisation sont élargies aux activités de gestion, rénovation, déconstruc-tion, y compris les activités de *systems architecting* et de conception virtuelle.

Cet élargissement concerne les limites spatiales : toute activité débute par une extraction de ressour-ces de la nature et se termine par une restitution à la nature sous forme d'émissions solides, liquides et gazeuses. La nouvelle limite de système est donc bien l'interface avec la nature où qu'elle se trouve. De même, les limites de temps sont reculées : elles commencent avec le moment de l'extrac-tion des ressources (ou la constitution d'une ressource sous forme d'un bâtiment existant) et se ter-minent à la fin de la durée de vie du bâtiment. L'ensemble de ces processus et objets peut être décrit

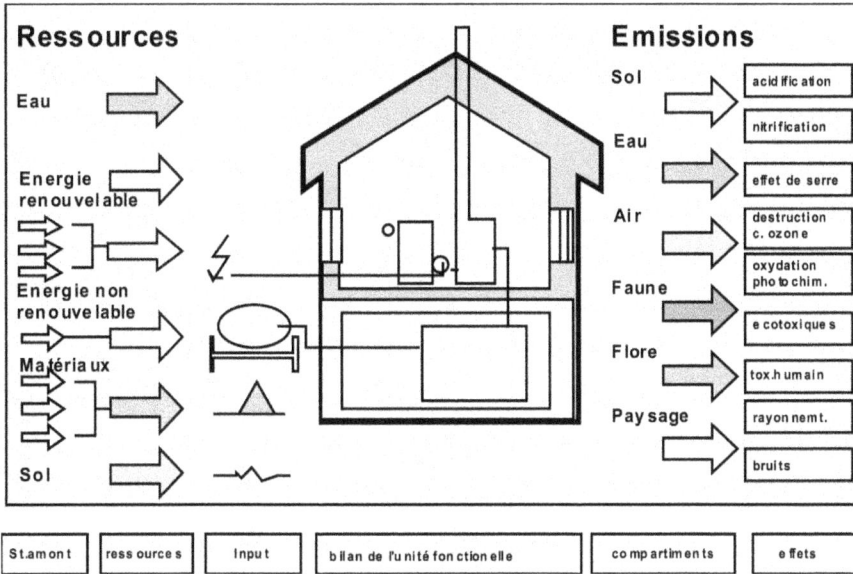

Fig. 1 • *Les nouvelles limites de système de l'analyse de cycle de vie qui vont jusqu'à l'interface avec la nature (espace) et de l'extraction des matériaux jusqu'à la déconstruction du bâtiment (temps). Le bilan énergétique traditionnel s'arrêtait à l'enveloppe extérieure du bâtiment et le bilan économique aux limites de la parcelle, la limite dans le temps était la réception de l'ouvrage.*

avec les méthodes de l'analyse de cycle de vie élargie, c'est-à-dire par une superposition de flux, en partie redondantes de masse, énergie, monétaire et d'information (Kohler et Lützkendorf, 2002). La planification en tant que telle est un flux de données, d'informations échangées entre participants ou de connaissances dès qu'ils se réfèrent à un contexte social, historique, culturel (Kohler, 2003).

Toute information sur un bâtiment ou sur un processus peut se référer à une logique physique (partie de, superposition, fixation, etc.) ou de conception (projet, calcul de coût, etc.) mais aussi à une position dans l'espace et dans le temps (par exemple, une fenêtre particulière avec les coordonnées x-y-z dans l'année 2010). Des notions de contingence spatiale (topologiques) ou de durée deviennent déterminantes. Il va sans dire que les modes de représentation et les outils de conception actuels ne commencent qu'à effleurer ce domaine, dont les travaux les plus intéressants se font actuellement dans le domaine des bases de données spatio-temporelles des futurs systèmes GIS (Raper, 2000) et dans ce qu'on appelle la représentation à n-dimensions (CONSTRUCT_IT, 2003).

Cette nouvelle délimitation du champ élargi de l'architecture conduit à d'autres modes de travail pour l'ensemble des acteurs, c'est-à-dire à de nouvelles formes d'information, communication et coopération. Il est intéressant de constater que dans le domaine de la coopération aussi on trouve de nouvelles limites de systèmes. Si la communication ou la coopération traditionnelles se faisaient entre partenaires présents physiquement dans le même endroit au même moment, les nouvelles formes de coopération voient des acteurs souvent distants de centaines de kilomètres communiquant de manière synchrone ou asynchrone à travers Internet. De nouvelles formes de présence deviennent possibles.

Ainsi la téléprésence deviendra sous peu partie intégrante des plates-formes de coopération sur Internet. Les méthodes de travail de l'ingénierie distribuée permettant une action simultanée sur les modèles de conceptions partagés (conception sur un modèle virtuel commun) vont se généraliser.

179

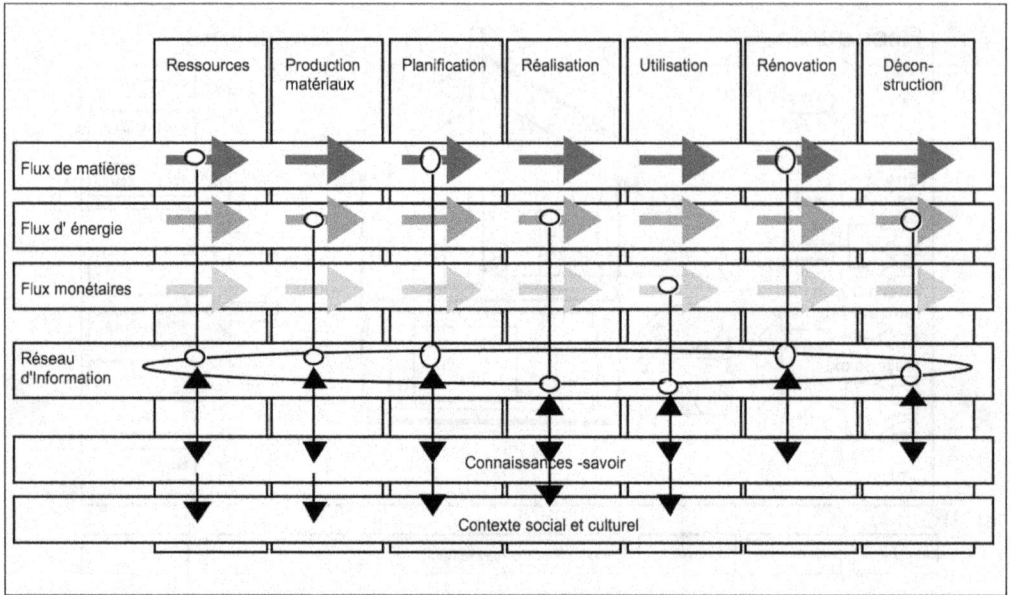

Fig. 2 • *Superposition de flux pendant la durée de vie d'un bâtiment. Les flux sont redondants. Chaque donnée doit être située dans le temps (chronologique).*

Un nouvel endroit : l'espace de projet virtuel

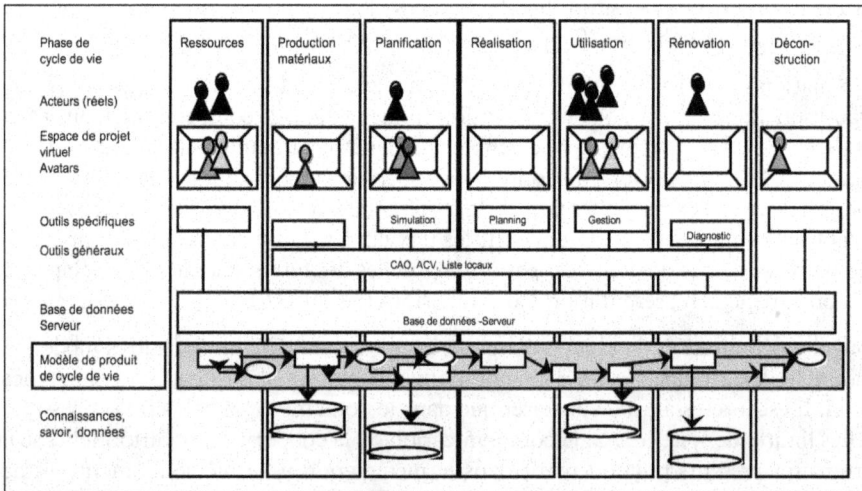

Fig. 3 • *Schémas d'un espace de projet orienté cycle de vie.*

L'élargissement des limites de systèmes, par prise en compte du cycle de vie, et l'élargissement des limites de système dans la coopération distribuée se combinent dans ce qu'on appelle *espaces de projet virtuels*. Ces espaces de projet virtuels se composent de plusieurs niveaux de coopération et de plusieurs phases (temps) :

– un niveau de communication mettant en relation les différents acteurs à différents moments. Ce niveau peut mettre en relation des acteurs entre eux ou des acteurs et des avatars ;

– un niveau formé par des outils centralisés ou distribués ;

– un niveau formé par une base de données centrale ou distribuée ;

– un niveau formé par une description abstraite du bâtiment pendant sa durée de vie (modèle de cycle de vie). Cette description sert de trame de base (de prototype ou de bâtiment paramétrique) et constitue une gare de triage pour des informations et connaissances, une fonction de logistique de connaissances (VonBoth, 2003) ;

– un niveau formé par des connaissances (actuelles, des acteurs en ligne ou existant dans des bases de données) reliées au modèle de cycle de vie.

L'intérêt d'un tel espace de projet virtuel est qu'il peut être utilisé pendant toute la durée de vie du bâtiment. Il accompagne le bâtiment du stade de l'intention (promotion) jusqu'à la déconstruction. Toutes les données sont conservées, leur accès est cependant sélectif selon la phase, la vue et l'acteur. Il est évident qu'un tel environnement informatique est concevable pendant la durée de conception – réalisation – mise en service, mais qu'il se posera des problèmes d'obsolescence des outils informatiques et de persistance physique des données digitales dès qu'on dépassera 10 ans.

Un tel espace de projet permet par exemple de fournir (en 2004) des informations contenues dans une base donnée sur la gestion de bâtiments concernant la facilité de nettoyage d'une chambre de malade, qui ont été introduits dans cette base de données par un spécialiste à Paris (en 2002), à un ingénieur qui travaille (en 2004) à Grenoble sur un bâtiment qui sera réalisé à Marseille (en 2006) et pour lequel l'ingénieur essaye d'estimer les coûts de nettoyage pendant 10 ans (de 2006 à 2016). Ces informations intéresseront également le responsable de gestion de cet hôpital (dès 2006) à Marseille. Un espace virtuel permet de mettre en relation des acteurs et des objets à des positions différentes dans l'espace et le temps pour réaliser en commun un objet qui sera réel à un endroit et un temps définis.

Comment décrire un bâtiment

La réponse spontanée à cette question est sans doute *par des plans*. Si du point de vue conception et communication, les plans sont indispensables, du point de vue d'une représentation utilisable pendant toutes les phases du cycle de vie, il faut trouver d'autres représentations. Les recherches sur les modèles de produits ont porté traditionnellement sur les bases informatiques pour des représentations complètes et lisibles automatiquement. Dans l'industrie des machines, en particulier dans l'industrie automobile et aéronautique, ces méthodes sont largement utilisées. Dans le bâtiment, après les premiers succès de la norme STEP dans le domaine des structures, les tentatives ultérieures n'ont pas été couronnées de succès face à la complexité considérable d'un bâtiment et son caractère de produit unique. Les efforts actuels de normalisation (IFC, 2002) qui sont également très axés sur la représentation géométrique n'ont pas encore apporté de solution suffisamment complète et fiable pour être appliquée. Devant cette situation, nous avons privilégié deux stratégies parallèles ces dernières années :

– la recherche d'une représentation normalisée complète du bâtiment en tant qu'objet a été abandonnée au profit d'une modélisation des processus de communication et de la gestion des documents. Les plates-formes de travail en commun (*groupware*) ont permis de rapides progrès dans ce domaine ;

– une description systématique des bâtiments a été réalisée sur la base des méthodes de calcul de coût et de descriptifs normalisés par élément (Kohler et Lützkendorf, 2002). Cette représentation privilégiait la composition physique du bâtiment au détriment de la description géométrique – topologique.

Les méthodes de calcul de coût par élément qui ont été originalement développées par les *quantity surveyors* anglais sont aujourd'hui à la base du calcul de coût en Allemagne, Suisse, Hollande et dans les pays scandinaves. Un bâtiment est décomposé en éléments fonctionnels (par exemple 1 m^2 de mur extérieur). Cet élément est décrit physiquement par ces composants (couches) et des processus de construction nécessaires à sa réalisation (par exemple, fixer la couche d'isolation sur le mur). Il existe des coûts unitaires basés sur des coûts moyens réels (statistiques) pour ces processus. Suite à l'identification d'un élément, on distingue les éléments de construction neuve, les éléments d'entretien et nettoyage, les éléments de rénovation et les éléments de déconstruction (et éventuellement de recyclage). Pour chacun de ces éléments, il existe des attributs supplémentaires (coûts, fréquence de nettoyage, durée de vie, propriétés physiques, corps d'état, temps de travail, ordonnancement, etc.). En plus, chaque processus est décomposé en matériaux (quantités), processus d'assemblage (vissé, soudé) et utilisation de machines (5 minutes de perceuse). Ces données sont ensuite reliées à des analyses de processus (inventaires) remontant la filière jusqu'à l'extraction de matériaux de nature (y compris l'ensemble des flux de matière, d'énergies primaires, d'émissions, de dommages à l'environnement). Par le caractère strictement hiérarchique, il est ainsi possible d'établir des bilans d'énergie, de masse et de coûts à tous les niveaux d'un processus ou d'éléments jusqu'à un stock immobilier national. Sur la base de la même information, on peut procéder automatiquement à des calculs indicatifs des besoins en énergie, d'acoustique, de résistance au feu, etc. En fait, il n'existe plus de différence entre calcul de coût, descriptif constructif, calcul de consommation d'énergie, bilan écologique, calculs de physique du bâtiment et même calcul de simulation des opérations constructives.

Il est évident que si cette modélisation est très puissante, elle atteint aussi un degré de complexité énorme. De plus, il est nécessaire de trouver de nouvelles méthodes pour juger la qualité et la précision des résultats (Chouquet *et al.*, 2003).

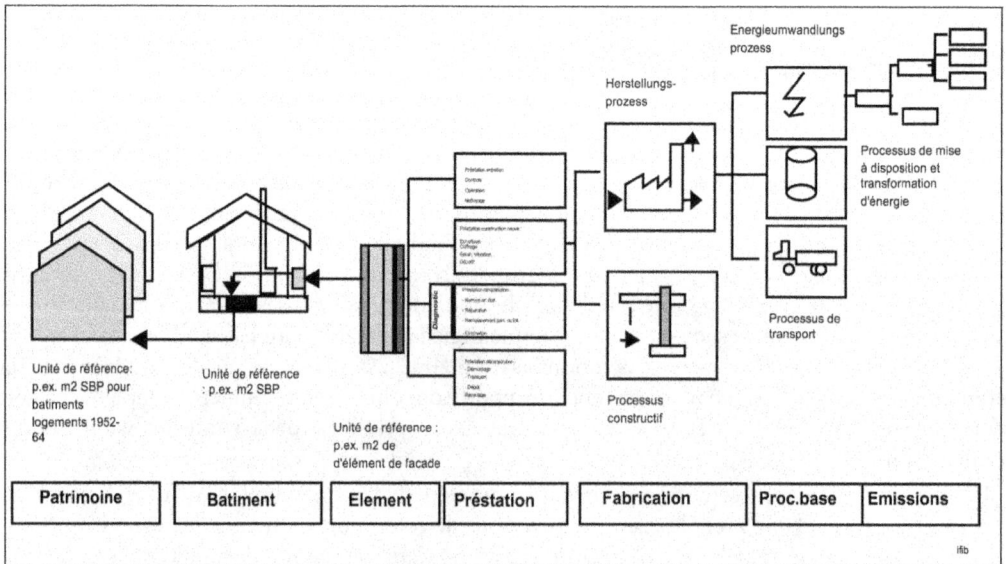

Fig. 4 • *Relations entre les bâtiments, les éléments, les prestations, les matériaux, l'énergie et les émissions.*

Information, coordination et coopération

Des bâtiments en tant qu'objets sont constitués par des éléments (matériels) qui définissent des espaces (qui ont des fonctions). Ces bâtiments sont le résultat de l'activité d'un grand nombre d'acteurs. On peut classer ces activités selon leurs niveaux d'intensité : en partant de l'information, on passe à la communication et à la coordination pour aboutir à la coopération. Les relations entre les acteurs ont également des aspects contractuels et normatifs. Leurs actions répondent à des buts stratégiques, des objectifs opérationnels, des contraintes ou à des propositions pour des solutions. La description des processus de communication faisait traditionnellement partie des théories de gestion. Elle a pris un essor considérable avec le développement des logiciels de communication en groupe (*groupware*) et de gestion de documents. On y distingue en général des acteurs, des processus (*workflow*) et des documents ainsi que des règles et contraintes diverses (comme des droits d'accès). Les premières tentatives d'application de ces principes au secteur du bâtiment ont montré que les utilisations habituelles de groupware (processus relativement simples avec un haut degré de répétition) ne correspondaient pas à la situation de la conception de bâtiments, où l'on trouve des processus de communication complexes, un grand nombre d'acteurs et une production par produit unique, quasiment sans répétition. En plus, les données sont généralement incomplètes et faiblement structurées. Les tentatives de formaliser des procédures standards (*workflow*) sur la base des prestations définies par le calcul d'honoraires, ont conduit à des solutions trop rigides et inadaptées.

La recherche s'est alors dirigée vers l'assistance du travail en groupe, en particulier l'assistance pour des équipes qui s'auto-organisent. Dans ce cas, l'accent n'est pas mis sur la formalisation de processus standard (plus ou moins paramétrés) mais sur des outils permettant le design de la collaboration même. Ces outils permettent de gérer les contraintes et les objectifs et sont liés à des outils de visualisation des interrelations complexes. Il est évident que ce sont des domaines primordiaux pour le travail des architectes et la coopération entre l'ensemble des acteurs dans des démarches de type planification intégrale. L'ensemble de ce type de développements est communément appelé *logistique informatique* (Von Both, 2003). Sur la base de la vitesse de diffusion de ces technologies ces dernières années, on peut estimer que de telles méthodes seront généralisées vers la fin de la décennie.

Exemples de nouvelles plates-formes de coopération sur Internet

Les recherches que nous avons menées ces dernières années ont souvent abouti à des prototypes. Il s'agit de logiciels qui illustrent des solutions, montrent des limites actuelles et les possibilités futures mais n'assurent pas toutes les fonctions et niveaux de performance d'outils professionnels.

Métamodèle d'organisation

Ce modèle constitue une boîte à outils comprenant les éléments nécessaires pour la communication, la coordination et la coopération ainsi que la définition des interactions.

La prestation de la planification (la transformation du système des objets) se réalise par l'exécution de processus partiels (définis dans un modèle de processus) qui modifient les informations qui circulent (définis dans le modèle de l'information). Le déroulement est initié par la constitution des objectifs (définis dans le modèle des objectifs) pour lesquels des ressources sont mises à disposition (définies dans le modèle d'organisation).

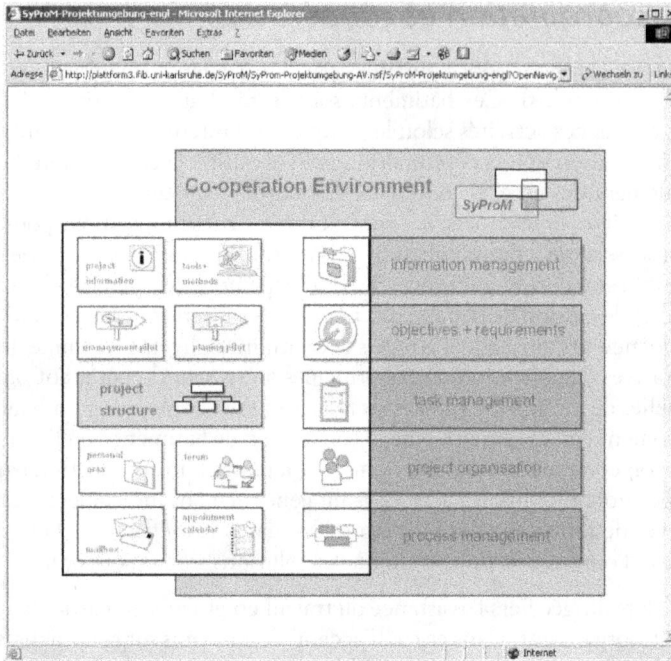

Fig. 5 • *Prototype d'une plate-forme de coopération basée sur un métamodèle d'organisation (Von Both, 2003).*

La structure organisationnelle remplit un rôle central associant des tâches (et objectifs) à des acteurs (avec des ressources). Cette association doit être réalisée par les équipes de planification elles-mêmes (auto-organisation). Il ne s'agit donc pas d'un modèle préétabli, mais plutôt d'un métamodèle paramétré. Des outils de communication et de gestion particuliers sont mis à disposition des équipes pour faciliter cette auto-organisation. Contrairement à des modèles existants, basés sur la gestion des documents ou sur la gestion de processus répétitifs, le modèle proposé met l'accent sur la gestion des ressources de plusieurs concepteurs pour atteindre des objectifs communs qui varient avec chaque objet à concevoir et nécessitent des modes de coopération différente.

E-co-Housing Plate-forme

Dans le projet Européen E_Co_Housing, un certain nombre d'acteurs (architectes, ingénieurs, administrateurs, futurs utilisateurs, autorités, entrepreneurs) tentent de développer de nouvelles formes de collaboration pour réaliser un groupement de logements répondant à des critères de développement durable (Peuportier, 2003). Ce groupement comprendra des équipements collectifs spécifiques qui seront gérés directement par les utilisateurs. Pour assister ce processus d'autogestion innovateur de participation, une plate-forme de travail sur Internet a été développée avant même le début du projet de recherche. Le premier module de cette plate-forme – on utilise aussi le terme *espace de projet* – est destiné à l'équipe de recherche et comprend essentiellement des fonctions de communication, de gestion de projet et de gestion de documents. Le deuxième module comprend des fonctions particulières pour assister le développement d'outils de recherche et de conception. Dans un troisième module, la participation des futurs utilisateurs dans la conception est assistée par des outils de gestion des objectifs de développement durable et des outils de visualisation complexes du projet à différents stades. Le module suivant comprend la phase de réalisation et de mise en service. Il comprend une importante part de gestion de la production et de documentation. Une caméra vidéo connectée sur Internet est prévue sur le site permettant aux futurs utilisateurs de suivre le progrès du chantier.

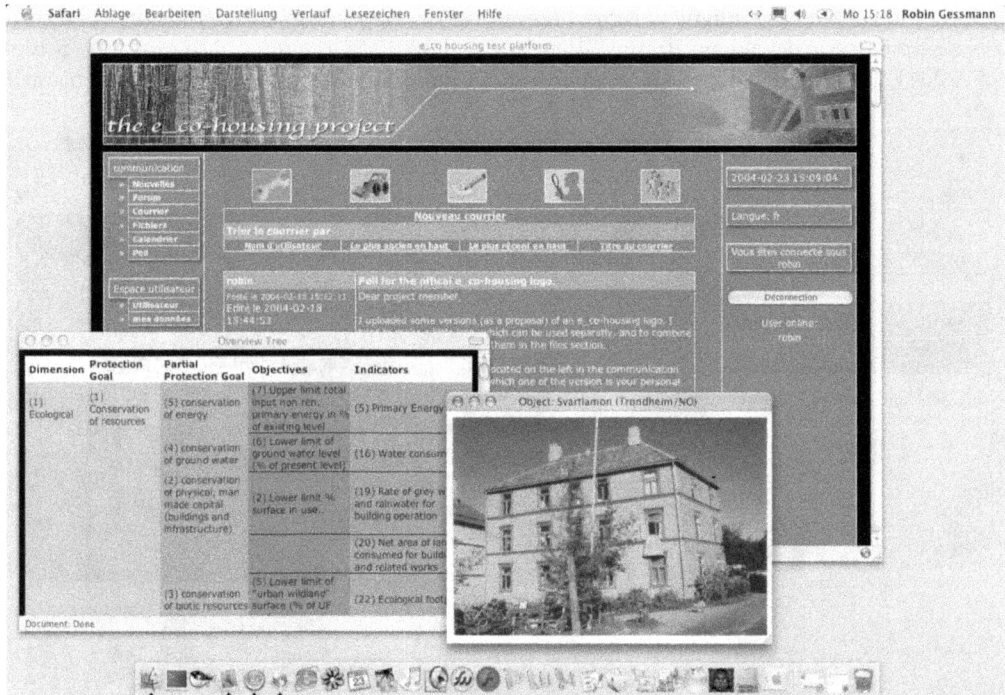

Fig. 6 • *Plate-forme E_CO_Housing (http://www.eco-housing.org)*.

Sur la base de la documentation du bâtiment et des documents d'utilisation et d'entretien, le dernier module de gestion du groupement (*facility management*) sera conçu. La même plate-forme assistera de manière adaptée chaque stade du cycle de vie du projet/bâtiment en préparant les outils nécessaires et en gérant en continu la documentation et les performances (qui passent d'objectifs généraux à la gestion jour par jour du groupement réalisé). Plusieurs projets existeront sur Internet et pourront êtres visités par d'autres groupes d'habitants ou de concepteurs intéressés.

Net-design (Netzentwurf)

Les premiers prototypes de plates-formes Internet ont été réalisés par les chercheurs à l'ifib en 1996. Pour les tester, une version spéciale a été développée pour l'enseignement du projet d'architecture à l'université de Karlsruhe (Russell, 1999). Les étudiants étaient formés pendant une semaine en HTML et devaient ensuite concevoir en groupe un projet d'architecture. D'abord limité à l'université de Karlsruhe, le cadre a vite été élargi à des étudiants d'autres facultés d'architecture dans d'autres villes et finalement dans d'autres pays. Les critiques de conception (architectes) et d'intégration (ingénieurs) se passaient également sur Internet, de même que la présentation finale. Très vite, des fonctions particulières de *forum de discussion* et de communication visuelle par webcam étaient introduites. À présent, un réseau de 8 facultés d'architecture en Allemagne, en Suisse, en Nouvelle-Zélande et au Canada a utilisé cette plate-forme. Plus de 800 projets ont été réalisés sur Internet et sont consultables sur http://www.netzentwurf.de. Depuis début 2004, une version particulière d'espace de coopération universitaire a été développée pour le campus de l'université de Karlsruhe (et du centre-ville de Karlsruhe). Il fonctionne avec des ordinateurs portables et un réseau sans fil. Dès qu'un étudiant entre dans le périmètre de l'université, il peut se connecter sur les serveurs centraux, les cours en ligne et surtout les espaces de coopération entre étudiants qui servent de plate-forme pour développer le travail en groupe interdisciplinaire et auto-organisé (Schink et al., 2004). Cet outil développé par des architectes a eu un succès immédiat chez les ingénieurs.

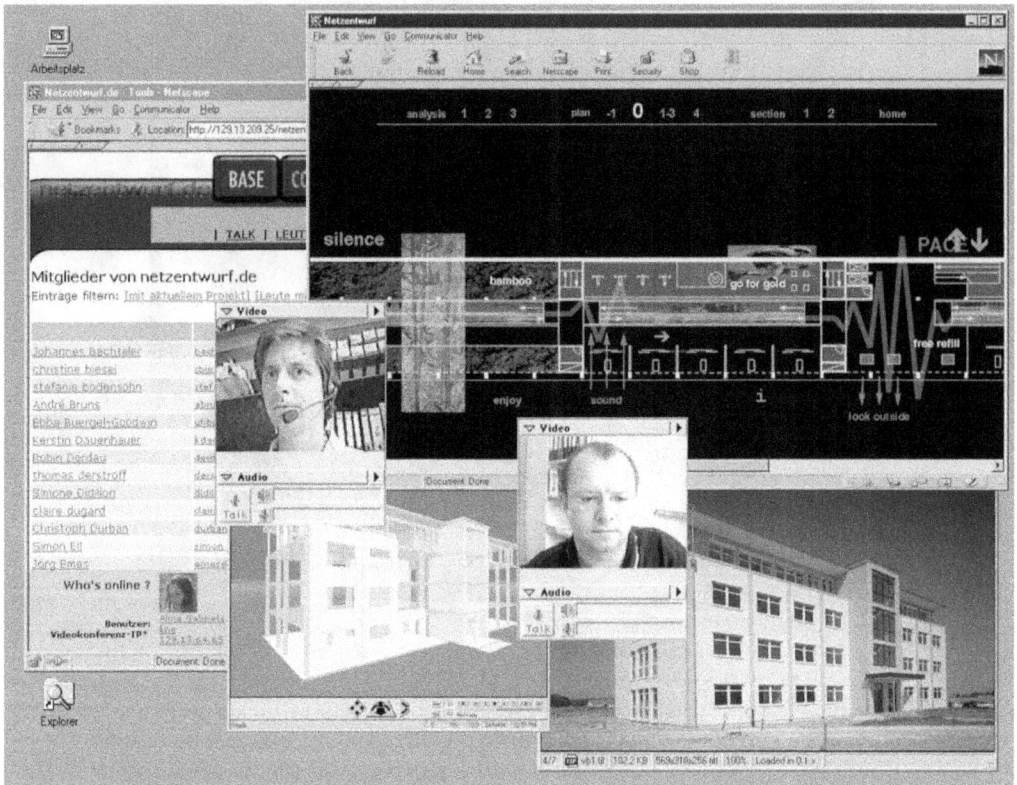

Fig. 7 • *Plate-forme de coopération pour des étudiants architectes. En plus de multiples fonctions de communication et de présentation de documents, la plate-forme contient des outils de conception individuels et partagés (http://www.netzentwurf.de).*

Conclusion

Nous avons essayé de montrer que l'élargissement des limites de systèmes dans le temps et dans l'espace crée une nouvelle définition de l'objet de travail et permet de nouvelles relations entre les principaux acteurs. La liaison structurelle entre l'analyse de cycle de vie et la coopération distribuée, sous forme d'espace de projet virtuel, en est un des résultats directs. De nouvelles perspectives de travail s'offrent sans pour autant exclure des acquis et des connaissances actuelles. Au contraire : les nouvelles limites de système dans le temps ne concernent pas seulement le futur, elles englobent également l'histoire. Si l'on veut regarder loin à l'avance, il faut regarder loin en arrière. De même, les nouvelles formes de communication et de coopération n'excluent nullement le contact direct. Celui-ci, débarrassé d'un grand nombre d'opérations de communication de routine et d'activités de gestion répétitives qui peuvent être assistées ou même automatisées, prend une nouvelle dimension. La coopération ne se situe plus au niveau des détails, mais du choix des options à long terme, de la formulation et validation de scénarios et du contrôle des performances et de la qualité. Le développement de nouvelles formes de travail ne s'est jamais fait linéairement en éliminant les précédentes (ce que le mouvement moderne suggérait). Les nouvelles et anciennes formes de travail coexistent à des degrés variables sur de très longues périodes. Cette coexistence nous montre que les méthodes de travail, au même titre que l'environnement construit, sont les produits de l'histoire. C'est leur diversité qui constitue justement leur richesse.

Bibliographie

Construct_it : *Developing a Vision of nD-Enables Construction. Workshop Report*, University of Salford, 2003, http://ndmodelling.scpm.salford.ac.uk/.

Champy, F. : *Sociologie de l'architecture*, Éd. de La Découverte, Paris, 2001.

J. Chouquet, N. Kohler, O. Bodin : *Dealing with uncertainty in life cycle analysis of building model by using experiment design methods*. Proceedings of the IKM, 2003, Bauhaus Universität Weimar.

Eco_housing : *Environmental co-housing in Europe*. http://www.eco-housing.org.

S. HANROT : *Sur la recherche en architecture : épistémologie, théorie, pédagogie*. Habilitation. Université Louis Pasteur, ENSAIS, Strasbourg. 1999.

IFC International Alliance for Interoperability IAI : *Industry Foundation Classes IFC 2x*; http://www.iai-international.org/iai international/Technical Documents/IFC2x.html.2002.

N. Kohler : *The importance of cultural issues in a sustainable development of the built environment*. Cole, R. and Lorch, R, 2003. *Buildings, Culture and Environment*, Blackwell, Oxford, 2003.

N. Kohler, TH. Lützkendorf : *Integrated Life Cycle Analysis*. Building Research & Information (2002) 30(5), p. 338-348.

N. Kohler, P. Russel : *Research in the Field of Architecture : Object and Methods*. 2nd conference of the ARRC-AEEA, Paris, Éd. Hermes, 2000.

N. Kohler, R. Gessmann, P. Von Both : *A virtual life cycle structured platform for building applications*. Proceedings of the ICCCBE 2004, Weimar.

F. OZEL, N. Kohler : *Database issues and simulation modelling of dynamic processes in buildings Proceedings of the ACADIA 2002 conference*.

Peuportier, B. : *Eco conception des bâtiments – bâtir en préservant l'environnement*. Presses de l'École des Mines de Paris, Paris, 2003.

Raper, J. : *Multidimensional Geographic Information Science*. Taylor and Francis, New York, 2000.

Rechtin, E. : *Systems architecting – creating and building complex systems. Prentice*, Hall, 1991.

Russel, P, Kohler, N. ; Forgber, U. ; Koch, V. ; Ruegemer, J. : *Interactive Representation of Architectural Design*. Proceedings of the 17th. Annual eCAADe Conference, Liverpool, 1999.

Schink, C-J. ; Koch, V. ; Sautter, G. : *Interdisciplinary Cooperation Modules in Mobile Networks*. Proceedings of the ICCCBE 2004, Weimar.

Von Both, P. : *Informationslogistikbausteine für die internetbasierte Prozessinteraktion bei der branchenübergreifenden*, Kooperation in GRABOSKI, H ; KLIEMISCH, S (Hrsg) Informationslogistik. Rechnergestützte unternehmensübergreifende Kooperation. Stuttgart, Teubner, 2003.

Von Both, P. : *Ein systemisches Projektmodell zur kooperativen Planung komplexer Unikate*. Dissertation Universität Karlsruhe, Karlsruhe, 2004.

CONCLUSION

OLIVIER PIRON

L'ensemble des textes publiés dans le cadre de cette action de recherche sont à la fois précis, et bien centrés sur leur sujet. Évidemment, comme tout travail de recherche, ils savent reconnaître leurs limites, et la solide préface de Jean-Jacques Terrin l'indique. Au cœur de ce travail fonctionnait le duopole ingénierie de conception/ingénierie d'exécution. La reconnaissance de cette dualité, la confrontation et son organisation ont donné lieu à la fois à des analyses précieuses et à des ouvertures multiples.

Mais après avoir souligné la valeur et l'intérêt du travail, il est nécessaire d'en indiquer les limites ou plutôt de donner les pistes d'élargissement de la thématique proposée. Cela réclame tout d'abord d'élargir le champ de la recherche, puis de se demander ce qui, en fin de compte, fait tout tenir ensemble.

Pour élargir le champ de la recherche, il convient de regarder en amont comme en aval, au-delà des problèmes du couple terrible conception-exécution, et sur des moments supposés identifiables pour les besoins du programme de recherche, qui se devait d'être bien délimité. C'est d'ailleurs ce qu'indique J.J. Terrin dans son passage sur *le temps des doutes*.

Tout commence par une ingénierie peu citée, mais décisive : l'ingénierie de la commande, qui a connu, et qui connaît en ce moment, de grandes évolutions. La loi MOP raisonne selon la fiction d'un maître d'ouvrage gérant un processus linéaire, avec en amont la fixation d'une enveloppe et d'un programme, puis ultérieurement les phases de conception et d'exécution. Les interférences programmes-projet sont courantes et connues, avec les choix de jury hors du programme initial. Mais souvent le maître d'ouvrage peut, dès l'origine, et pour des raisons légitimes, prendre parti sur des choix constructifs, qui s'imposent alors aux concepteurs comme aux réalisateurs. Par exemple, des procédures comme la démarche HQE trouvent, au-delà de l'effet de mode, un réel succès car ce sont, pour le moment, les seules qui permettent de prendre explicitement en compte les contraintes d'exploitation lors de l'investissement, voire l'ensemble des temporalités futures du bâtiment si l'on envisage, comme on doit le faire, l'évolution future du bâtiment en intégrant son moment ultime : sa déconstruction.

Lors d'une séance de travail sur la programmation des bâtiments HQE, il est apparu clairement que le schéma classique de la loi MOP – la fixation du programme puis le choix de la conception – ne tenait pas. En effet, les programmes doivent eux-mêmes intégrer des choix techniques en fonction des choix politiques du maître d'ouvrage. Celui-ci peut vouloir innover, avec une construction exemplaire par exemple en matière de ventilation – ventilation double flux ou puits canadien – comme en termes de matériaux : choisir le monomur ou une charpente en bois ne donne évidemment pas la même architecture, même si cela permet de répondre à divers programmes. En fait dans ce cas, les phases de programmation, de choix constructifs et de choix architecturaux sont étroitement mêlées, et faites d'itérations successives.

Mais cette réflexion sur la commande peut aller plus loin. En effet, la personne publique ou privée concernée peut décider en fin de compte de se positionner non plus en réalisateur de bâtiment mais en acheteur de service. Du coup, très détaillée sur le service qu'il attend du bâtiment à construire, elle peut être plus souple, voire absente, quant aux qualités spatiales et urbaines du bâtiment à réaliser. C'est typiquement le cas des bâtiments construits selon les procédures de Partenariat public privé (PPP) [1]. Le client final doit être précis sur les services attendus, les indications sur les autres qualités du bâtiment à construire pouvant être plus floues. C'est un équilibre difficile à trouver, puisque toute définition de qualité intrinsèque d'un bâtiment est délicate à écrire. Mais l'on voit bien dans ce cas que le mouvement de la pensée peut s'inverser : partant des services à rendre, avec le budget annuel qui y est affecté, on débouche sur un processus interactif entre tous les éléments du projet. Cette procédure débouche ainsi, comme le demandait C. Midler dans un texte antérieur cité par J.J. Terrin dans son introduction, sur une architecture en permanence confrontée à la fois aux exigences de réalisation comme à la demande finale. L'ingénierie d'exploitation se boucle alors avec l'ingénierie de la commande.

Autrement dit, la principale évolution de l'amont, c'est d'y faire rentrer directement l'aval, avec des utilisateurs – par exemple les services gestionnaires de la collectivité concernée –, et non les services chargés de la maîtrise d'ouvrage des bâtiments à construire.

Un autre point méritait d'être signalé. Les schémas financiers peuvent être amenés à changer, fondamentalement en fonction des risques à assumer par les différents partenaires : risques de terrain, de coûts et de délais de construction, de clientèle, de coûts de gestion, et ainsi de suite. L'ingénierie de la commande devra savoir intégrer de l'ingénierie financière.

Cette nécessité de bien délimiter les coûts – ou au contraire de pouvoir en globaliser certains – peut entraîner des modifications profondes dans les rapports entre l'ingénierie de conception et l'ingénierie de construction, puisque le pilotage réel d'un projet sera effectué par les futures sociétés de *facilities management*, représentant l'investisseur qui réclame un retour minimal sur investissement. Les changements de rapport de travail interne pourront être sensibles. Sur quels points ? On ne le sait pas encore. Certains éléments peuvent être déjà repérés : trop parler de qualité fonctionnelle au détriment de l'architecture peut déboucher sur des problèmes d'une architecture trop asservie aux besoins immédiats, et peu soucieuse des futures contraintes de gestion. Car les besoins évoluent, et c'est l'art des architectes et des réalisateurs que de savoir anticiper, en dépassant la lettre de la commande, pour penser plus divers en usage, et plus loin en temporalité.

Qu'il s'agisse d'HQE ou de PPP, les pistes ouvertes sont intéressantes, mais les résultats ne sont pas encore bien cernés, faute de recul dans le temps. Toutefois, cette analyse simultanée des nouveaux modes d'articulation des diverses ingénieries, et d'une évaluation des premiers bâtiments ainsi réalisés semble absolument prioritaire.

---

1. Voir *Évaluation des contrats globaux de partenariat*, Institut de la gestion déléguée, Cahier du Moniteur du 26 mars 2004.

Devant la complexité de ce dispositif, il faut se poser réellement la question suivante : Qu'est ce qui fait tenir ces éléments ensemble ?

Là encore, la démarche HQE apporte quelques éléments de réponse. Elle connaît un succès réel, en dehors de toute procédure dérogatoire comme pouvaient l'être les anciennes réalisations expérimentales du Plan construction, pour une raison assez simple : dans un univers éclaté entre de multiples corporations, avec des tâches souvent très parcellisées, seule une vision globale d'un bien commun peut apporter un fil directeur. C'est l'écriture de la démarche HQE en termes de cibles, sans jamais – au moins en première analyse – préjuger des moyens, ni du partage des responsabilités, qui en a fait le succès. Elle permet aux différents intervenants de se situer en permanence dans un processus complexe, au-delà de l'ordre de service qui leur confie une tâche rigoureusement déterminée. Et le E, qui renvoie lui-même à environnement, rappelle en permanence à tout un chacun que les optimisations à déterminer, à l'atelier comme sur le chantier, participent d'une démarche plus large : reconnaître que l'on est dans un monde aux ressources qui peuvent s'épuiser, et que chacun est comptable de son action devant tous, aujourd'hui comme demain.

Cette dimension proprement éthique se retrouve de la même façon dans un champ de travail qui s'ouvre : celui de l'aménagement durable des territoires. Là aussi, dans un domaine encore plus complexe à énoncer, il n'y a qu'un fil directeur qui vaille : la certitude que l'on agit tous dans un système global, trop complexe pour qu'il se traduise en processus rédigé ne varietur, mais avec la certitude que ce sont ces hypothèses partagées par tous qui serviront en permanence de boussole ou de fil d'Ariane, pour démêler l'infinie complexité de l'action de construire et d'aménager.

Alors, peut-être qu'une analyse des tensions entre les différentes approches et les différentes ingénieries à l'œuvre – aussi bien celles analysées dans l'ouvrage que celles évoquées dans la préface de J.J. Terrin, comme dans cette postface – ne peut réellement trouver sa réponse que dans ce qui unit, dans ce qui fait lien entre les différents participants à l'acte de construire et d'aménager. S'agit-il d'éthique professionnelle ou d'éthique personnelle ? Le débat est vain car l'une ne peut aller sans l'autre.

C'est toujours la finalité globale partagée par tous les intervenants qui donne sens, faisabilité et qualité aux actions conduites.

BIBLIOGRAPHIE

Recherches PUCA

Programmer concevoir

- Amphoux Pascal, 1998, *Ambiances et outils conceptuels pour l'architecture*, PUCA
- Dauguet Brigitte, 1998, *L'architecte et les nouvelles technologies de l'information et la communication*, PUCA
- Alluin Philippe, 1998, *Ingénieries de conception et ingénieries de production*, PUCA
- Terrin Jean-Jacques, 1998, *Conception, qualité, gestion de projet*, PUCA
- Hanrot, Stéphane, (sous la direction de), 2003, *Enjeux pour l'ingénierie de maîtrise d'œuvre*, PUCA
- Ben Mahmoud – Jouini Sihem (sous la direction de), 2003, *Co-conception et savoirs* d'interaction, PUCA
- Robert Prost (sous la direction de), 2003, *Projets architecturaux et urbains, mutation des savoirs dans la phase amont*, PUCA

Euroconception

- *Les Enjeux européens de la maîtrise d'œuvre*, 1993, Plan Construction et Architecture
- *La conception en Europe, bilans, évaluation, perspectives*, sous la direction de Michel Bonnet, (2 volumes), 1998, PUCA
- *L'élaboration des projets architecturaux et urbains en Europe, volume 1 : Les acteurs du projet architectural et urbain*, sous la direction de Patrice Godier et Guy Tapie, 1997, PUCA
- *L'élaboration des projets architecturaux et urbains en Europe, volume 2 : Les commandes architecturales et urbaines*, 1997, PUCA
- *L'élaboration des projets architecturaux et urbains en Europe, volume 3 : Les pratiques de l'architecture, comparaisons européennes et grands enjeux*, sous la direction de Robert Prost, 1997, PUCA
- *L'élaboration des projets architecturaux et urbains en Europe, volume 4 : Les maîtrises d'ouvrage en Europe, évolutions et tendances*, sous la direction de François Lautier, 2000, PUCA

– *La commande… de l'architecture et la ville*, sous la direction de Michel Bonnet, Viviane Claude, Michel Rubinstein, 2001, PUCA.
– Callon M., 2001, *La commande… de l'architecture et la ville*, Évaluation des recherches, PUCA.
– Granger Véronique, 1998, *La Maîtrise d'ouvrage et l'exercice de programmation : modalités d'organisation et assistance*, PUCA

Autres recherches

– Conan M., 1989, *Méthode de conception pragmatique en architecture*, Plan Construction et Architecture
– Usmani A. and Winch G., 1993, *The management of the design process*, Euroconception, Plan Construction et Architecture
– *L'ingénierie concourante dans le Bâtiment*, synthèse des travaux du Gremap (Goupe de réflexion sur le management de projet), 1996, Plan Construction et Architecture
– Du Tertre, Le Bas, 1997, *L'innovation et les entreprises à ingénierie intégrée dans le bâtiment*, Chantier 2000, Plan Construction et Architecture
– *Innover ensemble*, ouvrage collectif, 1997, Chantier 2000, Plan Construction et Architecture
– Ben Mahmoud-Jouini S., Midler C., 1999, *Crise de la demande et stratégies d'offre innovante dans le secteur du Bâtiment*, Rapport de recherche

Actes de séminaires

– *La qualité en chantier*, rapport du séminaire de mai 1991, Plan Construction et Architecture
– *Gestion de projet et gestion de production dans le bâtiment*, actes du séminaire de septembre 1994, Euroconception, Plan Construction et Architecture
– *Forces et tendances de la maîtrise d'œuvre*, actes du séminaire des 24 et 30 mars 1992, Plan Construction et Architecture

Cahiers Ramau

– Cahier 1 : *Organisation et compétences de la conception et de la maîtrise d'ouvrage en Europe*, Éditions de la Villette, Paris, 2000
– Cahier 2 : *Interprofessionnalité et action collective dans les métiers de la conception*, Éditions de la Villette, Paris, 2001
– Cahier 3 : *Activités d'architectes en Europe, nouvelles pratiques*, sous la direction d'Olivier Chadouin et Thérèse Evette, Éditions de la Villette, Paris, 2004

Autres ouvrages

– Ameziane Farhid, 1997, Building Life Cycle and Information Management en a Concurrent engineering context, *International Journal of Agile Manufacturing*, Lafayette La, USA
– Bobroff Jacotte (sous la direction de), 1993, *La gestion de projet dans la construction*, Presses de l'école des Ponts et chaussées
– Brousseau E et Rallet A., 1995, « Efficacité et inefficacité de l'organisation du Bâtiment », *Revue d'Économie Industrielle*, n° 74, 4e trimestre 1995
– Callon Michel, 1996, « Le travail de la conception en architecture », *Les cahiers de la recherche architecturale*, n° 37, p. 25-35
– CSTB, 1998, *Le bâtiment demain et après-demain.*

- Davidson Frame J., 1995, _Le nouveau management de projet_, Afnor
- Giard Vincent et Midler Christophe, 1993, _Pilotage de projet et entreprise_, Economica
- Hanrot Stéphane, 2002, _A la recherche de l'architecture_, ISBN : 2-7475-2837-5, l'Harmattan
- Maisonnier Claude, Séminaire grands projets, École Nationale des Ponts et Chaussées, _L'avant projet : de la direction de projet à la gestion de bureau d'ingénierie_
- Midler Christophe, 2001, « Partager la conception pour innover : nouvelles pratiques de relation inter-firmes en conception », _Actes du congrès de l'AFITEP_, novembre 2001, Paris.
- Midler Chistophe, 1993, _L'auto qui n'existait pas. Management des projets et transformations de l'entreprise_, Interéditions
- Picon Antoine (sous la direction de), 1997, L'art de l'ingénieur, Centre Georges Pompidou, Le Moniteur
- Prost Robert, 1992, Conception architecturale, une investigation méthodologique, Éditions l'Harmattan, Paris
- Prost Robert, 1995, Concevoir, inventer, créer, réflexion sur les pratiques, Éditions l'Harmattan, Paris
- Prost, Robert, 1997, Architecte, ingénieur, des métiers et des professions, actes du séminaire _Métiers de l'architecte et métiers de l'ingénieur en génie civil et urbanisme_, INSA de Lyon, 22 mars 1996, Éditions de la Villette, Paris
- Raynaud D., 2001, « Compétences et expertises professionnelle de l'architecte dans le travail de conception », _Sociologie du travail_, n° 43, p. 451-469
- Rechtin E. and Maier M.W., 1997, _The Art of System Architecting_, CRC Press,
- Rice Peter, 1998, _Mémoires d'un ingénieur_, Le Moniteur
- Tapie Guy, 1999, « Professions et pratiques », Les cahiers de la conception architecturale, n° 2-3, p. 65-74

ÉQUIPES MOBILISÉES

Comité de pilotage
- Philippe Alluin, architecte, EA Paris La Défense
- Florence Contenay, chargée de mission DAPA
- Jean-Michel Dossier, ministère de l'Industrie, Sous-direction de l'ingénierie
- Raphaël Hacquin, ministère de la Culture, DAPA
- Claude Maisonnier, directeur SETEC
- Bertrand Mathieu, architecte, ingénieur, comité d'orientation PUCA
- M. Michel Rubinstein, CSTB
- M. Hervé Trancard, PUCA
- Mme. Danièle Valabrègue, PUCA

Direction de l'action de recherche
- Jean-Jacques Terrin, architecte, UTC, responsable de l'action
- Catherine Devaux-Arzel, architecte, coordination
- Danièle Valabrègue, PUCA
- Daniel Watine, PUCA, communication

Équipes de chercheurs
1. Les expertises de la phase amont des projets architecturaux et urbains
Responsable scientifique : Robert Prost, École d'Architecture Paris Malaquais
- Laboratoire Let, EA de Paris La Villette (Thérèse Evette) pour les études de cas suivantes :
- Siège social de Scetauroute, Saint-Quentin en Yvelines,
- Technocentre de Renault, Guyancourt,
- Centres UCPA,
- Hôpital d'Annecy.

Laboratoire TMU (Alain Bourdin) pour les études de cas suivantes :
- Euroméditerranée, Marseille,
- Odysseum, Montpellier,
- ZAC Denfert-Montsouris, Paris,
- Projet de l'île, Nantes.

Attitudes urbaines, Caroline Gerber, programmatrice et urbaniste pour le bilan de l'offre d'expertise et des recherches relatives à la phase amont des projets architecturaux et urbains.

2. L'ingénierie de maîtrise d'œuvre, les nouvelles technologies et la signification du projet
Responsable scientifique : Stéphane Hanrot, École d'Architecture de Marseille Luminy
École d'architecture de St Étienne pour l'enquête auprès d'un corpus de 25 architectes, BET, paysagistes, concepteurs d'ouvrages d'art (Matthieu Balp, Christelle Lacroix, Carole Moulin, Simon Rodot) et pour l'analyse sous l'angle des compétences et de la formation (Anne Coste).
Société Recherche et organisation (Éric Duraffour et Gilles Rochette) pour les notions de compétence et de profession et pour les relations contractuelles, entre les différents acteurs, notamment dans le cadre de la loi MOP.
Société Laurenti (Bernard Ferries) pour les professionnels sous l'angle des Technologies de l'Information et de la Communication.

3. Interactions entre la conception du produit et du process
Responsable scientifique : Sihem Ben Mahmoud-Jouini, CRG, École Polytechnique et PESOR-université Paris-Sud
École d'architecture de Bordeaux (Olivier Chadoin) pour les études de cas suivantes :
- BET Arcora, structures métallo-textiles dans une gare de péage,
- BET Eribois : études d'exécution dans un projet de centre de recherche.

CRISTO pour les études de cas suivantes :
- Palais de justice de Grenoble, mission de synthèse par OTH, (Eric Henry)
- Agence Lipsky-Rollet, savoir-faire technique et relationnel dans les études d'exécution et les mises au point du projet des Grands ateliers de l'Isle d'Abeau, (Eric Henry)
- Agence Dubosc et Landowski : développement d'une filière sèche avec des industriels et l'entreprise SPIE (Jean Luc Guffond et Gilbert Leconte)

CRG, École Polytechnique, (Thomas Paris) pour les études de cas suivantes :
- Bouygues, participation d'une entreprise à la conception d'un projet de logements en relation avec une équipe d'architectes (Dusapin et Leclercq, maître d'ouvrage : RIVP),
- Vieille Montagne, stratégie d'un industriel auprès des concepteurs.

Experts
À l'occasion de ces séminaires, des thèmes transversaux ont été dégagés par la présence d'experts, notamment dans le domaine du droit, de l'économie et des assurances et un certain nombre de problématiques pouvant faire l'objet de réflexions ultérieures ont été identifiés. Ces experts ont été choisis en concertation avec les responsables scientifiques des trois axes. Il s'agit de :
- M. J.P. Tohier, économiste ;
- M. E. Duraffour, juriste ;
- M. G. Fromage, assureur.